U0132852

编写委员会

燃气工程管理与技术丛书

RANQI GONGCHENG SHIGONG

燃气工程施工

花景新　主　编

李兴泉　薛希法　副主编

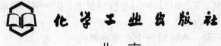

化学工业出版社

·北京·

本书是《燃气工程管理与技术丛书》的一个分册。主要内容包括燃气工程常用管材、管道附件及材料，主要施工机具，土方工程，地下燃气管道施工、特殊施工与附属设备的安装，地上燃气管道施工与表具安装，燃气储存、加压及调压装置的安装，钢制管道的防腐与保温处理，燃气管道施工安全技术，燃气工程的施工组织设计及验收交接。

　　本书可作为城镇燃气工程施工及运营单位的管理人员与技术人员的培训教材，还可作为燃气工程、热能工程、供热工程、能源工程等相关专业师生的教学用书。

图书在版编目（CIP）数据

燃气工程施工/花景新主编. —北京：化学工业
出版社，2008.6
（燃气工程管理与技术丛书）
ISBN 978-7-122-03232-4

Ⅰ. 燃… Ⅱ. 花… Ⅲ. 煤气供给系统-工程施工
Ⅳ. TU996.7

中国版本图书馆 CIP 数据核字（2008）第 103612 号

责任编辑：陈　蕾　郭乃铎　朱亚威	文字编辑：荣世芳
责任校对：宋　玮	装帧设计：尹琳琳

出版发行：化学工业出版社(北京市东城区青年湖南街 13 号　邮政编码 100011)
印　　装：北京市彩桥印刷有限责任公司
720mm×1000mm　1/16　印张 15¾　字数 360 千字　2009 年 1 月北京第 1 版第 1 次印刷

购书咨询：010-64518888(传真：010-64519686)　售后服务：010-64518899
网　　址：http://www.cip.com.cn
凡购买本书，如有缺损质量问题，本社销售中心负责调换。

定　　价：38.00 元

燃气是现代城乡经济社会发展的重要基础设施之一，与人民群众生产生活息息相关。近几年来，随着天然气的大规模开发应用，我国燃气事业获得长足的发展。城镇管道天然气发展迅猛，液化石油气在广大乡村地区得到普遍发展应用。这对优化城乡能源结构，改善城乡环境，提高人民生活质量发挥了重要作用。同时，燃气是高危险性的可燃气体，易燃、易爆、易使人窒息，稍有不慎，极易引发安全事故，而且许多燃气事故往往是瞬间发生，一家出事，邻里遭殃，祸及无辜。

当前来看，随着燃气事业发展壮大，许多新的企业和人员加入这一领域，他们迫切需要学习、了解燃气基本常识、主要工艺和相关工程技术。为此，山东省城市燃气安全检查监督站、山东省燃气协会组织专家编写了《燃气工程管理与技术丛书》，主要包括：《城镇燃气规划建设与管理》、《燃气应用技术》、《燃气管道供应》、《燃气场站安全管理》、《燃气工程监理》、《燃气工程应急预案编制及范例》以及《燃气工程施工技术》七个分册。

该丛书以国家规范、标准为依据，广泛吸取近几年燃气行业实践经验和最新理论研究成果，对燃气行业新技术、新材料、新设备、新工艺作了介绍，突出体现了本丛书的实用性、先进性和通俗性，可广泛应用于燃气行业管理、工程建设、企业运营和安全管理，适用于广大燃气管理部门工作人员、燃气企业的管理人员和技术人员，对燃气行业从业人员执业技能培训和燃气基本知识的普及工作都具有很重要的作用。

本书的编写人员来自燃气行业管理、教学、工程建设的一线，长期从事燃气的规划建设管理和相关教学实践，有着丰富的实践经验，对燃气知识的了解和研究深刻。他们本着对读者负责、对燃气行业负责的态度，参考了大量的书籍，吸收了当前国内外丰富的研究成果，务求做到数据可靠，内容翔实，通俗易懂。我相信，这套丛书的出版发行，对提高燃气行业管理、工程施工及事故应急救援水平，都有着非常重要的作用和现实意义。

中国工程院院士
中国工程设计大师　李猷嘉

2007 年 6 月

前 言

　　燃气是经济社会发展的重要能源，燃气工程施工技术是燃气工程施工、工艺、技术和服务社会的重要组成部分。

　　近年来，燃气工程施工技术在管材、附件及材料、施工机具、附属设备安装、防腐与保温、安全技术方面得到了进一步发展和应用。山东省城市燃气安全检查监督站、山东省燃气协会结合燃气工程施工技术的发展和新的研究成果和实践经验，组织省内外专家、学者和一线的管理和技术人员编写了这本《燃气工程施工》，旨在普及和推广燃气工程施工技术，为燃气安全生产和经济社会发展服务。

　　本书由山东省城市燃气安全检查监督站、山东省燃气协会、山东建筑大学、同济大学、山东大学工程训练中心的有关同志编写。共论述了十个方面的内容，包括：燃气工程常用管材、管道附件及材料，主要介绍了常用管材、管道附件、管道设备和常用紧固件、板材和型钢；燃气工程主要施工机具，主要介绍了破路工程主要设备、土石方主要设备、下管和接管设备及其他工具设备；土方工程土的分类和性质，主要介绍了沟槽断面及其选择、土方量的计算、沟槽的开挖、沟槽的防护与排水、管道地基处理与土方回填；地下燃气管道施工与附属设备的安装，主要介绍了地下燃气管道施工一般要求、钢管施工与管件制作、管道的吊装、燃气管道接口施工、燃气管道附属设备的安装、聚乙烯（PE）管道施工、地下燃气管道施工质量检验；地下燃气管道特殊施工，主要介绍了燃气管道穿越河流施工、燃气管道穿越铁路及高等级公路施工、地下燃气管道漏气的检测和修理、管道大修更新施工、顶管施工法、水平定向钻进和导向钻进施工法；地上燃气管道施工与表具安装，地上管的管材与接口、民用燃气表及燃气用具的安装、商业用户燃气用具的安装、工业用户燃气表的安装、地上管与用气设备的质量检验与试动转；燃气储存、加压及调压装置的安装，主要介绍了球型燃气储罐的安装、燃气压缩机的安装燃气调压装置的安装；钢制管道的防腐与保温处理，主要介绍了钢制管道的防腐、管道的保温处理；燃气管道施工安全技术，施工中防止燃气燃烧、爆炸及中毒的技术措施、燃气管道的停气降压与换气投产、管道施工安全操作要点；燃气工程的施工组织设计及验收交接，主要介绍了施工组织设计、施工现场管理、竣工图的测绘、工程验收和交接。

　　编写分工如下：第一章、第四章、第五章由陈彬剑、鞠秀峰同志编写，第二章、第三章由于畅、李兴泉同志编写，第六章由逯红梅、李悦敏同志编写，第七章、第八章、第九章、第十章由李兴泉、刘健同志编写。其中张道远、马志远、薛希法、王志强、刘庆堂、李明治等同志也参与了本书的编写工作。山东建筑大学田贯三教授对稿件进行了审查，花景新同志对本书进行了审定。

　　在编写过程中，编写者参阅了大量的著作、论文、国家标准、产品样品和产品技术手册等，在此对参考文献资料原作者表示衷心的感谢。在组稿和编审过程中，化学工业出版社领导和编辑给予了大力支持，我们一并表示感谢。

本书是《燃气工程管理与技术丛书》的一个分册，我们衷心希望本书提供的内容能够对读者在掌握燃气工程施工技术上有所帮助，同时，由于编者水平有限，书中难免出现不妥之处，敬请广大读者批评指正。

编者

2008 年 8 月

目 录

[第1章]

燃气工程常用管材、管道附件及材料

第一节　常用管材

用作输送城市燃气管道的材料很多，常用的管材有铸铁管、钢管和塑料管，此外还有钢骨架塑料管等。

城市燃气管道根据输送压力可分为高压管、中压管和低压管。根据管道口径大小，敷设的目的、用途，又可分为干管、支管、引入管、室外管、室内管、用气设备连接管等。其中干管口径较大，通常采用铸铁管与钢管。口径 75mm 以上的支管及引入管，通常也采用铸铁管。口径 75mm 以下的支管及引入管，对煤制气通常采用镀锌钢管外包绝缘防腐层。室外管、室内管、用气设备连接管等口径较小（一般小于 φ100mm），通常采用镀铸钢管。聚乙烯塑料管主要用于中、低压长输管。

一、铸铁管

铸铁管是目前燃气管道中应用最广泛的管材，使用年限长，生产简便，成本低，且有良好的耐腐蚀性。一般情况下，地下铸铁管的使用年限为 60 年以上，所以铸铁管是输送煤制气的主要管材。

（1）灰口铸铁管　灰口铸铁是目前铸铁管中最主要的管材。灰口铸铁中的碳以石墨状态存在，破断后断口呈灰色，故称灰口铸铁。灰口铸铁易于切削加工，其主要组分见表 1-1。

表 1-1　灰口铸铁的主要组分/%

碳(C)	硅(Si)	锰(Mn)	磷(P)	硫(S)
3.0~3.8	1.5~2.2	0.5~0.9	≤0.4	≤0.12

铸铁管的铸造方法有连续式浇铸和离心式浇铸等。铸铁管根据材料和铸造工艺分为高压管、普压管及低压管等。用于燃气管道的承插灰口铸铁管为普压管。

铸铁管的接口主要为机械式接口，此外还有滑入式及承插式接口等。目前生产的铸铁管以机械式接口为主，法兰接口也有供应。

铸铁管内外表面允许有厚度不大于 2mm 的局部黏砂，外表面上允许有高度小于 5mm 的局部凸起。承口部内外表面不允许有严重缺陷，同一部位内外表面局部缺陷深度不得大于 5mm，直管的两端应与轴线相垂直，其抗压强度不低于 200MPa，抗拉强度不低于 140MPa。铸铁管出厂试验压力见表 1-2。

铸铁管体及插口的外径和承口内径允许偏差为：直管公称口径 $D \leqslant 800mm$ 为 $\pm 1/3E mm$；直管公称口径 $D \geqslant 900mm$ 为 $\pm (1/3E+1)$ mm；（E 为承插口标准间隙）。

表 1-2 铸铁管出厂试验压力

管件	公称口径/mm	承压/MPa
低压直管	≥500	1.0
	≤450	1.5
普压直管及管件	≥500	1.5
	≤450	2.0
高压直管	≥500	2.0
	≤450	2.5

承口深度允许偏差为承口的 $\pm5\%$；管体壁厚允许负偏差为 $(1+0.05T)$mm，T 为管体壁厚；承口壁厚允许负偏差为 $(1+0.05c)$mm，c 为承口壁厚。长度允许偏差为 ±20mm，直管的弯曲度应不大于表 1-3 规定。

表 1-3 直管的弯曲度

公称口径/mm	弯曲度/(mm/m)
≤150	3
200～450	2
≥500	1.5

（2）**球墨铸铁** 管铸铁熔炼时在铁水中加入少量球化剂，使铸铁中的石墨球化，这样就得到球墨铸铁。铸铁进行球化处理的主要作用是提高铸铁的各种机械性能。球墨铸铁的化学成分大致如表 1-4 所列。

表 1-4 球墨铸铁的主要成分/%

碳(C)	硅(Si)	锰(Mn)	磷(P)	硫(S)	镁(Mg)	稀土(Re)
3.4～4.0	2～2.9	0.4～1.0	<0.1	0.04	0.03～0.06	0.02～0.05

球墨铸铁不但具有灰口铸铁的优点，而且还具有很高的抗拉、抗压强度，其冲击性能为灰口铸铁管的十倍以上。因此国外已广泛采用球墨铸铁管来代替灰口铸铁管。我国球墨铸铁管生产增长很快，并已开始大量应用于燃气管道，球墨铸铁管接口形式为承插接口与机械接口。球墨铸铁管的有关各项技术要求，均参照灰口铸铁管。

二、钢管

钢管包括无缝管、焊接管两类。焊接管按焊接形式不同可分为对接、搭接和螺旋焊缝钢管，对钢管进行镀铸防腐的又称镀铸钢管，这也是燃气管道常用的管材。

大口径燃气管通常采用对接焊缝钢管和螺旋焊缝钢管，小口径燃气管（ϕ200mm 以下）通常采用镀锌钢管或无缝管。

大口径钢管的接口采用焊接或法兰连接，小口径钢管（DN50 以下）大多采用螺纹连接。在敷设长管时需设置补偿器作为热胀冷缩的补偿。

钢管的抗拉强度、延伸率和抗冲击性能等都比较高，焊接钢管的焊缝强度接近于管材强度，所以在城市燃气管网中，钢管常敷设于交通干道、十字路口、交通繁忙的场所，穿越河流、架管桥等施工复杂的场所，以提高燃气输送的可靠性。但钢管的耐腐性差，埋设于地下的钢管估用年限约 20 年，采用绝缘防腐后的钢管，其估用年限约 30 年。

1. 无缝钢管

在燃气输送中，无缝钢管主要用于小口径管，其接口形式为螺纹或法兰。小口径无缝钢管以镀锌管为主，通常用于室内管、室外管及用气管的装接，若用于地下管则应进行绝缘防腐处理。镀锌无缝钢管规格见表 1-5。由于无缝管价格高、耐腐性差，大口径无缝钢管很少应用。

表 1-5　镀锌无缝钢管规格

公称口径			钢管螺纹								每米钢分配的管接质量（以每 6m 一个管接头计算）/kg
			普通管		加厚管				退刀部分前的螺纹长度/mm		
mm	in	外径/mm	壁厚/mm	理论质量（不计管接头）/(kg/m)	壁厚/mm	理论质量（不计管接头）/(kg/m)	基面外径/mm	每英寸牙数	锥形螺纹	圆柱形螺纹	
6	1/8	10	2	0.39	2.5	0.46					
8	1/4	13.5	2.25	0.62	2.75	0.73					
10	3/8	17	2.25	0.82	2.75	0.97					
15	1/2	21.25	2.75	1.25	3.25	1.44	20.956	14	12	14	0.01
20	3/4	26.75	2.75	1.63	3.5	2.01	26.442	14	14	16	0.02
25	1	33.5	3.25	2.42	4	2.91	33.250	11	15	18	0.03
32	1 1/4	42.25	3.25	3.13	4	3.77	41.912	11	17	20	0.04
40	1 1/2	48	3.5	3.84	4.25	4.58	47.805	11	19	22	0.06
50	2	60	3.5	4.88	4.5	6.16	59.616	11	22	24	0.09
70	2 1/2	75.5	3.75	6.64	4.5	7.87	75.187	11	23	27	0.13
80	3	88.5	4	8.34	4.75	9.81	87.887	11	30	30	0.2
100	4	114	4	10.85	5	13.44	113.034	11	38	36	0.4
125	5	140	4.5	15.04	5.5	18.24	138.435	11	41	38	0.6
150	6	165	4.5	17.81	5.5	21.63	163.836	11	45	24	0.8

注：1. 铜管的长度：无螺纹的黑铁管为 4～12m，带螺纹的黑铁管和镀铸管为 4～9m。

2. 钢管尺寸的允许偏差：外径≤48mm 的为±0.5mm；外径≥48mm 的为±1%。

3. 铜管的理论质量（钢的相对密度为 7.85）按公称尺寸计算，镀铸管比不镀铸管重 3%～6%。

4. 1in＝0.0254m＝25.4mm。

燃气管道输送压力不高，采用一般无缝钢管即可。一般无缝钢管有热轧和冷拔两种，其机械性能见表 1-6。其中最常用的钢是 20 号结构钢。

表 1-6　钢管机械性能

钢　号	机械性能（大于等于）			试验压力/Pa	备　注
	抗拉强度 σ_b/MPa	屈服点 σ_s/MPa	伸长率 δ_s/%		
10	340	210	24		
20	400	250	20		
25	460	280	19		热轧钢管为热轧状态，冷拔管为热处理状态
35	520	310	17	＞3923×10⁴ (400kgf/cm²)	
45	600	340	14		
09MnV	440	300	22		
16Mn	520	350	21		
15MnV	540	400	18		

2. 焊接钢管（又称卷焊钢管）

焊接钢管的规格一般是用外径及壁厚的公称尺寸表示，但燃气用钢管则用公称直径的规格表示。根据焊缝的不同，焊接钢管又可分为直缝焊接钢管及螺旋缝焊接钢管。螺旋钢管用卷材制成，造价比钢板卷制的直缝钢管低廉，焊缝在管子上形成的线条比直缝钢管均匀，但它的焊缝较长，钢材和焊接的质量需要很好控制。大口径焊接钢管通常采用焊接或法兰接口。

(1) 直缝焊接钢管　直缝焊接钢管主要用 Q235 或甲类普碳钢，由钢板直接卷合对焊而成。尺寸精度较好，并能根据需要卷制各种口径的钢管。直缝焊接钢管的规格与质量见表 1-7。

表 1-7　直缝焊接钢管的规格与质量

公称直径/mm	200		250		300		350		400		450	
外径/mm	219		273		325		377		426		478	
壁厚/mm	6	8	6	8	6	8	6	8	6	8	6	8
质量/(kg/m)	31.52	41.63	39.51	52.28	47.20	62.54	54.89	72.80	62.14	82.46	69.84	92.72
公称直径/mm	500			600			700			800		
外径/mm	530			630			720			820		
壁厚/mm	6	8	10	6	8	10	6	8	10	6	8	12
质量/(kg/m)	77.53		92.33	122.71	152.89	105.64	140.46	175.09	120.44	160.19	239.12	
公称直径/mm	900				1000			1100			1200	
外径/mm	920				1020			1120			1220	
壁厚/mm	6	8	10	12	6	10	12	8	10	8	10	12
质量/(kg/m)	135.24	179.92	224.41	268.70	150.03	249.07	298.29	219.38	273.73	239.10	298.39	357.47
公称直径/mm	1300		1400		1500		1600		1800			
外径/mm	1320		1420		1520		1620		1820			
壁厚/mm	8	12	8	12	8	12	10	14	10	14		
质量/(kg/m)	258.83	387.06	278.56	416.66	298.29	446.25	397.03	554.5	446.35	632.50		

(2) 螺旋缝焊接钢管　螺旋缝焊接钢管是将钢带按一定的螺旋线的角度（又叫成型角）卷成管坯，然后将管缝焊接起来而制成的。它的优点是生产效率高，可用较窄的钢带生产大口径管，并具有较高的耐压能力。螺旋缝焊接管主要用于石油、天然气的输送管线，城市燃气管道也有应用。螺旋缝焊接钢管的规格与质量见表 1-8。

表 1-8　螺旋缝焊接钢管的规格与质量

公称直径 D_g/mm	外径 D/mm	壁厚/mm			
		6	7	8	9
		质量/(kg/m)			
200	219	31.52	36.60	41.63	—
250	273	39.51	45.92	52.28	—
300	325	47.20	54.89	62.54	—
350	377	54.89	63.87	72.8	—
400	426	62.14	72.25	82.46	—
450	478	69.84	81.30	92.72	—
500	529	77.38	90.11	102.78	—
600	630	92.33	107.54	122.71	—
700	720	105.64	123.08	140.46	157.8

(3) 塑料管　塑料管的品种较多，有聚氯乙烯管、聚乙烯管、聚丙烯管等，根据管材性能、价格、施工工艺等多方面的比较，目前主要采用聚乙烯管。聚乙烯管是地下天

燃气管道常用管材。

　　由于聚乙烯管耐腐性好，通常用于地下管道。聚乙烯的接口形式有活接头连接、焊接及热熔连接等。活接头接口配件多、生产成本高，但焊接连接工艺较方便、摩擦阻力小、使用年限长，目前尚未在燃气管道上得到广泛应用，具有广阔的前景。聚乙烯管的规格及技术性能见表1-9。

表1-9　聚乙烯管的规格及技术性能

外径 /mm	压力等级				外径 /mm	压力等级			
	SDR17.6		SDR11			SDR17.6		SDR11	
	工作压力≤0.2MPa		工作压力≤0.4MPa			工作压力≤0.2MPa		工作压力≤0.4MPa	
	壁厚 /mm	近似质量 /(kg/m)	壁厚 /mm	近似质量 /(kg/m)		壁厚 /mm	近似质量 /(kg/m)	壁厚 /mm	近似质量 /(kg/m)
20	2.3	0.132	3.0	0.162	180	10.3	5.52	16.4	8.34
25	2.3	0.169	3.0	0.210	200	11.4	6.78	18.2	10.39
32	2.3	0.221	3.0	0.276	225	12.8	8.55	20.5	13.16
40	2.3	0.281	3.7	0.427	250	14.2	10.55	22.7	16.18
50	2.9	0.436	4.6	0.662	315	17.9	16.71	28.7	25.76
63	3.6	0.682	5.8	1.05	355	20.2	21.28	32.3	32.68
75	4.3	0.970	6.8	1.46	400	22.8	27.02	36.4	41.82
90	5.2	1.40	8.2	2.12	450	25.6	34.14	40.9	52.84
110	6.3	2.07	10.0	3.14	500	28.4	42.22	45.5	65.33
125	7.1	2.66	11.4	4.08	560	31.9	52.88	51.0	81.96
140	8.0	3.33	12.7	5.08	630	35.8	67.36	57.3	102.7
160	9.1	4.34	14.6	6.67					

　　注：管材长度不少于4m，颜色一般为本色。

第二节　管道附件

　　管道工程中为了分支、变更方向、改变管径和避让障碍物，需要专用管路附件。各种管材均应备有必需的管道配件。由于管道的材料、接口不同，因此管路附件也各不相同。

一、铸铁管路附件

　　燃气铸铁管以机械接口连接为主，机械接口铸铁管路附件见表1-10。

二、螺纹管件

　　用于小口径钢管的螺纹接口管件，一般采用可锻铸铁制造，其规格及工作压力见表1-11。图1-1为各种可锻铸铁管件，可锻铸铁管件主要种类如下。

　　（1）弯头　连接两根公称通径相同的管子，使管路作90°或45°盘弯。在弯度较大的管路上，则使用月弯。

　　（2）异径弯头　为连接两种不同口径的管子所用的弯头。若弯头一端为内螺纹，弯头另一端为外螺纹，则称内外弯头。

表 1-10 机械接口铸铁管路附件

名　称	示　意　图	说　明
三通管		三通管又称丁字管,根据口径又分为异径三通与同径三通
四通管		四通管也称十字管,通常只有同径四通管
有眼短管		有眼短管与普通承插管相仿,其承口后有一带凸台的螺纹孔
夹子三通管		夹子三通管由上、下两侧组成,上层带有承口,上下两层用法兰连接,根据所带承口大小有不同规格
弯管		铸铁弯管规格按管弧度分为 $50°$、$45°$、$22\frac{1}{2}°$,$11\frac{1}{4}°$等,根据承口可分为单承与双承
乙字管		由于管件形状像乙字,故称乙字管,乙字管一般为单承

名　　称	示　意　图	说　　明
套筒		套筒为直筒形的双承口,套筒用于连接双插管,或用于嵌接分支管
渐缩管		渐缩管为一异径短管,一般为单承,异径的大小即为规格
管盖		管盖为一封闭的单承口,形如帽状
防漏夹		防漏夹分上、下两片,利用承口夹箍与防漏夹螺孔采用螺栓固定,防漏夹与承口间采用橡胶密封圈夹紧
有眼夹子		有眼夹子和夹子三通管构造相似,其上片无承口,而是螺纹孔,故称有眼夹子

表 1-11　圆锥形螺纹铸铁管接头的尺寸与工作压力

公称直径		外径/mm	螺纹		长度/mm	工作压力/MPa
mm	in		外径/in	长度/mm		
15	$\frac{1}{2}$	27	$\frac{1}{2}$	14	38	1.5
20	$\frac{3}{4}$	35	$\frac{3}{4}$	16	42	1.5
25	1	42	1	18	48	1.5
32	$1\frac{1}{4}$	51	$1\frac{1}{4}$	20	52	1.5
40	$1\frac{1}{2}$	57	$1\frac{1}{2}$	22	56	1.5
50	2	70	2	24	60	1
70	$2\frac{1}{2}$	88	$2\frac{1}{3}$	27	66	1

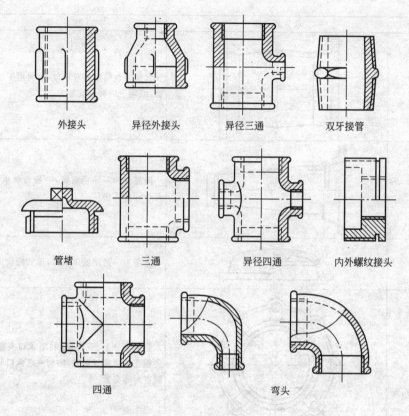

图 1-1 可锻铸铁管件

（3）三通　三向口径相同的称正三通，口径不同的称为异径三通。若接合管不互相垂直，而成叉状，则称 Y 三通。

（4）外接头　用来连接两根公称通径相同的管子。

（5）内接头　用来连接两个公称通径相同的内螺纹管件。

（6）异径外接头　又名大小头，用来连接两根公称通径不同的管子。

（7）活接头　用于需经常拆卸的管路上。

（8）内外螺母　主要用于管径变换的接头处。

（9）管堵　有外螺纹的管堵，用来堵塞管路。

（10）伸缩接头和快速堵漏装置　主要用于补偿管路因热胀冷缩而引起的位移以及抢修。

三、钢管件

钢管件的种类和铸铁管件相同，大口径钢管（＞φ150mm）管件均为焊接管件，其中 45°弯管为三拼焊接弯管，90°弯管为四拼焊接弯管。钢管在与承插管件承插连接的插口应加固。

焊接钢管管件无定型产品，一般均由施工单位根据工程需要，用钢管拼制。常用钢管管件见图 1-2。

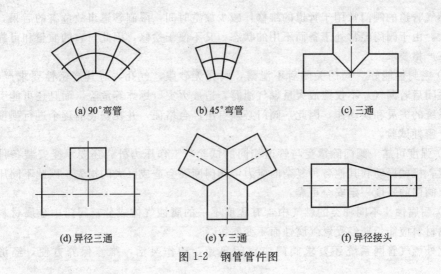

(a) 90°弯管　　　　　(b) 45°弯管　　　　　(c) 三通

(d) 异径三通　　　　　(e) Y 三通　　　　　(f) 异径接头

图 1-2　钢管管件图

四、聚乙烯管件

聚乙烯管件有承插热熔管件和接头管件，见图 1-3。

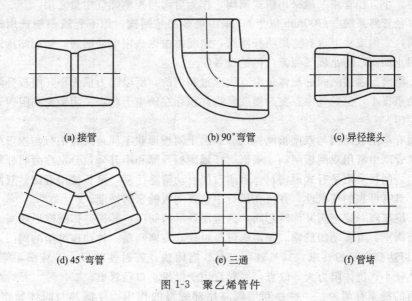

(a) 接管　　　　　(b) 90°弯管　　　　　(c) 异径接头

(d) 45°弯管　　　　　(e) 三通　　　　　(f) 管堵

图 1-3　聚乙烯管件

第三节　管道设备

在燃气管道工程中，需要有专用管道设备来保证管道安全运转。这些管道设备通常指阀门、凝水缸、补偿器、放散管、过滤器、阀门井等。

一、阀门

阀门是燃气管道中重要的控制设备，用以切断和接通管线，调节燃气的压力和流

量。燃气管道的阀门常用于管道的维修，减少放空时间，限制管道事故危害的后果，关系重大。由于阀门经常处于备而不用的状态，又不便于检修，因此对它的质量和可靠性有以下严格要求。

① 密封性能好　阀门关闭后不泄露，阀壳无砂眼、气孔，对其严密性要求严格。阀门关闭后若漏气，不仅造成大量燃气泄露，造成火灾、爆炸等危险，而且还可能引起自控系统的失灵和误动作，因此，阀门必须有出厂合格证，并在安装前逐个进行强度试验和严密性试验。

② 强度可靠　阀门除承受与管道相同的试验与工作压力外，还要承受安装条件下的温度、机械振动和其他各种复杂的应力，阀门断裂会造成巨大的损失，因此不同压力管道上阀门的强度一定安全可靠。

③ 耐腐蚀　不同种类的燃气中含有程度不一的腐蚀气体成分，阀门中金属材料和非金属材料应能长期经受燃气腐蚀而不变质。

此外燃气管网系统还要求阀门应启闭迅速，动作灵活，维修保养方便，经济合理等。

小口径管路系统（$\phi 50mm$ 以下），表具前通常采用螺纹连接旋塞阀，如连接胶管的直管旋塞开关、表前进口的活接头旋塞开关、西式灶旋塞开关及防止胶管脱落漏气的旋塞开关等。小口径管路一般采用楔式闸阀，作为启闭与控制燃气用量之用。

大口径管路系统（$\phi 100mm$ 以上），采用最多的是闸阀，地下管道一般选用暗杆双闸板闸阀，室内或地上也有选用明杆闸阀，储配站内也选用电动闸阀。储配站压送机出口应采用止回阀，防止燃气倒流，保护设备安全。

（1）闸阀　通过闸阀的流体是沿直线通过阀门的，所以阻力损失小，闸板升降所引起的振动也很小，但燃气中存在杂质或异物并积存在阀座上时，关闭会受到阻碍，使阀门不能关闭。

闸阀有单闸板闸阀与双闸板闸阀之分，由于闸板形状不同，又有平行与楔形闸板之分。燃气管网中常用双闸板闸阀，根据阀杆随闸板升降和不升降，分别称为明杆阀门和暗杆阀门。闸板采用平行式硬密封，启闭时能自动清除污垢，延长使用寿命。双闸板平行设置，具有可靠的气密性，并可在运行中检查闸板的密封性能。

（2）旋塞阀　旋塞阀又称转芯阀，是应用最早的阀门，其构造如圆锥形瓶塞。主要由圆锥面阀座、可转动的旋塞、固定螺母等组成。旋塞阀是一种动作灵活的阀门，阀杆转 90°即可达到启闭的要求，其具有可自封、启闭快、密封性能好、不易积垢等优点。但由于孔径小、流体阻力大等缺点，一般只用于低压小口径管道。

常用的旋塞有两种：一种是利用阀芯尾部螺母的作用，使阀芯与阀体紧密接触，不致漏气，这种旋塞只允许用于地压管道上，称为无填料旋塞（见图 1-4）；另一种称为填料旋塞（见图 1-5），利用填料堵塞旋塞阀体与阀芯之间的间隙而避免漏气，这种旋塞体积较大，但安全可靠。

油压卸载式油密封旋塞阀，是近年来研制成功的燃气专用阀门，它由旋塞、止回阀、压油螺杆、密封圈、压盖、流油槽、阀体、油腔等组成。润滑油均匀分布阀面，减少阀体磨损，改善密封性能。设置止回阀为防止润滑油倒流，油腔则为集中润滑油用。阀门启闭时，阀底部润滑油受压使旋塞受到向上托力，因此启闭轻便。油密封旋塞阀结构紧凑、体积小，特别适用于地下管道，可避免管道埋设过深。

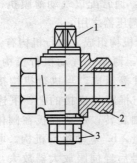

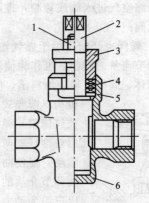

图 1-4　无填料旋塞

1—阀芯；2—阀体；3—拉紧螺母

图 1-5　填料旋塞

1—螺栓螺母；2—阀芯；3—填料压盖；

4—填料；5—垫圈；6—阀体

（3）球阀　球阀一般用于高压系统，与闸阀相比具有外形尺寸小的优点，与旋塞阀相比具有通径大（和管径相同）、流体阻力小等优点。球阀和旋塞阀一样，密封面不易积垢。它主要由左右阀体、球体、阀杆、复合轴承等构件组成。球阀主要依靠球面或密封阀衬进行开启与关闭。

燃气专用气密封球阀（见图1-6）采用固定球转向关闭浮动阀座密封，阀座由导套和密封圈组成。关闭时，阀座背腔充以压缩空气使阀座压向球体，形成密封。阀座背腔上部有一螺纹接口，上装截止阀。球阀外部底板装有二位三通阀，当二位三通阀上的触

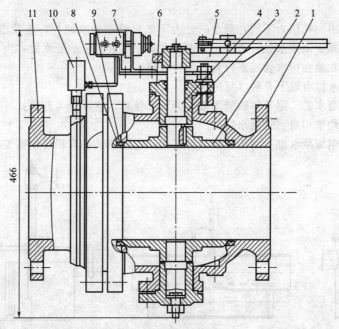

图 1-6　气密封球阀

1—右阀体；2—球体；3—复合轴承；4—上阀杆；5—手柄；6—上盖；

7—二位三通阀；8—导套；9—主密封圈；10—截止阀；11—左阀体

杆被压时，压缩空气进入阀座背腔，推动阀座使球阀严密关闭。

（4）其他阀门

① 蝶阀　蝶阀也开始应用于燃气输配系统中，通常配以气动薄膜执行机构，成为自动控制与调节流量的阀门，可作为储配站低-低调压器之用。

蝶阀由阀体、阀瓣、轴、填料函、曲柄及执行机构组成。执行机构有：a. 气动执行机构（薄膜式、活塞式）。薄膜式气动执行机构主要由膜盖、波纹薄膜、弹簧、调节件等组成。当执行机构接受信号压力后，推杆就向下移动，与推杆相连接的上、下连杆跟着向下移动，促使曲柄围绕阀轴旋转，带动阀板在阀体内回转，从而调节介质的压力与流量。b. 电动执行机构。电动执行机构以电源为动力，接受信号后经伺服放大器放大，使电动机带动减速器运行而产生轴向推力，使阀板回转，从而调节介质压力与流量。当信号电流因故中断时，则可用手轮进行手动操作。蝶阀主要用来控制介质压力、流量等工艺参数，配上执行机构便可实现远程控制及自动调节。

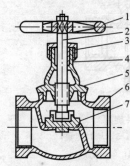

图 1-7　截止阀

1—手轮；2—阀杆；3—填料
压盖；4—填料；5—上盖；
6—阀体；7—阀瓣

② 截止阀　截止阀（见图 1-7）依靠阀瓣的升降达到开闭和节流的目的。这类阀门使用方便、安全可靠，但阻力较大。

二、凝水缸

为排除燃气管道中的冷凝水和石油伴生气管道中的轻质油，管道敷设时应有一定的坡度，以便在低处设凝水缸，将汇集的水或油排出。凝水缸的间距，应根据水量和油量的多少而定。

由于管道中燃气压力不同，凝水缸分为不能自喷和自喷两种。若管道内压力较低，水或油就要依靠手动抽水设备来排出。安装在高中压管道上的凝水缸，由于管道内压力较高，积水或积油在排水管旋塞打开以后自行喷出。

常用的凝水缸有以下几种（见图 1-8）。

（1）铸铁凝水缸　用于铸铁管工程，为承插接口。它可分为开启式（桶井）及封闭式两种，目前均采用封闭式凝水缸。

（2）焊接钢板凝水缸　用于焊接钢管工程，它的形式、容积可根据工程要求自行设

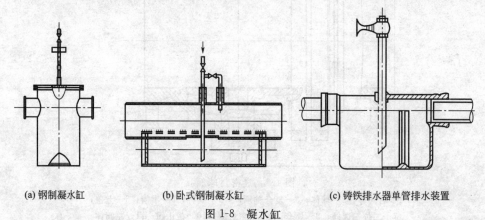

(a) 钢制凝水缸　　　　(b) 卧式钢制凝水缸　　　　(c) 铸铁排水器单管排水装置

图 1-8　凝水缸

计加工。

(3) 加仑井 加仑井是封闭式铸铁凝水缸,它体积小,采用螺纹连接,用于地下绝缘管等螺纹接口工程,目前有 9L (2UK gal) 及 18L (4UK gal) 两种规格。

三、补偿器

补偿器作为消除因管段膨胀对管道所产生的应力的设备,常用于架空管道和需要进行蒸气吹扫的管道上。此外,补偿器安装在阀门的下侧(沿气流方向),利用其伸缩性能,方便阀门的拆卸和检修。

常用补偿器有波形补偿器及填料式补偿器。波形补偿器用不锈钢压制,依靠补偿器弹性达到补偿。填料式补偿器有套筒式及承口式两种,它依靠管接口的滑动进行补偿。接口填料通常采用石棉盘根、黄油嵌实密封,一般用于过桥管补偿用。

在埋地燃气管道上,多用钢制波形补偿器(见图1-9),其补偿量约为10mm。为防止其中存水腐蚀管道,由套管的注入孔灌入石油沥青,安装时注入孔应在下方。补偿器的安装长度,应是螺杆不受力时的补偿器的实际长度,否则不但不能发挥其补偿作用,反使管道或管件受到不应有的应力。另外,还有一种橡胶-卡普隆补偿器(见图1-10),它是带法兰的螺旋皱纹软管,软管是用卡普隆布作为夹层的胶管,外层则用粗卡普隆绳加强。其补偿能力在拉伸时为150mm,压缩时为100mm。这种补偿的优点是纵横方向均可变形,多用于通过山区、坑道和多地震区的中低压燃气管道上。

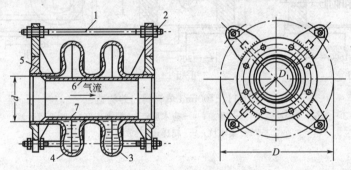

图 1-9 波形补偿器

1—螺杆;2—螺母;3—波节;4—石油沥青;5—法兰盘;6—套管;7—注入孔

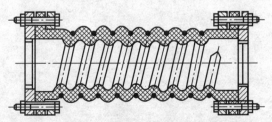

图 1-10 橡胶-卡普隆补偿器

四、放散管

放散管是一种专门用来排放管道内部的空气或燃气的装置。在管道投入运行时利用放散管排出管内的空气,在管道或设备检修时,可利用放散管排放管内的燃气,防止在

管道内形成爆炸性的混合气体。放散管设在阀门井中时，在环状管网中阀门的前后都应安装，而在单向供气的管道上则安装在阀门之前。

五、过滤器

过滤器无定型产品，一般由使用单位加工制造。常用规格为 $\phi20\sim150\text{mm}$，用于燃气杂质较多的场合，或对燃气清洁度有较高要求的部门。

六、阀门井

为保证管网的安全运行与操作方便，地下燃气管道上的阀门一般都设置在阀门井中。阀门井应坚固耐久，有良好的防水性能，并保证检修时有必要的空间。考虑人员安全，井筒不宜过深。阀门井的构造见图1-11。另注意对于直埋设置的专用阀门，不设阀门井。

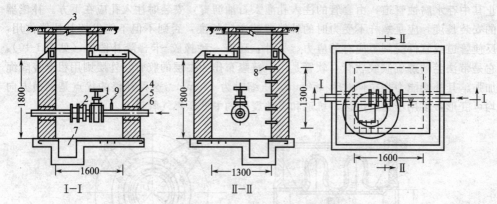

图 1-11　100mm 单管阀门井构造

1—阀门；2—补偿器；3—井盖；4—防水层；5—浸沥青麻；6—沥青砂浆；

7—集水坑；8—爬梯；9—放散管

［第2章］

燃气工程主要施工机具

第一节　破路工程主要设备

城市燃气管道管沟土方工程主要包括路面和沟槽开挖、沟槽支撑、回填土等内容，与一般的管沟土方工程基本相同。用于这方面的机具有自制的专用设备，但大多是通用产品。在选用设备时要选择适用性强、维修方便、性能稳定、质量可靠的机具。

破路机械主要有路面破碎机、移动式柴油空气压缩机、内燃凿岩机等。

一、路面破碎机

路面破碎机是目前破路工程的主要机具之一，它对开挖混凝土路面、沥青路面均有良好的功效。国外生产 SB 系列路面破碎锤如图 2-1 所示。该产品采用单纯的油压回路，使用最佳设计方法，使用最少量的部件制造而成，具有配件数量少、故障少的特点，提高了工作效率。破碎锤底部使用耐磨高强度钢板制作，提高了破碎锤的耐久性及寿命。

路面破碎机的动力部分可采用柴油机或电动机。柴油路面破碎机可以自行行驶，机动性能好，且不受电源限制。电动路面破碎机结构简单，制造、维修费用低，但使用时需要电源，不能自行行走，使用范围受到一定影响。

图 2-1　路面破碎锤

柴油路面破碎机的柴油机为通用产品，可采用 285 型高速柴油机，285 型高速柴油机技术性能见表 2-1。

表 2-1　285 型高速柴油机技术性能

名　称	型　式	缸径 /mm	活塞冲程 /mm	压缩比	标准转速 /(r/min)	持续功率 /kW	冲击次数 /(次/min)	升起高度 /m
性能	四冲程	85	100	20：1	2200～3000	12～15	16～22	2.2～2.3

二、柴油空气压缩机

移动式柴油空气压缩机利用压缩空气带动风镐开掘路面，对于多层路面、破碴路、三合土路均有较好的效果。该机操作灵活方便，不受施工场所的限制，适应性强。但风镐操作劳动强度高、噪声大，在某些场所使用时受到一定限制。

柴油空气压缩机规格较多，常用的有 3m³/min、6m³/min、9m³/min 等规格。目前常用的 6m³/min 移动式柴油空气压缩机技术性能见表 2-2。

表 2-2　6m³/min 移动式柴油空气压缩机技术性能

名称	排气量/(m³/min)	排气压力/Pa	柴油机型式	功率/kW	调速形式	传动方式
性能	6	68.6×104	4135K	44	多速调节器控制调节	通过离合器直接传动

6m³/min 空气压缩机可以带动风镐三把。移动式柴油压缩机在牵引运输时，要注意安全，车辆拖动时车速不宜过快，一般不大于 30km/h，以防转弯、刹车时发生翻车事故。

三、凿岩机

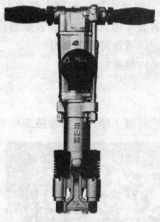

图 2-2　YO18 型凿岩机

凿岩机具有灵活方便等特点，一般用于开挖样洞和开凿少量路面。凿岩机有定型产品供应，国产的 YO18 型凿岩机如图 2-2 所示。其主要性能如下。

机重　18kg

机长　550mm

缸径×行程（mm）　58×45

工作气压（MPa）　0.4～0.63

冲击能（J）．≥22

冲击频率（Hz）　≥32

耗气量（L/s）　≤20

凿岩机同样存在噪声大的问题，并且其动力部分故障较多，给维修带来一定困难。在使用中往往因油路不畅通、气缸内混合油比例不当等因素，造成起动困难。

四、其他破路机械

1. 液压镐

特制的液压镐可以装在专用破路机上，也可作为附属设备装于具有液压传动的挖掘机、吊车上，使一机多用。液压镐具有噪声低、功率大等特点，是一种理想的破路面设备。

2. 混凝土路面切割机

路面切割机是采用超硬质圆形刀刃，依靠刀刃旋转来剖割路面，对混凝土路面具有较好的效果。采用路面切割机切割的路面整齐，速度快。在沟槽两侧用切割机将混凝土路面切割后，再用破碎设备将沟槽中间部分混凝土破碎、清除。由于沟边整齐，可减少开挖量，并易于恢复路面，省时经济。因此，混凝土路面切割机也是常用的设备。

第二节　土方工程主要设备

一、土方开挖机具

当燃气工程土方开挖量不大时，可采用人工开挖，但排管工程中土方开挖量大。为了提高工作效率，保证工作进度及改善劳动条件，目前一般城市道路沟槽开挖逐步采用机械施工。常用的挖掘机械有液压挖掘机、抓斗式挖掘机、多斗挖沟机等。

1. 液压挖掘机

液压挖掘机是目前开挖土方的最佳机具，它具有挖土方量大、操作简易、方便灵活等特点。在对该机作改装后，可以用来破碎路面、拔板桩、压板桩、搬运工具材料等，是排管施工的重要机械设备之一。

机械开挖目前用的主要有正铲、反铲、拉铲、抓铲等单斗挖掘机以及多斗挖掘机、装载机、铲运机、推土机等。

液压单斗挖掘机是开挖沟槽土方的常用机械。目前国产挖掘机品种较多，用得最多的是 W4-60 型和 WL60 型挖掘机；进口挖掘机中以 HD-400G 挖掘机使用较为普遍。

WY15 型液压挖掘机为双重回转履带式液压挖掘机，行走采用履带，故较适合用于野外松软土壤地带，如图 2-3 所示。它体积小、质量轻、可以倒向挖掘，装配有推土装置，全部动作均由液压传动来实现。经过长期使用表明具有性能稳定的特点。

图 2-3　WY15 型液压挖掘机

W4-60 型挖掘机是轮胎式大型液压挖掘机，便于在城镇市区道路行驶，具有操作灵活、方便、结构紧凑、行走速度快等优点。这种挖掘机有正铲和反铲两种，挖土能力较大，适用于大口径管道排管施工。WY15 与 W4-60 挖掘机主要技术性能见表 2-3。

表 2-3　WY15 与 W4-60 挖掘机主要技术性能

型　号	挖掘力 /(m³/h)	斗容量 /m³	挖掘半径 /m	挖掘深度 /m	挖掘高度 /m	行走速度 /(km/h)	最大爬坡度/(°)	整机质量 /kg
WY15	25	0.15	4.84	3	3.7	16	20°	4245
W4-60	90	0.6	7.3	3.7	6.4	32	20°	13600

2. 多斗挖沟机

多斗挖沟机为履带式可连续开挖沟槽的机械，如图 2-4 所示。

多斗挖沟机在挖土作业时，挖沟机向前行走，后面带有圆轮的多斗挖掘机构循环转动，土斗挖进土壤，铲起土后将土经过短皮带运至沟上一侧或两侧。在挖土过程中，挖掘机不间断地向前开动，连续作业，其前进速度可根据土壤性质和挖掘深度来调控。如果需要挖掘较宽的沟槽，可更换阀切削边的土斗或装上两排土斗。

多斗挖沟机多用于挖掘直槽的情况。当挖掘梯形槽时，需要安装有斜形侧刀直径较大的下链轮，用以切削沟槽边坡的土壤。多斗挖沟机具有挖土深度易控制、开挖沟槽整齐、效率高的特点，一般用于郊野沟槽的开挖。

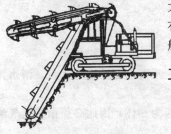

图 2-4　多斗挖沟机

二、填土机具

1. 液压挖掘装载机

填土机械一般采用斗式装载机械。装载机的铲斗容量可分为多种规格，一般容量大的装载机功率也大，易

于铲挖，效率高。北京 DY 4-55 型液压挖掘装载机上有反铲、起重、推土等多种作业装置，它主要用于开挖中小型沟槽、基坑和装卸散状材料与起重等，在开阔道路或野外可作为填土机械回填土。其技术性能表见表 2-4。

表 2-4　DY4-55 型液压挖掘装载机主要技术性能

功能项目		单 位	性能参数
装载斗	斗容量	m³	0.6
	最大卸料高度	m	2.47
	最大卸料高度时最大卸料角度	(°)	60
反铲	斗容量	m³	0.2
	最大挖掘深度	m	4
	最大卸料高度	m	3.18
	最大卸料高度时最大卸料半径	m	3.51
	最大回转角度	(°)	180
推土	推土装置最大推力	kN	35
起重	最大起重量	kg	1000
	最大起重高度	m	4
	吊钩中心线至前轮中心线间最大距离	m	3.73

2. 夯土机

夯实机械有蛙式打夯机、振动夯实机、内燃打夯机和电动立式打夯机等。内燃自动夯土机是夯土时广泛使用的小型土壤夯实机具，它能在一次启动后连续作业，具有操作方便、劳动强度低、夯击能量大和效率高等优点。ZH 7-120 型自动内燃夯土机如图 2-5 所示，主要技术参数如下。

总重（kg）　120

全高（mm）　1180

夯足直径（mm）　265

夯击速度（次/min）　60～70

起跳高度（mm）　300～500

图 2-5　ZH 7-120 型夯土机

3. 推土机

推土机具有操作灵活、运行方便、作业面积小的优点，比较适合开挖一～三级土壤。它多用于平面开挖、高挖低填、表面找平和大型基坑、沟槽等的开挖以及回填基坑和沟槽的场合。

三、抽水机具

1. 潜水泵

潜水泵具有体积小、质量轻、安装简单、使用方便、不需地面设施等优点。潜水泵的常用规格见表 2-5。

潜水泵在使用时需浸没于水中，由于电动机与泵体连为一体，因此必须做好电气绝缘，使用前要认真检查，防止发生漏电事故。

表 2-5 常用潜水泵规格

型 号	流量 $Q/(m^3/h)$	扬程 h/m	电机功率/kW	效率/%
JQB-40($1\frac{1}{2}''$)-6	10～22.5	18～20	2.2	45%
JQB-50($2''$)-10	15～32.5	12～21	2.2	47%
JQB-100($4''$)-31	50～90	4.7～8.2	2.2	49%
JQB-125($5''$)-69	80～120	3.1～5.1	2.2	50%

2. 手动抽水泵

手动抽水泵如图 2-6 所示。它工作时不需电源，携带方便，可以在任何沟槽中使用。经过改装后的手动轴水泵加装电动机则可进行连续自动抽水作业。

3. 离心式水泵

离心式水泵适用于施工沟槽中有大量积水的排水作业。

四、支撑工具

在地下管槽排水施工中，常易发生坍方事故，这主要是由于土壤结构松散、地面荷重及施工中其他因素所造成的。因此，在开挖管沟深度达到一定值时，必须做好板桩支撑。板桩的支撑如图 2-7 所示。架设支撑板桩的目的就是为了防止坍方，保护操作人员的安全及施工正常进行。

图 2-6 手动抽水泵

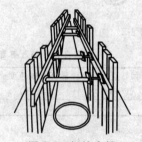

图 2-7 板桩支撑

1. 板桩

管沟支撑用的板桩，有铁板桩与木板桩两种。木板桩多为长条形，其长度一般为 2～3m，宽约为 0.3m 左右，厚约为 0.06m。木质材料要求结构紧密，其上下两端一般需用狭铁皮包裹，以防板桩开裂损坏。

铁板桩一般采用钢板轧成，为了提高板桩竖向的刚度，常轧制成槽形。钢板厚度为 3～5mm，长、宽基本和木板桩相似，在板桩不适用时，也可用槽钢替代使用。

2. 螺攻

通常用特制的螺攻将板桩顶紧，使板桩牢固支撑在管沟两侧。螺攻由螺杆、套管、手扳螺母组成。螺杆直径约为 30mm，多采用梯形螺纹；套管的长度可根据支撑管沟的宽度进行调节；手扳螺母上有凸部，在扳动时可加上套管使用。

第三节 下管和接管设备

一、下管机具

下管机具主要有搬管车、吊车、手动葫芦等。大型工地一般均采用吊车，中、小型工地常用搬管车、手动葫芦等简单机具。

1. 搬管车

搬管车是一种简单的运管工具，它是利用杠杆平衡原理设计制作的，如图 2-8 所示。它使用方便，既可搬运管材，也可用于下管，适用于工程较小的工地。

2. 吊车

吊车是管道工程中常用的起重设备。它主要用于管子、管件的下沟、搬运等作业。吊车规格较多，在管道工程中选用吊车应考虑到起吊物质量及施工场地具备的回转距离。

QLY-8 型轮胎起重机是液压传动全回转动臂式起重机，起重量为 8t，行驶部分与一般载重汽车相同，如图 2-9 所示。它具有操作简单、平稳可靠等优点，其主要参数见表 2-6。

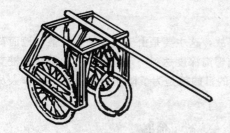

图 2-8 搬管车   图 2-9 QLY-8 型起重机

表 2-6 QLY-8 型轮胎起重机主要性能

吊钩速度 /(m/min)	回转速度 /(r/min)	最高行驶速度 /(km/h)	最大爬行坡度 /(°)	最小转弯半径 /m	全车总质量 /kg
5.5	2	30	12	6.2	12000

3. 手动葫芦

在无法使用吊车等起重设备的工地，一般采用手动葫芦。其特点是下管速度较慢，但较稳妥。葫芦的选择应与起吊质量及三脚架的强度相适应。

二、割管工具

1. 自爬式割管机

自爬式割管机由电动机、变速箱、过载保护装置、离合器、进刀机构、链条、刀具等组成，如图 2-10 所示。主要用于大型（300mm 以上）铸铁管、钢管的切割，其主要技术参数见表 2-7。

表 2-7 自爬式割管机技术参数

动 力	转速 /(r/min)	铣刀轴转速 /(r/min)	爬行进程速度 /(cm/min)	切割范围 /mm	切割壁厚 /mm	质量/kg
三相交流异步电机	1500	70	0.085	$\phi 200 \sim 1200$	20	60

2. 分离式液压割管机

分离式液压割管机是适用于铸铁管的切断工具，如图 2-11 所示。它具有操作方便、使用安全、工作效率高和切割效果好等优点。

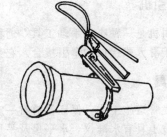

图 2-10　自爬式割管机　　　　图 2-11　分离式液压割管机

液压割管机上有工作油缸、手动泵，装上刀具及刀框后便可工作。操作人员可在离开工作物1.5m左右操作，以手动泵为动力，进行挤压，达到割断目的。液压割管机技术参数如下。

工作油缸最大顶举质量（t）　　30

工作油缸行程（mm）　　60

刀框规格（mm）　　ϕ100，ϕ150，ϕ200，ϕ300

最大单位工作压力（MPa）　　60

液压割管机使用时刀框必须与管轴心垂直，割断管子后还应检查管子是否有裂缝。

3. 手割刀

手割刀在小口径管接装中是最常用的割管工具，它具有结构简单、操作方便的优点。主要由手柄、滑轮、刀片、调节丝杆等组成，可切割 ϕ15～100mm 的金属管。

三、铰制螺纹机具

小口径管道施工中，通常采用手工铰削。近几年来电动铰螺纹机已逐渐被采用，它可以提高施工速度与工程质量。常用的铰螺纹机种类很多，可分为 15～50mm、80～100mm、150mm 三种规格。应用较多的有 TQ3 型铰螺纹切管机和微型电动铰螺纹机。

四、弯管机

弯管机如图 2-12 所示。一般可分为螺杆弯管机和液压弯管机两种。螺杆弯管机采用蜗轮蜗杆传动，体积较大且笨重，一般不适用于现场施工。液压弯管机采用液压传动，操作简便、功率大，是较理想的弯管设备。

Z3WF-50 型分享式电动液压弯管机是常用的弯管机具，主要由超高压电动泵和弯管槽、模顶具组成。其技术参数见表 2-8。

图 2-12　弯管机

表 2-8　Z3WF-50 型分享式电动液压弯管机技术参数

弯管规格 /mm	弯曲角度 /(°)	弯曲半径	额定压力 /MPa	空载流量 /(L/min)	电动机功率/W	整机质量/kg
ϕ15～50	90	≥4 倍管外径	63	0.8	750	20

五、手动牵引机

手动牵引机是一种小型手动工具，通称手搬葫芦。它主要用于承插式接口管道的拆装，也可用于滑入式接口的牵引接合。它具有结构简单、紧凑、便于携带的优点。

六、测坡工具

城市燃气管道施工中，保证管道有一定坡度是排管工程中的重要质量指标。在施工中常用的测坡工具有水准仪、水平尺及平尺板等。

1. S3 型水准仪

测量管道坡度的 S3 型水准仪主要技术参数：每公里线长的高程中偶然误差不超过 ±3mm；放大率 30 倍（一般为 8～30 倍）；物镜有效孔径 42mm；视场角 1°26′（微倾幅度）；最短视距 2.5m。

2. 水平尺

水平尺是中、小型施工常用的测坡工具。它主要由铁壳和水泡玻璃组成。在其平面中心点装有一个横向水泡玻璃管，用于检查平面水平；另一个是垂直水泡玻璃管，用于检查垂直角度。玻璃管上面有刻度线，当气泡位于刻度线中心位置不再移动时，则说明被测位置的管段处于水平（或垂直）的位置。

常用的水平尺的长度有 200mm、300mm、500mm 等几种规格。在测坡中根据水平尺中汽泡的偏离度来控制管坡。

3. 平尺板

平尺板是管道下沟前测量管道地基坡度的常用工具。它是用优质木材整块制成，不易弯曲变形，长度有 3m、4m、5m 三种，厚度约 75mm，宽度为 25mm 以上。

平尺板凹口和凸口的深度和高度为承插口的隙缝宽度，一般为 10mm 左右；其宽度为承口深度，一般为 100mm 左右。被测坡度的连接管端为插口时，用凹口与管道内壁搭接对管基测坡；如连接端为承口时，则用凸口端搭接在承口内进行测坡。

第四节　其他工具设备

一、阻气袋

1. 球形阻气袋

球形阻气袋是常用的阻气设备。它是由厚度约为 1mm 的四片胶片黏合而成，主要用于 φ75mm 以上大口径管道阻气之用，常用于规格为 φ75～1000mm 的管道。

球形阻气袋在黏结处有筋凸起，故易引起燃气泄漏。当充气压力较高时（$P >$ 0.02MPa），易发生阻气袋爆裂，造成意外事故。一般在施工中采用双阻气袋，即同一管道的同一孔中，塞入两只阻气袋同时充气阻塞，以防发生意外事故。

阻气作业时，首先在需阻气的管道部位前钻孔，一般钻孔为 32～50mm，然后将阻气袋内空气排出，卷成条状，从孔中塞入管道中，用竹片将阻气球推向气流方向。接着从阻气袋连接气管上充气，可用人工吹，也可用气瓶或气泵充气。一般充气压力为 0.01～0.015MPa，使阻气球充满空气膨胀，以阻断燃气。最后停止充气，关闭旋阀，固定气管。

2. 导向式耐压阻气球

导向式耐压阻气球因其阻气性能好、充气和放气速度快、定位迅速而得到普遍应用，它主要由椭圆形橡胶球体、金属导向管（进出气管）和尼龙加强套三部分组成，如图 2-13 所示。

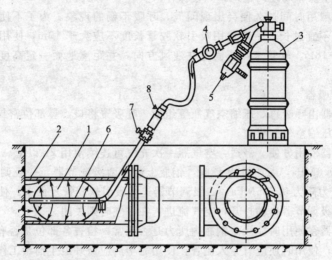

图 2-13　导向式耐压阻气球操作示意图

1—椭圆形橡胶球体；2—燃气管道；3—高压钢瓶；4—稳压器；5—射流管；

6—金属导向管（进出气管）；7—控制阀；8—手柄

在阻气球堵塞燃气管道操作时，充气装置由钢瓶高压空气通过一级减压阀和二级调压器向橡胶球体内充气。当球内气体压力达到工作压力后，二级调压器自动关闭，橡胶球体内气体保持恒定的压力，达到阻气作用。

当施工结束需拔出阻气球时，将阻气球导向管接至引射器吸气口上，开启气瓶阀后，瓶内高压气体经一级减压后，高压空气通过引射器的高压气流，对吸气口产生抽吸作用，将阻气球内气体迅速抽出。

导向式耐压阻气球主要技术特点如下。

① 球体外型呈椭圆型，充气后与管内壁的接触面较大，提高了堵气的密封性。阻气球与管道内壁的摩阻力的增加，提高了阻气球抵抗管内燃气推力的能力，增强了阻气球的稳定性。

② 由于金属导向管从球内连接至球外，确保了阻气球导向定位，克服了阻气球在充气过程中受管内燃气推力变位走动的问题。

③ 导向式耐压阻气球采用压缩空气经二级调压向球内充入额定压力的气体，使阻气球内气压处于稳定状态，自动补偿阻气球内气体的泄漏量，确保了安全可靠性。

④ 阻气球外套的尼龙加强套，不仅增加了阻气球耐压强度，而且能有效地防止操作过程中遇到金属刃口而损坏的事故发生。

二、隔离面罩和空气呼吸器

在管道施工及抢险过程中，带气操作是一项经常性的工作。由于燃气中含一氧化碳等有毒成分，为了保障操作人员的安全，防止燃气中毒，通常采用隔离面罩或空气呼吸

器，使操作人员在带气操作时与燃气隔离。

1. 隔离面罩

隔离面罩是由橡胶制成的，主要由面罩及呼吸软管组成，使用时将面罩套在头部，将呼吸管延长至操作场地的上风口，使操作人员呼吸到新鲜空气。

隔离面罩戴用时间过久便会出现闷气、呼吸不畅的现象。为了不使吸气困难，呼吸软管的长度不宜过长，一般使用吸引软胶管长度不应大于 10m，使用光滑软管长度不应大于 16～18m。软管末端应固定在迎风方向，并距离地面一定高度，以防止灰尘吸入。

2. 空气呼吸器

空气呼吸器由呼吸罩、压缩空气瓶等组成。呼吸罩将口、鼻部位密封隔离，呼吸所需空气由连续压缩空气瓶供应。

空气呼吸器使用方便、舒适，空气瓶一次充气可连续使用 2h 以上。其容积为 12L，充气压力为 19.6MPa，瓶质量约 12kg。钢瓶上装有两级调节器，一级调节器使 14.7～19.6MPa 的压力降为 0.686MPa，二级调节器连续吸引软胶管及面罩。使用时由于吸气产生负压，二级调节器自动打开，空气流进，在呼气时则关闭。

空气呼吸器在使用时应注意钢瓶内压力是否正常，检查各部位是否有漏气，呼吸罩位置是否正确；使用时还应有专人监管，使用完毕后应做好卫生消毒工作。

在燃气带气施工中，一般不使用过滤式防毒面具。因为它的可靠性差，并且在被燃气污染的空气中使用时，会出现因氧气量不够而呼吸不正常的现象。

第五节　施工准备

燃气工程施工准备在整个施工过程中非常重要，它贯穿于整个工程的实施全过程。由于燃气施工工程具有安装工程量大、野外施工难度大、有时自然障碍多、施工季节性强、安装技术要求高的特点，所以必须做好施工前的准备工作，才能保证施工过程顺利进行。

燃气工程施工准备一般包括以下内容：建立施工指挥系统，认真熟悉、审查施工设计图，编制施工组织设计或施工方案，建立施工卡，编制工程施工预算书，准备工程所需材料配件，组织施工人员、施工机具设备。有时需要修建临时设施，协调办理与工程相关的拆迁、征地和其他审批配合事宜等。

燃气工程施工任务如果采用招标方式选择施工单位，为了使业主和施工单位的职责和权利分明，施工前应通过正规的手续。经过编制招标书和标底、发招标书、投标竞标、最后签订合同等程序，然后由业主、设计单位、施工单位、监理等部门协调进行施工前的一系列准备工作。

一、施工设计图及有关资料的熟悉、审查

经过审批认可的设计施工图及有关施工、验收的现行国家及行业标准、规范、规定是燃气工程施工必须具备的依据资料，组织相关人员对其熟悉、审查，并提出问题进行完善，从而保证工程顺利进行。具体应注意以下两个方面。

1. 施工单位熟悉、审查施工设计图

①　审查设计施工图和资料是否齐全，是否符合国家有关政策、标准及有关规定的要求；图纸中是否存在错误；设计所参照执行的施工及验收标准、规程是否齐全合理，有无遗漏及更新等。

②　熟悉设计说明中有关施工区域的地质、水文等资料，图纸中燃气管线的位置、走向，并注意管线周围的构筑物及穿越障碍物的情况等。

③　领会设计意图，了解建设周期及设计概（预）算，熟悉并掌握设计技术要求及相关的施工标准、规范等。

2. 设计交底与施工图会审

（1）设计交底　由设计人员对整个工程的设计意图进行简介，提出相关问题如施工材料、方法、技术及质量要求等。

（2）踏勘施工现场　由业主带领，协同设计、施工、监理等单位有关人员共同进行，依照施工图中管线走向、位置进行现场踏勘，明确管道位置、地上构筑物及障碍物如树木、电线杆、桥梁等及其他地下管线情况，制定合理的处理措施和拆迁任务，协调处理好各项事宜。

（3）施工图会审　由业主组织专家组，设计、施工、监理单位人员共同参加，对工程进行审议。

审议具体内容如下：

①　设计资料是否与现行国家的有关方针、政策和规定相一致。

②　设计资料是否齐全，有无差错或矛盾之处，相关的施工标准、规范是否更新齐全。

③　设计中的特殊施工方法和措施是否可行，施工中所用的特殊材料的选用以及设备的使用是否存在问题等。

④　地下与地上管线的特殊施工，如穿越铁路、河流、公路及其他障碍的施工要求、方法以及主要设备和措施是否可行。

二、施工组织设计与施工图预算的编制

施工组织设计是施工单位依据设计图纸，相关技术文件，现场踏勘收集的施工现场的地形、交通、土质、水文等有关资料，工程的工期要求，施工的技术安全、质量成本、施工力量和机具设备等，以及编制各种图纸、表格、施工预算与文字说明作为工程实施的技术文件。它是安装施工的组织方案，是指导施工的重要技术经济文件，是施工企业实行科学管理的重要环节。

施工组织设计是在充分研究工程的客观情况和施工的特点的基础上制定的，是施工准备和规划部署全部生产过程，实施先进合理的施工方案和技术组织措施及质量保证，建立正常的施工秩序的必要保证。它对整个施工过程起着平衡和调节的作用，保证工程获得质量好、工期短、投资省的最佳技术经济效益。

1. 施工组织设计编制的主要依据

①　经批准的扩大初步设计。

②　设计图纸和设计的总概（预）算。

③　施工说明和质量验收标准。

④　可以投入的施工力量（技术、辅助设施、后勤等方面的配置）情况。

⑤ 踏勘现场的资料，包括地上构筑物、电线杆及设施、道路交通情况、土质、地下水位情况、现场的生活设施、搭建材料、机具和余土堆放场地许可条件、供水供电条件等。

⑥ 可以使用的施工机具，包括自备和外借的情况。

⑦ 施工设计图纸及相关技术文件、定额手册等技术资料。

⑧ 施工协议、技术协议以及相关执照证件规定的要求。

2. 施工组织设计编制的主要原则

① 合理安排施工顺序和各个环节的衔接，做到调节均衡施工。

② 确保工程质量和工期要求。

③ 保证施工安全，改善劳动条件，加强劳动保护。

④ 注意施工季节的气候变化，尽量安排在有利于施工的季节。

⑤ 遵守有关国家及地方城市建设法规和本工程的相关协议。

⑥ 尽量采用先进的施工技术、施工工艺和科学的管理经验。

⑦ 尽量采用机械化的作业手段，提高施工的自动化、装配化水平，以降低劳动强度，提高生产施工效率。

⑧ 大型工程项目要考虑分段、分期施工，做到边施工边清理，以缩小施工作业面场地，材料、机具堆放要适宜。

3. 施工组织设计编制的主要内容

（1）工程概况　包括工程建设依据、工程规模、投资额及资金的来源、工程特点和涉及的主要问题；工程中各种施工项目的划分说明，管道及设备的敷设、安装位置；各施工项目的主要技术安全、质量、工期要求；工程建设预计可能出现的各类技术问题和困难；工程投产运行的计划说明；对配合施工单位的要求以及对业主的要求等。

（2）施工方案　包括施工顺序和施工方法、施工工艺、劳动组织、质量保障体系以及质量、技术和安全措施。

（3）施工进度计划的编制　编制施工进度计划应遵循合理组织施工、均衡生产的原则，它是施工组织设计的主要内容之一。具体应包括：对照施工顺序列出各项施工项目；按照各个项目计算工程量、劳动量及机械台班量，确定各分项工程的工作日，并注意各工序的交接、劳动力的调配、机械设备的保养、材料供应等因素的平衡和调整，以满足规定的总工期的要求。

（4）施工平面图的绘制　施工总平面图应根据施工图纸、现场踏勘资料及制定的施工进度进行绘制，注意涉及的施工设施和施工方位。具体要求：敷设管道的位置应标出其口径、长度、离建筑物的距离；工程各类临时设施的搭建位置应尽量选择在运输方便和靠近施工地点，并考虑敷设管道的延伸需做出迁移准备；临时运输道路、临时供水和供电应根据实际情况选择，并在图纸上注明。

（5）劳动力量的配备及施工材料、机具等的需用计划　施工组织者应根据工程的特点选择可靠的能胜任各项施工任务的人员担任。考虑各项任务均可分成准备、高峰、低峰、收尾各个阶段，故劳动力的配备必须根据工程各个阶段的变化而随之增减。

材料供应直接影响到工程的进度，编制供应计划前应检查材料来源是否落实。合理配备工程所需的机械设备是施工组织的重点。选择合适的机械设备，了解机械性能，做好施工现场的后勤补给，为应付发生的意外，必须配备相应的备用设备。

4. 施工图概（预）算

施工图概（预）算是施工单位按照施工图确定的工程量、施工组织设计、定额以及取费标准编制的计算工程费用的一系列文件。它包括建设项目总预算、单项工程综合预算、单位工程预算、其他工程和费用预算等，它是确定工程造价、办理工程付款的依据，是企业实行经济核算、考核成本的依据。

三、涉及工程的各个关系的协调

燃气工程施工过程中管道的敷设、设备的安装等都会遇到各种障碍物，如地上的建构筑物、树木、绿地、电线杆、河流、桥梁等，地下的动力电缆、通信电缆、给排水管道、热力管道、人防等。它们属于城镇各个不同的部门管理，这些部门都有各自的管理程序。燃气工程施工之前必须主动与相关部门联系，协调处理在施工过程中遇到的各种意外情况，取得审批同意。具体应注意以下几个方面。

① 工程施工之前，应事先通知当地各个部门，这有利于加快协调处理各种情况的速度。

② 土方开挖前应向市政、交通等部门提出申请，审批同意后再开工。

③ 根据施工图与现场放线提供的实际资料，确定管线与道路、建构筑物、树木、绿地、电线杆、河流、桥梁等发生矛盾的部位以及燃气管道与其他地下管线交叉、平行的位置、安全距离、数量等。

④ 对照施工图，根据标准规范查清地下燃气管道与建构筑物或相邻的管线的水平净距及垂直净距是否符合安全要求。如果不符，则应由设计单位出具设计变更或由业主、设计、监理、施工单位共同研究，提出解决处理方案，并与各主管部门协调。对于在管沟开挖时遇到施工图中未标出的管线、建构筑物和古墓等，发现情况及时向有关部门报告，需要拆迁的项目，要取得各级政府的支持，并与有关单位协商，签订拆迁协议。

⑤ 燃气工程在施工过程中会对城市日常运行带来不便，如商业活动、居民生活以及交通等，也会造成粉尘、噪声污染。为了减少不利因素，做到文明施工，应注意以下几点：燃气管道的施工应采用分段作业，尤其对于一些重要部位，合理部署施工力量，减少管沟开挖后长期暴露的时间；燃气管道敷设在道路以下时，协调交通部门临时改道，对于不准开挖的路段，应改进施工方法或铺设厚钢板使车辆可以安全通过，开挖管沟应尽量避开交通高峰期，注意设护栏、警示灯，确保施工安全；施工时应防止破坏其他地下管线；回填土应夯实，必要时应更换土质，防止路面下陷。

[第3章]

土方工程

第一节 土的分类与性质

一、土的分类与土方工程的概念

工程上通常把地壳表层所有的松散堆积物统称为土。土按其堆积条件可分为残积土、沉积土和人工填土三大类。残积土是指地表岩石经过强烈的物理、化学及生物风化作用，并经成土作用残留在原地而组成的土；沉积土是地表岩石的风化产物，经过风、水、冰或重力等因素的搬运，在特定条件下沉积而成的土；人工填土则是指人工填筑的土。

土是颗粒（固相）、水（液相）和气体（气相）组成的三相分散体系。建筑工程上根据土的颗粒联结特征又将土分成砂土、黏土和黄土三类。黄土是在干旱条件下由砂和黏土组成的特种土，凡是具有遇水下沉特性的黄土都称为湿陷性黄土。具有一定体积的岩土层或若干土层的综合体称为土体。土方工程主要是指土体的开挖和填筑，也包括岩石的爆破开挖。

工程中按土的人工开挖难易程度将土体分为松软土（一类）、普通土（二类）、坚土（三类）和砂砾坚土（四类），按岩石的坚硬程度又分为软石（五类）、次坚石（六类）、坚石（七类）和特坚石（八类）。土的工程分类见表 3-1。

表 3-1　土的工程分类

土的分类	土的级别	土 的 名 称	坚实系数	开挖方法及机具
一类土	I	砂，亚砂土，冲积砂土，种植土，泥炭（淤泥）	0.5～0.6	用锹、锄头挖掘
二类土	II	亚黏土，潮湿的黄土，夹有碎石、卵石的砂，填筑土	0.6～0.8	用锹、锄头及镐挖掘
三类土	III	中等密实黏土，重亚黏土，粗砾石，干黄土及含碎石、卵石的黄土，亚黏土，压实的填筑土	0.8～1.0	主要用镐，少许用锹、锄头或撬棍挖掘
四类土	IV	重黏土及含碎石、卵石的黏土，粗砾石，密实的黄土，天然级配砂石，软泥灰岩及蛋白石	1.0～1.5	用镐、撬棍、锹，部分用楔子及大锤挖掘
五类土	V	硬石炭纪黏土，中等密实的页岩、泥灰岩、白垩土、胶结紧的砾岩，软的石灰岩	1.5～4.0	用镐、撬棍、大锤挖掘，部分用爆破方法
六类土	VI	泥岩，砂岩，砾岩，坚实的页岩、泥灰岩，密实的石灰岩，风化花岗岩，片麻岩	4.0～10	主要用爆破方法
七类土	VII	大理岩，辉绿岩，玢岩，粗、中粒花岗岩，坚实的白云岩、砂岩、砾岩、片麻岩、石灰岩，风化痕迹的安石岩，玄武岩	10～18	主要用爆破方法
八类土	VIII	安石岩，玄武岩，花岗片麻岩，坚实的细粒花岗岩、闪长岩，石英岩、辉长岩、辉绿岩、玢岩	18～25以上	用爆破方法

注：1. 土的级别为相当于一般 16 级土石分类级别。

2. 坚实系数为相当于普氏岩石强度系数。

二、土的工程性质

1. 天然密度

土的天然密度是指土体在自然状态下单位体积的质量。不同土体的天然密度各不相同，它与土的密实程度和含水量等因素有关，一般土体的天然密度在 $1600\sim2200kg/m^3$ 之间。

2. 颗粒密度

颗粒密度是指颗粒矿物单位体积的质量。土体的颗粒密度与同体积水的密度之比称为颗粒相对密度。一般土体的颗粒相对密度在 $2.65\sim2.80$ 之间。

3. 天然含水量

土的天然含水量是指在天然状态下土中水的质量与土颗粒质量的比值。土的含水量可用烘干法测定。

4. 孔隙比

孔隙比是指土中孔隙体积与土颗粒体积的比值。孔隙比越大，土越松；孔隙比越小，土越密实。单粒结构砂土的孔隙比约为 $0.4\sim0.8$。

5. 饱和度

饱和度是指土中水的体积与孔隙体积的比值，它表示土的孔隙被水所充满的程度。

6. 干密度

干密度是指单位体积土中土颗粒的质量，它是衡量填土质量的基本指标。干密度越大，表示土越密实。但天然密度增大，土不一定密实，因为有可能是含水量高。填土夯实或辗压土时能使填土达到的最大干密度时的含水量称为最佳含水量，最佳含水量因土的性质和压实方法而异。

7. 黏性土的可塑性

黏性土的可塑性是指在外力作用下可以塑成任何形状而不发生裂缝，而当外力解除后仍保持已有变形而不恢复原状的一种性质。工程中按黏性土含水量不同，将黏性土分为干硬、半干硬、可塑和流塑四种基本状态。使黏性土从一种状态转变为另一种状态的含水量称为土的界限含水量。工程上常用的界限含水量主要有流性界限（流限）、塑性界限（塑限）和收缩界限（缩限）。流限与塑限表征了土体具有可塑性的含水量变化范围。产生塑性的原因主要是由于土颗粒间的公共水膜之间的电吸引力。土粒间的距离小于引力作用半径，公共水膜则使土粒间保持连续性。土体中黏土颗粒含量越多，可塑性愈好。可塑性大小可以用可塑状态土的含水量变化范围来表示，流限与塑限分别是可塑状态的最大含水量与最小含水量。

8. 土的可松性

土经挖掘后，颗粒间的联结遭到破坏，其体积就会增加，称为土的可松性。

9. 土的渗透性

土中孔隙是相互连通的，假如饱和土中孔隙水为自由水，且土中两点存在水头差，水头高处的水就会向水头低处渗流，渗流速度与土颗粒粗细、孔隙大小和形状以及水力梯度等因素有关。

由于土颗粒粗细、形状、密实程度等因素不同，它们的渗透性必然有很大差别，即使是同类土，在天然状态下，其垂直方向和水平方向的渗透性往往是不相同。

三、土的鉴别方法

碎石土、砂土野外鉴别方法,碎石土密实度野外鉴别方法,黏性土的野外鉴别方法,新近沉积黏性土的野外鉴别方法以及人工填土、淤泥、黄土、泥炭的野外鉴别方法分别见表3-2～表3-6。

表3-2　碎石土、砂土野外鉴别方法

类别	土的名称	观察颗粒粗细	干燥时的状态及强度	湿润时用手拍击状态	黏着程度
碎石土	卵(碎)石	一半以上的颗粒超过20mm	颗粒完全分散	表面无变化	无黏着感觉
	圆(角)砾	一半以上的颗粒超过2mm(小高粱粒大小)	颗粒完全分散	表面无变化	无黏着感觉
砂土	砾砂	约有1/4以上的颗粒超过2mm(小高粱粒大小)	颗粒完全分散	表面无变化	无黏着感觉
	粗砂	约有一半以上的颗粒超过0.5mm(细小米粒大小)	颗粒完全分散,但有个别胶结一起	表面无变化	无黏着感觉
	中砂	约有一半以上的颗粒超过0.5mm(白菜籽粒大小)	颗粒基本分散,局部胶结但一碰即散	表面偶有水印	无黏着感觉
	细砂	大部分颗粒与粗豆米粉(>0.1mm 近似)	颗粒大部分分散,少量胶结,部分稍加碰撞即散	表面有水印(翻浆)	偶有轻微黏着感觉
	粉砂	大部分颗粒与小米粉近似	颗粒少部分分散,大部分胶结,稍加压力分散	表面有显著翻浆现象	有轻微黏着感觉

注:在观察颗粒粗细进行分类时,应将鉴别的土样从表中颗粒最粗类别逐级查对,当首先符合某一类土的条件时,即按该类土定名。

表3-3　碎石土密实度野外鉴别方法

密实度	骨架颗粒含量和排列	开挖情况	钻探情况
密实	骨架颗粒含量大于总重的70%,呈交错排列,连续接触	锹镐挖掘困难,用撬棍方能松动,井壁一般较稳定	钻进极其困难;冲击钻探时,钻杆、吊锤跳动不剧烈;孔壁较稳定
中密	骨架颗粒含量等于总重的60%～70%,呈交错排列,大部分连续接触	锹镐可挖掘;井壁有掉块,从井壁取出大颗粒处能保持凹面形状	钻进较困难;冲击钻探时,钻杆、吊锤跳动不剧烈;孔壁有坍塌
稍密	骨架颗粒含量小于总重的60%,排列混乱,大部分不接触	锹可以挖掘;井壁易坍塌,从井壁取出大颗粒后,砂性土立即塌落	钻进较容易;冲击钻探时,钻杆稍有跳动,孔壁易坍塌

表3-4　黏性土的野外鉴别方法

土的名称	湿润时用刀切	用手捻摸时的感觉	黏着程度	湿土搓条情况
黏土	切面非常光滑规则,刀刃有黏滞阻力	湿土用手捻有滑腻感觉,当水分较大时极为黏手,感觉不到有颗粒存在	湿土极易黏着物体,干燥后不易剥去,用水反复洗才能去掉	能搓成小于0.5mm土条(长度不短于手掌),手持一端不致断裂
亚黏土	稍有光滑面,切面规则	仔细捻摸感到有少量细颗粒,稍有滑腻感和黏滞感	能黏着物体,干燥后较易剥掉	能搓成0.5～2mm土条
轻亚黏土	无光滑面,切面比较粗糙	感觉有细颗粒存在或粗糙,有轻微黏着感或无黏滞感	一般不黏着物体,干燥后一碰即掉	能搓成2～3mm的土条,土条很短

表 3-5 新近沉积黏性土的野外鉴别方法

沉积环境	颜 色	结 构 性	含 有 物
河漫滩和山前洪、冲积扇（锥）的表层；古河道；已填塞的湖、塘、沟、谷；河道泛滥区	颜色较深而暗，呈褐、暗黄或灰色，含有机质较多时带灰黑色	结构性差，用手扰动原状土时极易变软，塑性较低的土还有振动析水现象	在完整的剖面中无原生的粒状结核体，但可能含有圆形的钙质结构体（如姜结石）或贝壳等，在城镇附近可能含有少量碎砖、陶片或朽木等人类活动遗物

表 3-6 人工填土、淤泥、黄土、泥炭的野外鉴别方法

名称	颜 色	夹杂物质	形状（构造）	浸入水中的现象	湿土搓条情况
人工填土	无固定颜色	砖瓦碎块、垃圾、炉灰等	夹杂物显露于外，构造无规律	大部分变为稀软淤泥，其余部分为碎瓦、炉渣在水中单独出现	一般能搓成 3mm 土条，但易断；遇有杂质较多时，不能搓条
淤泥	灰黑色有臭味	池沼中半腐朽的细小的动植物遗体，如草根、小螺壳等	夹杂物轻，仔细观察可以发觉构造呈层状，但有时不明显	外观无显著变化，在水面易出现气泡	一般淤泥质土接近轻亚黏土，能搓成 3mm 土条（长至少 3cm），容易断裂
黄土	黄、褐色的混合色	有白色粉末出现在纹理之中	夹杂物质常清晰显见，构造上有垂直大孔	易崩散而成散的颗粒，在水面上出现很多白色液体	搓条情况与正常的亚黏土相似
泥炭	深灰或黑色	有半腐朽的动植物遗体，其含量超过 60%	夹杂物有时可见，构造无规律	极易崩碎，变为稀软淤泥，其余部分为植物根、动物残体渣悬浮水中	一般能搓成 1～3mm 土条，但残渣较多时，仅能搓成 3mm 以上的土条

第二节 沟槽断面及其选择

施工中合理地选择沟槽开挖断面是安全与经济的需要。

一、沟槽的断面形式

燃气工程中常用沟槽断面有直槽、梯形槽、混合槽和联合槽四种形式，如图 3-1 所示。选择沟槽断面的形式，通常应综合考虑土壤性质、地下水状况、施工作业面宽窄、施工方法、管材类别、管子直径以及沟槽深度等因素。

施工方法和沟槽断面是相互影响的，可以按照沟槽断面选用施工方法，也可按照施工方法选用沟槽断面。机械化施工一般选用边坡度较大的梯形槽，增加了开挖土方量，并要求起重机械的起重杆具备足够的长度，但在施工中进行后续工序作业较为方便；陡边坡梯形槽虽可避免上述缺点，但对较深的沟槽需设置支撑，从而引起吊装、运输、下管等作业的困难，并增加支撑费用；对于很深的沟槽，需人工开挖时，选用混合槽的断

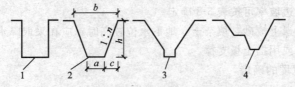

图 3-1 沟槽断面形式

1—直槽；2—梯形槽；3—混合槽；4—联合槽

面形式则便于人工向地面倒运土；当多管道同沟敷设，各管道的管底不在同一标高时，采取联合槽的形式较适宜。

二、沟槽断面尺寸的确定

沟槽断面尺寸与沟槽断面形式有关。梯形槽是沟槽断面的基本形式，其他断面形式均由其演变而成。沟槽断面尺寸主要指挖深 h、沟底宽度 a、沟槽上口宽度 b 和沟槽边坡率 n。

1. 挖深

一般按照断面设计图的规定，挖深应等于现状地面标高与管底设计标高之差。若设计图与施工现状有较大误差时，应与设计人员协商后确定。

2. 沟底宽度

沟底宽度主要取决于管径和管道安装方式。

（1）铸铁管或单管沟底组装的钢管沟底宽度按表 3-7 确定。

表 3-7　沟底宽度尺寸

管子公称直径/mm	50～80	100～200	250～350	400～450	500～600	700～800	900～1000	1100～1200	1300～1400
沟底宽/m	0.60	0.70	0.80	1.00	1.30	1.60	1.80	2.00	2.20

（2）单管沟边组装的钢管可按下式计算：

$$a=D+0.3 \tag{3-1}$$

式中　a——沟底宽度，m；

D——管道外径，m。

（3）双管同沟敷设的钢管可按下式计算：

$$a=D_1+D_2+S+E \tag{3-2}$$

式中　D_1——第一条管道外径，m；

D_2——第二条管道外径，m；

S——两管道之间的设计净距，m；

E——工作宽度，沟底组装时 $E=0.6$m，沟边组装时 $E=0.3$m。

3. 沟槽边坡坡度

沟边土壁的稳定是保证安全施工的前提，所以必须有一定的边坡坡度，在工程中以 $1:n$ 表示。边坡率 n 为边坡水平投影 c 和挖深 h 的比值，即 $n=c/h$。

当土质稳定、沟槽不深并且施工周期较短时，原则上可开挖直槽，即 $n=0$。在无地下水的天然湿度土壤中开挖沟槽时，如沟深不超过下列规定，沟壁可不设边坡：填实的砂土和砾石土 1m，亚砂土和亚黏土 1.25m，黏土 1.5m，特别密实的土 2m。

无地下水的天然湿度土壤、构造均匀、水文地质条件良好、挖深不大于 5m 并且不加支撑的管沟，其边坡率可按表 3-8 确定。

当雨季施工或遇上流砂、填杂土、地下水位较高时，应在采取降水、排水措施的同时，考虑加大边坡或用挡土板支撑。

4. 沟槽上口宽度的确定

$$b=a+2nh \tag{3-3}$$

式中符号意义同前所述。

表 3-8 边坡率的确定

土壤名称	边坡率 n		
	人工开挖	机械开挖	
		在沟底挖土	在沟边挖土
砂土	1.00	0.75	1.00
亚砂土	0.67	0.5	0.75
亚黏土	0.50	0.33	0.75
黏土	0.33	0.25	0.67

第三节 土方量的计算

土方体积是按自然状态下的体积进行计算的。计算沟槽土方量时，应根据管道纵断面设计图，综合考虑管道坡度和地形坡度，将沟槽分为若干计算段。地形和管道坡度相对平缓，可考虑每 50m 一个计算段，每段按实际开挖体积计算，然后累加，计算公式如下。

$$V = \frac{1}{2} \sum_{i=1}^{m} (F_i + F_{i+1}) L_{i-(i+1)} \tag{3-4}$$

式中　V——m 个计算段的挖方量，m^3；

F_i，F_{i+1}——i 计算段两端横断面积，m^2，按沟槽断面尺寸确定，对于梯形槽 $F_i = h_i (a_i + n_i h_i)$ 计算；

$L_{i-(i+1)}$——i 计算段的沟槽长度，m；

h_i——i 横断面的槽底深度，m；

a_i——i 横断面的槽底宽度，m；

n_i——i 横断面的边坡率。

由于土壤的可松性，当土经过挖掘后，体积增加，其可松系数见表 3-9。

表 3-9 不同类别土的可松性数值

土的类别	体积增加/%		可松性系数	
	最初	最终	k_p	k'_p
松软土（除了种植土）	8~17	1~2.5	1.08~1.17	1.01~1.03
松软土（种植性土、泥炭）	20~30	3~4	1.20~1.30	1.03~1.04
普通土	14~28	1.5~5	1.14~1.28	1.02~1.05
坚土	24~30	4~7	1.24~1.30	1.04~1.07
沙砾坚土（除了泥炭岩、蛋白石）	26~32	6~9	1.26~1.32	1.06~1.09
沙砾坚土（泥炭岩、蛋白石）	33~37	11~15	1.33~1.37	1.11~1.15
软土、次坚石、坚石	30~45	10~20	1.30~1.45	1.10~1.20
坚石	45~50	20~30	1.45~1.50	1.20~1.30

注：最初体积增加百分数为 $(V_2 - V_1)/V_1 \times 100\%$；最终体积增加百分数为 $(V_3 - V_1)/V_1 \times 100\%$；$k_p$ 为最初可松散系数，$k_p = V_2/V_1$；k'_p 为最终可松散系数，$k'_p = V_3/V_1$；V_1，V_2，V_3 分别为开挖前土壤自然状态体积、挖掘时的最初松散体积以及填方的最终松散体积。

沟槽土方量计算是一项细致而繁琐的工作，为了简化计算，土方工程定额一般均作某些规定。实际计算时，可按规定进行。

许多城市在进行施工时，不允许沟旁暂存积土。因此，暂存土的运输和存放成为影

响工期和施工成本的重要因素。为了解决这一矛盾，必须对各项工程的施工情况进行综合考虑，即对各工程的开挖和回填进行土方的平衡与调配，使土方运输量和运输成本达到最低的程度。为此，应考虑如下原则：

① 挖方与填方能基本平衡。

② 好土用在回填质量较高的工程部位。

③ 合理选择调配位置、运输路线和运输机具。

④ 确定土方的最优调配方案，使总土方运输量为最小值。

第四节 沟槽的开挖

燃气工程施工中，沟槽土方开挖可采用人工作业、机械作业或两者配合的施工方法。开挖时应按设计平面位置和设计标高进行。人工开挖且无地下水时，槽底一般预留50～100mm；机械开挖或有地下水时，槽底一般预留150mm，管道入沟前应用人工方法清底至设计标高处。

1. 施工前的准备工作

管沟开挖前应将施工区域内的所有障碍物调查清楚并确定处理方案，如地上和地下其他管道、电缆、古墓、建筑物、树木、绿地和高压线等。大型施工机具（如轮斗、单斗挖掘机及各种吊装设备等）与架空高压输电线路的安全距离应符合表3-10的规定。

表 3-10 大型施工机具与架空高压输电线路的安全距离

输电线路电压/kV	最小垂直安全距离/m	最小水平安全距离/m	
		开阔地区	途径受限制地区
<1	3		3
1～10	4.5	交叉：8。平行：设备最高位置加高3	3.5
35	7.0		5.0
60～110	7.0		5.5
154～220	7.5		6.0
330	8.5		7.0

管沟开挖前应向施工人员进行交底，包括管沟断面、堆土位置、地下障碍分布情况以及施工技术要求等。交底时应注意以下几点。

① 在农田地区开挖管沟时，应将表层熟土和底层生土分层堆放。

② 沟底遇有废旧构筑物、硬石、木头、垃圾等杂物时，必须清除，然后铺一层厚度不小于 0.15m 的砂土或素土，并整平夯实。

③ 对于软弱管基及特殊腐蚀性土壤，应按设计要求处理。

④ 管线距离道路较远时，应在敷设管道前修筑施工便道。施工便道应有一定的承载能力，与干线公路平缓连通。

⑤ 开挖管沟时不可两边抛土，应将开挖的土、石方堆放到下管的另一侧，且堆土距沟边不得小于 0.5m，管沟应保持顺畅，基本符合直线要求。

⑥ 当开挖管沟时遇到地下构筑物及其他障碍设施，应与其主管部门协商制定安全技术措施，并派人到现场监督。

⑦ 对于施工管线周围的地面输水设施如农田灌溉渠、工厂排水管渠等以及其他临时或永久性排水设施应事先调查清楚。挖沟时，如损坏已有的给排管道，要及时修好。

在山坡地区较高处（离边坡上沿 5～6m）设置截水沟，阻止地面水流入管沟。下大雨时，派专人堵截雨水，以防雨水流入沟内。

　　2. 施工方法

　　城市街道下埋设管道，路面破除是一项艰难的作业，可采用人工或机械两种破路方法。

　　在郊野与较宽的城镇道路下铺设燃气管道时，应尽可能采用机械施工，如挖土机、装载机、推土机、吊车以及其他机械。可以在挖土的同时在沟旁地面上预制管道，即将几根钢管焊接成长管段，以减少沟内焊接管口的数量。堆土时留出管子预制的位置，避免堆土将管子埋住或下管时土进入管内。

　　城镇燃气管道施工区域内建筑物、构筑物、道路、沟渠、管线、电杆、树木及绿地等有碍施工的因素很多，情况复杂。在大多数情况下，要用人工开挖沟槽。地下构筑物、管线及古墓等往往未知，在挖土过程中必须时刻注意，避免损坏或引起安全事故。当燃气管道遇到上述障碍物时，有时不但要在平面位置绕过，而且要在立面位置绕避，经常需要设套管、管沟与隔断墙等，这就使施工变得更加困难。沟槽边有时距离建筑物、树木和电杆等很近，开挖时应注意防护，采用支撑加固。

　　管道施工必须采取分段流水作业，开挖一段尽快敷设管道、回填土。在敷设管道的同时挖下一段管沟，尽量缩短每段的工期，不宜长距离开挖使沟槽长期暴露。管道在沟内长期暴露会使管口锈蚀，防腐层破坏。同时，沟内流入地面水极易造成塌方、沉陷。

　　用机械挖沟槽时，可按路面材质选择破路机械。小面积混凝土路面可使用内燃凿岩机，也可用风镐作业，风镐操作较轻便，但需移动式空压机配套使用；大面积破除路面时，可采用汽车牵引的锤击机对路面进行锤击，沥青路面的破碎一般是用松土机或钢齿锯把路面拉碎。

　　施工时应向机械施工人员详细交底，包括沟槽断面尺寸、堆土位置、地下构筑物、其他管线的位置以及施工要求等，并派专人与施工人员配合。配合人员应熟悉施工图以及与机械挖土有关的安全规程，并能随时与测量人员联系以测量沟底标高和宽度。挖沟槽时应确保沟底土壤结构不被扰动或破坏。由于机械不可能准确地将沟底按设计标高整平，所以，设计沟底标高以上宜预留 20cm 左右的土层不挖而采用人工清挖。

　　人工挖沟底时，首先沿沟槽外边线在路面上錾槽。混凝土路面采用钢錾，沥青或碎石路面采用十字镐。然后沿錾出的槽将路面层以下的垫层或土层掏空，然后用大锤或十字镐等将路面逐块击碎。城镇燃气管道施工规范要求局部超挖部分应回填夯实。当沟底无地下水时，超挖深度在 0.15m 以内时可采用原土回填夯实，其密实度不应低于原地基天然土的密实度；超挖深度在 0.15m 以上时可采用石灰土或砂处理，其密实度不应低于 95%。当沟底有地下水或沟底土层含水量较大时，可采用天然砂回填。对于湿陷性黄土地区的开挖，不宜在雨季施工或在施工时切实排除沟内积水。开挖时应在槽底预留 0.03～0.06m 厚的土层进行夯实处理。夯实后，沟底表层土的干密度一般不小于 $1.6 \times 10^3 \, kg/m^3$。

　　开挖的沥青路面与混凝土路面碎块应及时运走或另找空地堆放。人行道的路面砖应收集、堆放、避免损坏，沟槽回填后仍可再用。挖出的废旧构筑物、木头、砖瓦、垃圾等应与好土分开堆放或运走。

　　挖出的土方，应做好堆土位置，在下管一侧的沟边不堆土或少堆土。土宜堆放在距

离沟边 0.5m 以外，靠房屋、墙壁的堆土高度不得超过檐高的 1/3，且不超过 1.5m。结构强度较差的墙体，不得靠墙堆土。在高压线下与变压器附近堆土时，应遵守供电部门的规定，堆土不要堵、埋住消火栓、雨水口、测量标志，各种地下管道的井室以及施工用料与机具等。

雨季施工时应制定雨季施工措施，严防雨水流入沟内。同时，应考虑沟侧附近建筑物的安全措施以及雨水流入沟槽内又渗入附近的地下人防、管沟中造成的危害。防止雨水流入沟槽的常用措施有：沟槽四周的堆土缺口如运料口、便道口等均应堆土埂使其闭合，必要时应在堆土外侧挖排水沟；堆土近管沟一侧的边坡应铲平拍实，避免雨水冲塌；暴雨时应组织施工人员检查，及时填土阻挡雨水流入沟内。必要时应挖排水沟将水引至低洼处，并用水泵及时将沟内雨水排出，以防沟壁塌方、沟底沉陷等。

冬季施工的沟槽，宜在地面冻结前施工。先将地面挖松一层作为防冻层，其厚度一般为 30cm。每日收工前留一层松土防冻。当开挖冻土时，应注意开挖方法和使用的机具与安全措施。

第五节　沟槽的防护与排水

一、沟槽的防护

沟槽内设置支撑防护是防止沟壁面坍塌的一种临时性安全措施，它是用木材或钢材制成的挡土结构。有支撑的直槽，可以减少土方量，缩小施工面积。在有地下水的沟槽里设置板桩时，板桩下端低于槽底，使地下水渗入沟槽的途径加长，具有阻水作用。但是，安装支撑增加了材料消耗，给后续作业带来不便，因此，是否设置支撑结构应该按照具体条件进行技术经济比较后确定。

1. 支撑的结构

支撑材料要坚实耐用，结构要稳固可靠，较深的沟槽要进行稳定性验算。在保证安全前提下，尽量节约用料，使支撑板尺寸标准化、通用化，以便重复利用。支撑结构主要由横撑、撑板和垫板等组成。

横撑是支撑架中的撑杆，长度取决于沟槽宽度，可采用圆木或方木，其两端下方垫托木，用扒钉固定。

撑板是同沟壁接触的支撑构件，按设置方法不同，可分为水平撑板及垂直撑板。在敷设管道时可临时拆除局部横撑，撑板长度一般为 5～6m，板厚约 50mm。采用钢构件时撑板一般选用 22 号或 24 号槽钢，垂直撑板长度应略长于沟槽深度。

垫板是横撑与撑板之间的传力构件，按设置方法不同，可分为水平垫板和垂直垫板，水平垫板和垂直撑板配套，反之亦可。

2. 支撑的种类及其运用条件

按照土质、地下水状况、沟深、开挖方法、沟槽暴露时间、地面荷载等因素和安全经济原则，选用合适的支撑形式。常用的支撑有水平撑板式、垂直撑板式和板桩式。

水平撑板式用于土质较好，地下水对沟壁的威胁性较小的情况。撑板按水平排列，支撑设立比较容易。水平式支撑又分为密撑、稀疏撑、混合式撑和井字撑，分别用于不同土质、不同深度的沟槽。混合式撑和井字撑如图 3-2 所示。

垂直撑板式又称立板撑，也可分为密撑和稀疏撑。主要用于土质较差、地下水位较高的情况。撑板按垂直排列，一般采用平口板，撑板应插入沟底约 300mm 深。立板疏撑和立板密撑如图 3-3 所示。

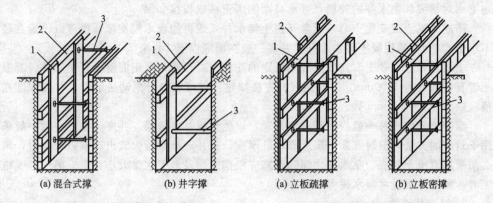

|(a) 混合式撑|(b) 井字撑|(a) 立板疏撑|(b) 立板密撑|

图 3-2　水平撑板式支撑　　　　　图 3-3　垂直撑板式支撑
1—垂直垫板；2—水平撑板；3—横撑　　　1—水平垫板；2—垂直撑板；3—横撑

板桩式支撑主要用于地下水位很高或流砂现象严重的地区。按材料不同可分为木板桩和钢板桩两种。木板桩支撑采用企口形板，下端呈尖角状，挖沟槽前应沿沟边线将板桩打入土内 0.3～1.0m 深，然后边挖槽，边将桩打入更深的部位。钢板桩多用于沟槽深度超过 4m 且土质不好，或河边及水中作业的情况。一般采用槽钢，在开挖前将钢板桩用打桩机打入土中，然后边挖土边加横撑稳固。槽钢之间采用搭接组合，按组合方式可分稀疏搭接及密搭接两种，而密搭接可有效地阻止流砂及塌方事故。

二、施工排水

沟槽开挖后，饱和土壤中的水由于水力坡降将从管沟壁面和管沟底部流入沟槽，使槽内施工条件恶化。当开挖沟槽的土体为砂性土、粉土和黏性土时，由于地下水渗出面易产生流砂，可能会造成塌方、滑坡、沟槽底隆起、冒水、土体变松等现象。流砂将导致虚方开挖量，附近地层中空，槽底深度扰动；冒水和土体变松则会导致地基承载力下降。工作人员和施工机具对含水土层的扰动也会使地基承载力下降。上述现象不仅严重影响施工，还可能导致新建构筑物或附近已建构筑物遭到破坏，因此，施工时必须及时消除地下水的影响。

施工排水还包括地表水和雨水的排除。燃气工程中常用的排水方法有明沟排水法和轻型井点法两种。不管采用哪种方法，施工排水都应达到水位降到槽底以下一定深度，改善槽底的施工作业条件；稳定边坡，防止塌方或滑坡；稳定沟槽底，防止地基承载力下降。

1. 明沟排水法

明沟排水是将流入沟槽内的地下水或地表水（包括雨水）汇集到集水井，然后用水泵抽出槽外。这是施工现场普遍应用的一种排水方法，它施工方便，设备简单，并可以应用于各种施工场合和除细砂以外的各种土质情况。

沟槽开挖到接近地下水位时，就需要修建集水井并安装水泵，然后继续开挖沟槽到地下水位处。在沟槽底中线位置开挖排水沟，使水流向集水井。当挖深接近槽底时，将排水沟改设在槽底两侧。排水沟的断面尺寸应根据排水量而定，一般为 300mm×300mm，

沟底坡度坡向集水井。

集水井通常设在地下水来水方向的沟槽一侧。集水井与沟槽之间设置进水口，防止地下水对槽底和集水井的冲刷，进水口两侧用密撑或板撑加固。

槽底为黏土或亚黏土时，通常开挖土集水井，或再加设木框支撑，也可以设置直径不小于 600mm 的混凝土管集水井。井底一般在槽底以下 1m 深。

土质为粉土、砂土、亚砂土或不稳定的亚黏土时，通常采用混凝土管集水井。混凝土管直径通常为 1500mm，并且用沉井方法修建，也可用水射振动法下管，井底深度在槽底以下 1.5～2.0mm 处。

混凝土管集水井一般应进行封底处理，以免造成井底管涌。井底为黏土层时一般采用干封底的方法，但封底黏土层应有足够厚度。当井底涌水量大或出现流砂现象时，则必须采用混凝土封底。集水井之间的距离应根据土质及地下水量大小而定。燃气管线施工时，集水井可设在凝水罐旁。

2. 轻型井点法

轻型井点法排水是沿着沟槽一侧或两侧沉入深于槽底的多个针滤井点管，地上以总管连接抽水。这样就可以使井点管处及其附近的地下水降落，而降落水位线形成了降落漏斗形。如果沟槽位于降落漏斗范围内，就基本上可以消除地下水对施工造成的不良影响。

（1）轻型井点系统主要设备　轻型井点系统主要由井点管、连接管、集水总管以及抽水设备等组成。

井点管为直径约 50mm 的镀锌钢管，长度一般为 5～7m。井点管下端连接滤管，长度一般为 1.0～1.7m，管壁上钻孔呈梅花形布置，孔口直径约 12～18mm。管壁外面包裹两层滤网，内层为细滤网，采用黄铜丝布或生丝布；外层为粗滤网，采用铁丝布或尼龙丝布。为了避免滤孔淤塞，在管壁与滤网间应用铁丝绕成螺旋形将其分隔开，滤网外再围一层粗铁丝保护网。滤网下端接一个锥形铸铁头。

连接管一般采用橡胶管、塑料管或钢管，直径与井点管相同。每根连接管上可根据需要安装阀门，以便于检修井点。

集水总管一般是用 DN150 的钢管分节连接，每节长 4～6m，一般每隔 0.8～1.6m 设一个连接井点管的接头。

轻型井点系统一般采用真空式或射流式抽水设备。当水深度较小时也可采用自吸式抽水设备。自吸式抽水设备是用离心水泵与总管连接直接抽水，地下水位降落深度可达 2～4m；真空式抽水设备为真空泵-离心泵联合机组，使用真空抽水设备可使地下水位降落深度为 5.5～6.5m；射流式抽水设备可使地下水位降落深度达 9m。

（2）井点布置　布置井点系统时，应将所有需降低水位的范围都包括在围圈内。沟槽降水应根据沟槽宽度和地下水量采用单排或双排布置。一般情况下，槽宽小于 2.5m、要求降水深度不大于 4.0m 时，可采用单排井点并布置在地下水上游一侧。

井点管应布置在基坑或沟槽上口边缘外 1.0～1.5m 处。若距离沟边过近，不但施工与运输不便，而且可能使井点与大气连通，破坏井点真空系统的正常工作。井点管间距一般为 0.8～1.6m。

井点管入土深度应根据降水深度及地下水层所在位置等因素决定，但必须将滤管埋在地下水层以内，并且比所挖沟槽底深 0.9～1.2m。

为了提高降水深度，总管埋设高度应尽量接近原地下水位。一般情况下，总管位于原地下水位以上 0.2～0.3m。为此，总管和井点管通常是开挖小沟进行埋设，或敷设在基坑分层开挖的平台上。总管以 0.1‰～0.2‰ 的坡度斜向水泵。当环围井点采用数台抽水设备时，应在每台抽水设备的抽水半径分界处将总管断开，或设置阀门以便分组抽吸。

抽水设备常设在总管中部，水泵进水管轴线尽量与地下水位线接近，轴线一般高于总管 0.5m，但需高出原地下水位 0.5～0.8m。

为了观测水位降落情况，应在降水范围内设置若干个观察井。观察井位置和数量根据需要而定，间距亦可不等。

（3）井点管埋设　井点管的埋设可根据施工设备条件及土层情况选用不同埋设方法。主要有三种方法，即射水法、冲（钻）孔法以及套管法。

射水式井点管下端有射水球阀，上端连接可旋动管节、高压胶管和水泵等。埋设时，先在地面挖一小坑，将井点管插入后，利用高压水在井管下端冲刷土体，使井点管下沉。射水压力一般为 0.4～0.6MPa。井点管沉至设计深度后取下胶管，再与集中总管连接。冲孔直径一般为 300mm，井点管与孔壁之间要及时灌实粗砂。灌砂时，管内水面应同时上升。若向管内注水水能很快下降时则认为埋管合格。

冲（钻）孔法是利用冲水管或套管式高压水枪冲孔，或用机械设备、人工钻孔后再沉放井点管。

套管法是将直径 150～200mm 的套管，用水冲法沉至设计深度后，在孔底填一层配砂石，再将井点管从中插入。套管与井点管之间分层填入黏土的同时，逐步拔出套管。

所有井点管在距地面以下 0.5～1.0m 的深度内采用黏土填塞严密，防止抽水时漏气。

第六节　管道地基处理与土方回填

一、管道地基处理

1. 地基处理的必要性

由于管道本身作用在底层土壤的压力较小，天然土基的承载能力通常能满足要求。因此，燃气管道只要敷设在未被扰动的土层上，一般不需进行特殊的加固处理。

当管道通过旧河床、旧池塘或洼地等松软土层时，管道上面又要压盖一定厚度的覆土，必然会给松软的土层增加压力。若沟底土层不进行加固处理，往往使管道产生不均匀沉降而造成倒坡现象，严重时可能导致管道接口断裂。

当管底位于地下水位以下，施工中排水不利而发生流砂现象时，沟底土层的承载能力减弱，也要进行局部加固处理。

在施工过程中判别沟底土层是否扰动的简易办法是用直径为 12～16mm 的钢钎人力插入沟底土壤中。当插入深度仅 100～200mm，则说明沟底土层良好，未被扰动，不需做加固处理；当沟底土层扰动时，从地下水上涌的泉眼内可插入深度达 1.0m 以上，严重时可在任何部位插入较大深度，这时沟底土层应进行相应的加固处理。

2. 地基处理方法

沟底土层加固处理方法必须根据实际土层情况、土壤扰动程度、施工排水方法以及

管道结构形式等因素综合考虑。通常采用砂垫层、天然级配砂石垫层、灰土垫层、混凝土或钢筋混凝土地基、换土夯实以及打桩等方法处理。

（1）砂垫层和砂石垫层　当在坚硬的岩石或卵（碎）石上铺设燃气管道时，应在地基表面垫上 0.10～0.15m 厚的砂垫层，防止管道防腐绝缘层受重压而损伤。

承载能力较软弱的地基，例如杂填土或淤泥层等，可将地基下一定厚度的软弱土层挖除，再用砂垫层或砂石垫层来进行加固，可使管道荷载通过垫层将基底压力分散，以降低对地基的压应力，减少管道下沉或挠曲。垫层厚度一般为 0.15～0.20m，垫层宽度一般与管径相同。湿陷性黄土地基和饱和度较大的黏土地基，因其透水性差，管道沉降不能很快稳定，所以垫层应加厚。

（2）灰土地基　位于地下水位以上的软弱土质可采用灰土垫层加固地基，也可采用换土夯实办法对地基进行处理。

灰土的土料应采用有机质含量少的黏性土，不得采用表面耕植土或冻土。土料使用前应先过筛，其粒径不得大于 15mm。石灰需用使用前期预先进行 4h 浇水粉化处理的块灰，过筛后的粒径不得大于 5mm，灰与土常用的体积比为 3∶7 或 2∶8。使用时应拌匀，使含水量适当，分层铺垫并夯实，每层虚铺厚度约 0.2～0.25m。夯打遍数根据设计要求的干密度由试验确定，一般不少于 4 遍。夯打应及时，防止日晒雨淋，稍微受到浸湿的灰土，可晾干后补夯。

（3）混凝土或钢筋混凝土　在流砂或涌土现象严重的地段可采用混凝土或钢筋混凝土地基。

（4）打桩处理法　长桩可把管道的荷载传至未扰动的深层土中，短桩则是使扰动的土层挤密，恢复其承载力。桩的材料可用木桩、钢筋混凝土和砂桩。其布置的形式可分为密桩及疏桩两种。

长桩适用于扰动土层深度达 2.0m 以上的情况，桩的长度可至 4.0m 以上。每米管道上可根据管道直径及荷重情况，择用 2～4 根。长桩一般采用直径 0.2～0.3m 的钢筋混凝土桩。

短桩适用于扰动土层深度 0.8～2.0m 之间的情况，可用木桩或砂桩。桩的直径约 0.15m，桩间相距 0.5～1.0m，桩长度应满足桩打入深度比土层的扰动深度大 1.0m 的要求，一般桩长为 1.5～3.0m。桩和桩之间若土质松软可挤入块石卡严。

长、短桩均可采用打桩机的桩锤把桩打入土中，短桩也可用重锤人工击打。

砂桩的主要作用是挤密桩周围的软弱或松散土层，使土层与桩共同组成地基的持力层。施工时可采用振动式打桩机把底端加木桩塞的钢管打入土中，然后将中、粗砂灌入钢管，并进行捣实，灌砂时逐步拔出钢管，木桩塞留在砂桩底端。

采用打桩处理法加固地基时，一般应在管底作相应的混凝土或钢筋混凝土垫层，也可构筑管座。

在管基加固处理段和不作处理段的交接处以及地层变化地段，铸铁燃气管道应设置柔性接口，否则应将管道地基作延伸过渡处理。

二、土方回填

管道安装完毕并经隐蔽工程验收后，沟槽应及时进行回填，同时夯实。土方回填质量主要是正确选择土料和控制填方密实度。

1. 土料选择

管道两侧和管顶以上 0.5m 内的回填土中，不得含有碎石、砖块和垃圾等杂物，也不得用大于 10mm 的冻土颗粒回填。距离管顶 0.5m 以上的回填土内，粒径大于 0.1m 的石块或冻土块不要过多，否则回填土不易夯实，而且大颗粒土块在夯实时容易损伤管道防腐绝缘层。

2. 回填土密实度要求

土的压实或夯实程度用密实度 D（％）来表示，即

$$D = \frac{\rho_d}{\rho_d^{max}} \times 100\% \tag{3-5}$$

式中 ρ_d——回填土夯（压）实后的干密度，kg/m³；

ρ_d^{max}——标准击实仪所测定的最大干密度，kg/m³。

回填土应分层夯实，分层检查密实度。沟槽各部位如图 3-4 所示，其密实度 D 应符合下列要求：

① 胸腔填土（Ⅰ）密实度 D 为 95％；

② 管顶以上 0.5m 范围内（Ⅱ）为 85％；

③ 管顶以上至地面（Ⅲ）：在城区范围内沟槽密实度 D 为 95％；耕地密实度 D 为 90％。

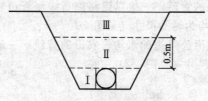

图 3-4　回填土横截面

3. 填土夯实

回填土时应将管道两侧回填土同时夯实，夯实方法可采用人工夯实和机械夯（压）实。

人工夯实适用于缺乏电源动力或机械不能操作的部位，夯实工具可采用木夯、石夯或铁夯。对于填土的Ⅰ和Ⅱ两部位一般均采用人工分层夯实，每层填土厚 0.2～0.25m。打夯时沿一定方向进行，夯实过程中要防止管道中心线位移，或损坏钢管绝缘层。

机械夯（压）实只有Ⅲ部位才可使用。当使用小型夯实机械时，每层铺土厚度为 0.20～0.4m。打夯之前应对填土初步平整，打夯机依次夯打，均匀分布，不留间隙。

一般情况下，只有在管道顶部 1.0m 以上的填土才可使用小型压碾机或推土机，每层填土厚度不宜超过 0.5m，每次碾压应有 0.15～0.20m 的重叠。

[第4章]

地下燃气管道施工与附属设备的安装

地下燃气管道施工包括地下燃气管道的敷设，附属设备的安装，穿越河流、铁路等障碍物的方法和各种带气操作等内容。要求施工人员要对施工工艺规程熟悉，掌握沟槽、吊装、焊接、接口等施工以及深沟、高空和带气等安全操作技术。

第一节　地下燃气管道施工的一般要求

一、管位

1. 地下管道定位依据

地下管道敷设位置必须按照城市规划部门批准的管位进行定位。其定位方法如下。

① 敷设在市区道路上的管道，一般以道路侧石线至管道轴心线的水平距离为定位尺寸，其他地形地物距离均为辅助尺寸（见图4-1）。

② 敷设于市郊公路或沿公路边的水沟、农田的管线，一般以路中心线至拟埋管道轴心线的水平距离为定位尺寸（见图4-2）。

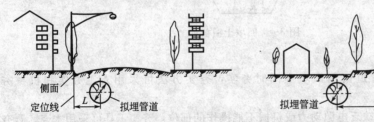

图4-1　市区道路管道定位示意图　　　　图4-2　市郊公路管道定位示意图

③ 敷设于工房街坊、里弄或厂区内非道路地区的管线，一般以住宅、厂房等建筑物至拟埋管线的轴心线的水平距离为定位尺寸。

④ 穿越农田的管道以规划道路中心线进行定位。因为城市地下设施多，必须各就其位，不得随意更改设计管位。施工时管位的允许偏差，一般为30cm内。

2. 核实地下资料以确定敷设的具体位置

由于城市建设的发展，如住宅、厂房等建筑物的拆迁、电杆的迁移、道路的拓宽和加层后测绘工作脱节以及无测绘资料的各种地下设施的增加，如农村的涵洞、工厂专用下水道、蒸气管等往往导致施工时按设计管位敷设管道发生困难。所以在管线敷设前必须摸清地下资料，而实地开掘几只"样洞"是最有效的手段。

开掘样洞的位置一般选择于交叉路口、管线密集或资料不详地区，以确定拟埋管道的平面和断面位置。

如根据设计图纸的管位，经现场开挖样洞后，发现无法施工时，必须会同设计部门与规划部门共同商议，重新修改管位。

二、定线放样

拟敷设管线沟槽的样线定位的步骤是根据设计图纸要求和开掘样洞所取得第一手资料先定出拟埋管道的中心线，然后按表 4-1 的尺寸定出沟槽开挖的宽度。

表 4-1　排管沟槽宽度

口径/mm	沟槽宽度/m	口径/mm	沟槽宽度/m	口径/mm	沟槽宽度/m
$\phi200$ 以下	0.70	$\phi400\sim\phi500$	1.10	$\phi1000$	1.60
$\phi200$	0.85	$\phi600\sim\phi700$	1.30	$\phi1200$	1.80
$\phi300$	0.90	$\phi800\sim\phi900$	1.50		

注：当沟深超过 1.50m 时，需酌情增加沟槽宽度，以利板桩的支撑。

敷设管道遇弯曲道路、障碍或镶接需要盘弯时，可根据现场测量角度来定出待敷设管道的样线。由于铸铁管采用定型弯管，常用弯管为 90°、45°、22½°、11¼°，因此盘弯角度应根据上述四种定型弯管的角度近似地选用（考虑到承插式接口允许少量调整）。

定角放样方法可用经纬仪或预先制作的样板，但都比较麻烦。一般施工现场根据三角形边长的函数关系来放样，方法简便实用，在施工中被广泛采用。

1. 以角定线放样法——根据已确定角度定出待敷设管道平行位置的样线

【例 1】　45°弯管（定型）盘弯放样方法。

放样法如图 4-3 所示，DA 是待敷设管道样线，A 点为盘弯中点。其放样步骤：

① 在延长线上取 AB 为定值（一般可 1m）。

② 过 B 点作 AB 的垂线，并截取 $CB=AB$。

③ 连接 AC，$\angle CAB$ 即为 45°，折线 DAC 便是所要的样线。

【例 2】　非定型角度盘弯放样方法。

图 4-4 指出在某处施工时为避让障碍物，管道敷设位置需要偏折 33°时的放样方法。

由于无 33°规格的定型弯管，故选用 22½°弯管和 11¼°弯管组合使用。放样方法如下：

① 延长 DA，在延长线上取 AB 为定值（1m）。

② 过 B 点作 AB 的垂线，并截取 $BC=AB\tan22°30'$。

③ 连接 AC，$\angle CAB$ 便 22°30'（弯管）。

④ 在 AC 上取 $AG=L_1+L_2$。（L_1 为弯管承口边长，L_2 为弯管插口边长）。

⑤ 在 AG 延长线上取 GE 为定值。

⑥ 过 E 点作 GE 的垂线，并截取 $EF=GE\tan11°15'$。

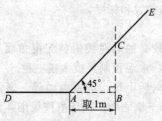

图 4-3　45°弯管盘弯放样法

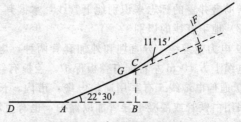

图 4-4　33°弯管盘弯放样法

⑦ 连接 GF 并延长，$\angle FGE$ 便为 11°15′（管道）。得到折线 $DAGF$ 便为所需要的 33°样线，由 22°30′ 和 11°15′ 两只弯管组合使用（少量度数可在承插式接口中分别调整）。

2. 以线定角放样法

【例3】 用样线来确定在带有弧形的道路上已敷设好管道（见图 4-5）弯管的度数。

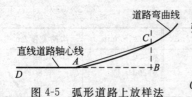

图 4-5 弧形道路上放样法

① 作放样直线的延长线与道路设计管位轴线（呈弧形）相交为 A 点。

② 选 AB 直线为定值（一般取一根铸铁管长度）。

③ 过 B 点作 AB 垂直线与设计管位轴线相交于 C 点。

④ 连接 AC，在 $\triangle ABC$ 中，BC 为调整距离，$\angle A$ 为调整角度。如调整距离（h）和调整角度（α）大于规定值时，应按上述的放样方法确定的角度，配用定型弯管，如小于规定值时则可不必设置弯管，而运用承插式接口的允许调整量进行均匀调整。每根铸铁管（6m 长）允许调整量详见表 4-2。由于接口的调整量是随着被调整的管径增大而减小，因此对于 $\phi300$ 口径以上的大口径管道放样力求准确。

表 4-2 单根铸铁管允许调整量

管径 D/mm	75	100	150	200～250	300	500	700	900
调整距离 h/cm	33	30	22	15	12	10	9	7
调整角度/(°)	2°	2°	2°	1.5°	1.5°	1°	0.9°	0.8°

对于弧度较小而且比较均匀、测量所得要调整的角度在表 4-2 范围内时应尽量利用承插接口来调整而不用弯管，因增设管弯既浪费材料、人力，又增加接口数量而使管道输气后增加泄漏机会。单独采用接口调整，放样力求弧度均匀，使管道弯曲部位的接口保持均匀调整，避免调整量集中于少数接口。

在敷设钢管时，因钢板弯管可根据所需的角度进行现场拼制，一般可采用"以线定角放样法"，丈量出管道定位轴线交角边的长度，计算出角度，用同口径钢管放样制作所需要弯管。由于钢管焊接接口的拼接无调整余地，故钢板弯管角度放样必须准确。

三、各种地下管线的识别和保护

1. 各种管线及标志的识别

（1）地面标志的识别 安装各种地下管线的附属设备时，为考虑维修的需要一般均设置窨井。窨井井盖上作出地下管线的标志，为维修人员识别管线提供方便。故施工人员可借助窨井盖的标志来识别地下管线，掌握其基本位置和深度。

（2）地下管线的识别

① 电力电缆线 分直埋和外加套管两种。电压较高的电缆线用黄泥覆盖面层，并在离电缆上方 10cm 左右配有盖板保护。盖板有红砖、水泥预制板或木板三种。

② 通信电缆线 有军用通信电缆，市内、长途电话电缆，电视电缆等。通信电缆一般采用白铁管或混凝土导管加以保护，也有直埋于土壤之中。通信电缆极细，使用专用纸进行缠扎，每根电缆中往往有几十对、几百对的通信线路，受到拉伸时容易损坏，

寻找线路断点和检修较为困难。电缆接头处常设"人孔"（窨井）供检修用。

电话电缆混凝土导管保护层宽约 30cm，有时会多层相叠（见图 4-6）。

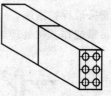

图 4-6　电话电缆水泥预制导管

③ 下水管道

（a）雨水管　多为水泥管，承插式接头，与侧石旁的雨水进水口接通，一般用混凝土作基础。地下水道有椭圆形、马蹄形，有水泥结构也有砖砌，其基础有混凝土预制薄板或木桩等（见图 4-7）。

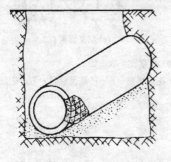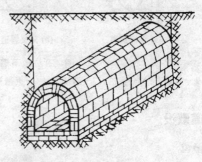

图 4-7　地下雨水管道

（b）污水管道　多数采用水泥管，有较牢固的混凝土基础，也有选用铸铁管。雨水和污水流于同一管道称合流下水管道，外型基本上与雨水管相似。

上述三种下水道一般每隔数十米即设置窨井，可供施工人员鉴别。

④ 自来水管道　一般采用铸铁管（石棉水泥接口）和钢管，无加强管基。在每根分支管上均装有专用给水阀，地面上有给水阀阀盖的标志。

2. 保护措施

（1）电杆和房屋基础保护　如敷设管线离电杆和房屋的水平距离较近而沟槽又较深时，应加装支撑防止电杆、房屋倾斜，支撑形式如图 4-8 所示。

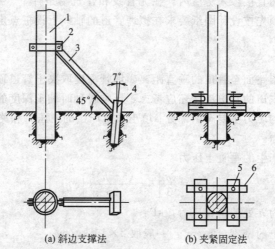

(a) 斜边支撑法　　(b) 夹紧固定法

图 4-8　沟边电杆支撑示意图

1—电杆；2—夹箍；3—角钢；4—桩头；5—螺栓；6—槽钢

（2）管线的保护　如敷设管线深于旧管线，其超越的深度大于相互间净距时，应注意采取保护措施。一般采用压入板桩来固定其管基。如敷设管线与旧管线交叉，应加装吊攀或作基础处理加以保护（见图 4-9）。

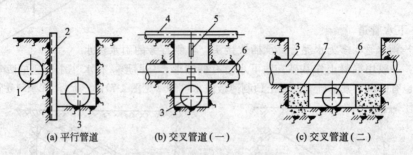

（a）平行管道　　　　（b）交叉管道（一）　　　　（c）交叉管道（二）

图 4-9　地下管线保护示意图

1—旧管道；2—板桩；3—新埋管；4—钢吊杆；5—花篮螺丝；6—已敷设管道；7—支座

四、管道敷设

1. 管位

地下管道辐射的水平和垂直位置，一般不允许随意变动，管位的偏移将影响其他管线的埋设或给其他管线的检修造成困难。地下燃气管线与其他管线相遇时应遵守下列规定。

① 当与其他地下管线平行，水平位置间距无法达到设计要求时，应双方协商：当管径大于等于 300mm 时净距不得小于 40cm；当管径小于 300mm 时净距不得小于 20cm。

② 当与其他地下管线相互交叉时，其垂直净距一般应为 10cm 以上，在特殊情况下经质监部门同意不得小于 5cm。交叉管道的间距中不得垫硬块，位于上方的管道两端应砌筑支座（小于 300mm 管径可设预制垫块）以防沉陷、互相损坏。

③ 在邻近建筑物敷设地下燃气管道时应按照设计图纸要求的管位敷设，不得随意更改，防止管道泄漏直接渗入房屋内。在无管线和建筑物条件下（越野施工）施工时，管位容易偏移，应预先按设计图纸要求在拟埋管道的轴线上设桩点定位，使敷设的管位保持在允许偏差内。

2. 深度

埋管的深度是指路面至管顶的垂直距离。埋管深度取决于管道顶面承受的压力及冰冻线深度，敷设于农田的管道深度还应考虑不影响耕种时翻土深度的需要。

作用在管道上的压力主要有两部分：填土质量产生的土压力和路面上荷重（载重汽车）产生的垂直压力。

（1）土壤质量产生的垂直土压力

$$p_h = \frac{\rho}{3}\left[5 - \frac{(5-h)^3}{25}\right]g \qquad (4-1)$$

式中　p_h——深度为 h 处的垂直压力，kPa；

ρ——回填土的密度，kg/m³，一般取 2×10^3 kg/m³；

g——重力加速度，9.8m/s²；

h——管道埋设深度，m。

（2）车辆产生的垂直压力

$$p_v = \frac{(1+V)W}{(a+2h)(b+2h)}g \tag{4-2}$$

式中　p_v——在深度为 h 处车轮产生的垂直压力，kPa；

　　　a，b——后车轮的荷重宽度，m，a 取 0.2，b 取 0.6；

　　　W——车轮荷重（选 6.5t，即总重为 20t 的汽车一个后轮的荷重）；

　　　V——冲击系数，一般取 0.3；

　　　h——管道埋设深度，m。

（3）排管深度的规定　根据上述计算，地下燃气管道的最小埋设深度如下（上海地区）：车行道 80cm；人行道 60cm；街坊或工房区内泥土路面 40cm。在特殊情况下，无法达到上述规定时可酌情减少 5～10cm。车行道上深度不能达到上述要求时需加砌钢筋混凝土盖板或改为局部钢管，但深度最浅为 40cm。盖板砌筑要求见图 4-10。

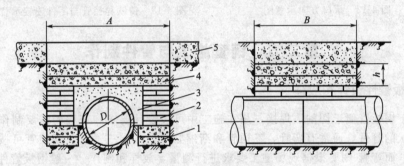

图 4-10　地下管道盖板示意图

1—钢筋混凝土基础；2—砖砌层；3—黄砂；4—钢筋混凝土盖板；5—路基

3. 铸铁管调整角度

承插式铸铁管在敷设中常利用承插口的缝隙，使管道调整一定的角度以适应敷设的要求，但如调整过量，将使承插式接头缝道不均匀，接口操作困难，造成漏气。沿曲线敷设的铸铁管道每个承插接口的最大允许转角为：公称直径不大于 500mm 时为 2°，公称直径大于 500mm 时为 1°；大于以上度数应敷设弯管。

为施工现场计算方便，以要调整管道的末端与原管轴线的水平方向垂直距离为计算量（见图 4-11）。

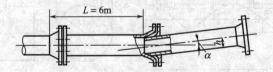

图 4-11　承插式管道调整示意图

4. 接口连接的规定

① 铸铁管承插式接口和钢管焊接接口，不准与不同口径的管件直接相连，必须使用异径管件过渡。

② 为有利于管道检修和接口施工，当敷设管道与水平线交角大于 10° 时，承口的方向应朝上设置（见图 4-12）。

③ 铸铁异径管不得与其他零件直接相连，中间应用铸铁直管过渡（长度应大于80cm），以便管网更新扩大管径时能在直管上钻孔塞阻气袋。否则，当管道更新扩大口径要拆除渐缩管时，阻气袋如塞在管件后面，会使停气范围扩大及增加施工的困难（见图4-13）。

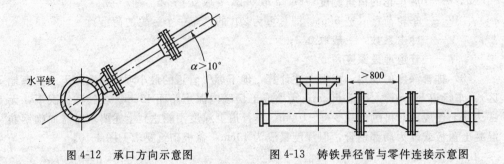

图 4-12　承口方向示意图　　　　图 4-13　铸铁异径管与零件连接示意图

第二节　钢管施工与管件制作

一、钢板管件设计和放样

由于钢板管便于切割、焊接，故在施工中可按设计要求和工程的需要制作成各种几何形状的管件。通常有弯管、三通管和渐缩管等。其中三通管、渐缩管可按设计要求预制，而弯管则要根据现场施工要求进行测量、放样和制作。一般钢板管件展开图的作图法比较复杂，定线放样时容易造成差错。根据实践经验，对常用管件如三通管、弯管等总结出"简易展开几何作图法"，可减少投影线条，提高放样效率和准确性。

1. 钢板三通管

（1）同口径三通管展开图简化作法（见图4-14）。

同口径三通管展开图分为支管和主管两部分展开，作图步骤如下。

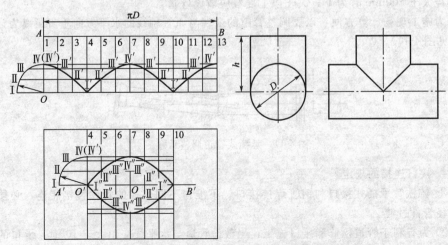

图 4-14　同口径三通管展开图的简化画法

① 支管展开图

a. 作直线 $AB=\pi D$，并作 12 等分，D 为支管直径。

b. 过等分点分别作垂线，截取 $AO=h$，过 O 点作垂线 $CO\perp AO$。

c. 以 O 为圆心，R 为半径，作圆弧交 CO 和 AO 为 $\dot{\mathrm{I}}$、IV 点，弧 $\mathrm{I\,IV}=\dfrac{1}{4}\pi D$。

d. 将圆弧 $\mathrm{I\,IV}$ 作三等分，过等分点分别作平行线与等分垂线相交得 IV'、III'、II'、I' 各点。

e. 圆滑地连接各交点，得到支管展开图。

② 主管展开图

a. 作 $A'B'\,/\!/\,AB$，并与支管展开图上各平分垂线相交。

b. 以交点 O 为圆心、R 为半径作圆弧 $\mathrm{I\,IV}=\dfrac{1}{4}\pi D$，并作三等分。过等分点分别作平行线与支管展开图的各平分垂线相交于 I'、II'、III'、IV'、III'、II'、I'。

c. 圆滑地连接各点，成为半圆展开曲线。用同样作图方法得到另半圆展开曲线，组合但为主管部分展开图（椭圆内为割除部分）。

（2）异径三通管简化展开图作法（见图 4-15）　异径三通管展开图也分为支管（小管）和主管（大管）两个部分的展开，作图步骤如下。

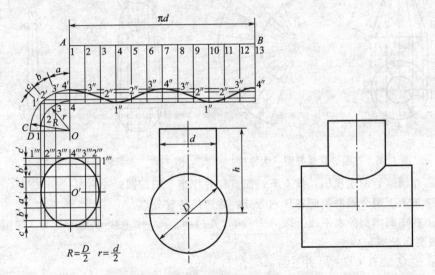

图 4-15　异径三通管展开图的简化画法

① 支管（小管）展开图

a. 作直线 $AB=\pi d$，并作 12 等分（$d=$ 支管直径）。

b. 过等分点作垂线，取 $AO=h$。过 O 点作垂线使 $CO\perp AO$。

c. 以 O 为圆心，分别以 r 和 R 为半径作圆弧，使弧 $D4'=\dfrac{1}{4}\pi D$，弧 $14=\dfrac{1}{4}\pi d$。

d. 将圆弧 14 作三等分，过等分点作垂线，交圆弧 $D4'$ 为 $1'$、$2'$、$3'$、$4'$ 各点。过各交点作平行线与支管展开的等分垂线相交于 $4''$、$3''$、$2''$、$1''$ 各点。

e. 圆滑地连接各交点，得到支管的展开图。

② 主管展开图

a. 在垂线 AO 的延长线上取 O' 点为中点，向上和向下各截取 $a'=a$，$b'=b$，$c'=c$。

b. 过各截取交点作平行线与过圆弧 $D4'$ 等分点的垂线相交于 $1'''$、$2'''$、$3'''$、$4'''$各点。

c. 圆滑地连接各点得到 1/4 圆展开曲线。

d. 以 O' 水平线为基准，对称作图得到另 1/4 圆展开曲线，组合即成为主管部分展开图，椭圆内为将割除的部分。

2. 正圆锥管（渐缩管）

（1）锥度较大的圆锥管展开图（见图 4-16） 将完整的圆锥面展开成扇形，半径等于正圆锥面母线 L，弧长等于 πD（也可以用计算方法），圆心为 S。以 S 为圆心，取小圆锥线 L_1 为半径作弧，便得到圆锥管的展开图 A。

（2）锥度较小的圆锥管展开图（见图 4-17） 具体作图步骤是将锥管表面分成若干等分，把每个等分都近似地看作等腰梯形，拼接起来即成为圆锥管表面。其作图方法如下。

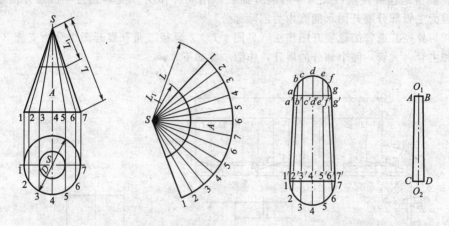

图 4-16　正圆锥管展开图（大锥度）　　图 4-17　正圆锥管展开图（小锥度）

① 作圆锥管的主视图，按上下端面直径各作半个辅助圆。

② 将上下两个辅助半圆各作六等分，并连接各等分点。

③ 在小圆端面的水平线上取 $AB=cd$，并过中点 O_1 作垂线 $O_1O_2=a'1'$（即圆锥管的母线实际长度）。

④ 过 O_2 点作 $CD=34$ 并且与 AB 平行。

⑤ 连接 AC 和 BD，梯形 $ABDC$ 即为锥管 12 等分近似展开图。

在实际施工中通常只需要先确定若干等分，做出一块梯形平面的展开图，并以此为样板，按等分拼成扇形平面，即为该圆锥管的展开图。

3. 钢板弯管

（1）按设计口径的要求确定弯曲半径　弯曲半径（R）是弯管制作的依据，其数值关系到管内流体的摩阻力大小、外形美观和焊缝的强度。根据国家有关规定，各种口径弯管的 R 值见表 4-3。

（2）根据弯管的角度，确定拼接形式（见图 4-18）　弯管的拼接根据 CBJ235—82 的规定，见表 4-4。

表4-3　各种管径弯管的R值/mm

管径	R	管径	R	管径	R	管径	R
φ50	90	φ200	260	φ500	450	φ1200	840
φ70	110	φ250	260	φ600	490	φ1400	950
φ80	130	φ300	260	φ700	540	φ1600	1020
φ100	160	φ350	300	φ800	640	φ1800	1110
φ125	185	φ400	350	φ900	680	φ2000	1200
φ150	210	φ450	400	φ1000	730		

表4-4　各种弯管拼缝数

弯管角度	拼接形式	弯管角度	拼接形式	弯管角度	拼接形式
30°以下	二拼一缝	30°～60°	三拼二缝	60°～90°	四拼三缝

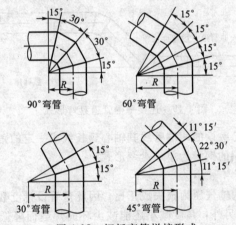

图4-18　钢板弯管拼接形式

（3）计算角度的组合　由上可知，任何角度的弯管均由两个或两个以上的不同角度拼接而成的，组成角愈小，组合数愈多。

组成角数量的计算：

$$m = v + S + (n \times 2)$$

式中　m——相等角总数；

　　　v——首片数；

　　　S——尾片数；

　　　n——中间片数。

因首片和尾片分别为一片，所以上述可简化为下式：

$$m = 2 + 2n$$

相等角度数计算：

$$\alpha = \frac{\beta}{m}$$

式中　α——相等角度数，（°）；

　　　β——弯管总度数，（°）。

二、钢板管件的现场测绘和拼装

钢管在敷设过程中盘弯情况较多，例如穿越障碍物、管道方向的改变等均需制作各种规格的非定型弯管。考虑到管道必须有一定的坡度，焊口应符合质量要求，所以必须进行正确的丈量和设计。

1. 盘弯类型

施工现场千变万化，但可归纳为平行和交叉两种类型，其中两端管线已敷设定位，中间需要用钢管连接的情况最为复杂。

（1）平行位置　平行位置是指已敷设的两端管线（或一端已敷设另一端待敷）的轴线互相平行，并保持一定距离。由于两端管轴线的位置不同，可能出现水平平行、垂直平行和斜面平行三种情况。

连接平行管道两端的弯管为S形连接平行管道盘弯形式（见图4-19）。

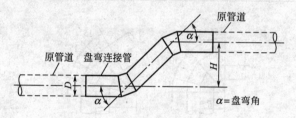

图 4-19　连接平等管道盘弯形式

（2）交叉位置　指已敷设的两端管线其轴心延长线成一定的角度。此类情况在工程中也经常出现，连接两端的钢管为单一盘弯形式。

2. 弯管角度选择

因弯管的角度和管内输气压力损失成正比，因此弯管设计度数应尽量减小，一般情况下应避免使用90°角。另外，角度减小还能减少环向焊缝而降低成本，提高质量。弯管的角度与盘弯的高度（H）有关，当H小于D时，如采用较大角度会形成相邻两条焊缝重叠，故弯管角度选择应适当（见表4-5）。

表 4-5　弯管角度选用

弯 管 情 况	选择弯管的角度（α）	图　　示
$H > D$	30°～45°	
$H < D$	20°～30°	
特殊情况	＞45°	

（1）现场丈量和制图　水平平行和垂直平行情况的丈量方法相同，其步骤以图4-20为例说明。

① 分析障碍，决定管道走向。如图4-20所示的管道应从障碍管线 B 和 C 的上面和 A 的下面经过，采用梯形盘弯形式与两侧管道 a、b 连接。

② 丈量出盘弯管道相邻障碍管线的定位尺寸：h_1、l_1、h_2、l_2、h_3、l_3 以及从上面通过的离地坪线最浅管 C 的垂直距离 H。

③ 丈量出 a、b 两管的净距 L，高差 H_1，a 管盘弯高度 H_2 和 b 管盘弯高度 H_3。现

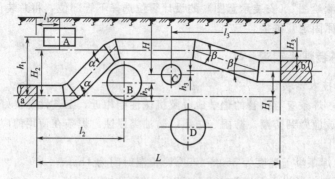

图 4-20　管道埋设测量断面图

场丈量尺寸是钢管组装设计的依据，力求准确。

（2）绘制草图

① 按照已丈量所得到的尺寸，将 a、b 管和障碍物 A、B、C、D 全部绘制到图纸上。

② 根据表 4-10 的要求选定盘弯角度∠β 和∠α。

③ 进行现场复测和校核。

（3）绘制组装总图　组装总图是下料、拼接和现场安装的依据。组装图包括直管和管件连接的全部内容的组合，由组装图和各管件的展开图组成。

根据现场测量断面图按比例绘制成钢管组装图，并标明焊缝位置和盘弯角度。图 4-21 的钢管组装图就是以图 4-20 的测量图绘制成的组装图。

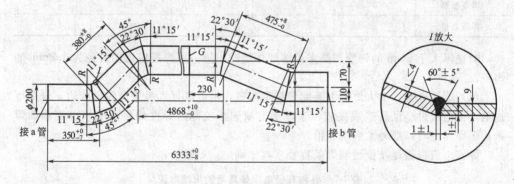

图 4-21　钢管焊接组装图例

组装图的绘制要求是：必须画出组装钢管的全图，标明各部位的长度（均以管轴心线为准线）和相互平行高差，并标明焊缝技术要求以及应在沟内拼接的焊缝，做好两端与原固定钢管的焊接标记。

3. 现场组装

钢管的组装是工程的实施阶段，除特殊管件的组装需要在车间内进行外，一般情况均在施工现场搭建的临时平台上进行拼接组装。步骤如下。

① 按照"组装图"和"展开图"以及技术要求进行下料。先制作管件部分，然后按"组装图"在地面平台上将弯管和直管拼接为总装件。如果地下资料复杂或吊机超载，可以分为若干部件，各部件连接需要作好拼装位置记号。

② 按照"测绘图"（安装示意图）的设计管位选择下管部位，将总装件（或分部件）吊装至沟内与原固定管拼接。

三、钢管的拼装焊接要求

1. 焊接的技术要求

（1）焊条　焊条应与钢管的化学成分及机械性能相近，工艺性能良好。

焊条的存放应做到防潮、防雨、防霜、防油类侵蚀。焊条在使用前应按出厂说明书或下列要求烘干。

① 低氢型焊条烘干温度为 350～400℃，恒温时间为 1h。

② 超低氢型焊条烘干温度为 400～450℃，恒温时间为 1h。

③ 纤维素型下向焊条烘干温度以 70～80℃为宜，不得超过 100℃，恒温时间为 0.5～1h。

④ 经过烘干的低氢焊条，应放入温度为 100～150℃的恒温箱内，随用随取。

⑤ 现场用的焊条，应放在保温箱内。

⑥ 经烘干的低氢焊条（不包括在恒温箱内存放的焊条），次日使用时应重新烘干，重新烘干次数不得超过两次。

若发现焊条有药皮裂纹和脱皮现象，不得用于管道焊接。纤维素型下向焊焊条施焊时，一旦发现焊条药皮严重发红，该段焊条应报废。

焊条直径由钢管壁厚决定，管壁越厚，焊条直径越大，不同壁厚的焊条选择见表 4-6。

表 4-6　常用焊条选用/mm

焊条壁厚	2	3	4～5	6～12	>12
焊条直径	2	3.2	3.2～4	4～5	5～6

对壁厚大于 6mm 的钢管需要采用多层焊接时，第一层焊接应选用直径为 3.2mm 的焊条。

（2）焊接电流　增大焊接电流能提高生产率，但电流过大易造成焊缝咬边、烧穿等缺陷，而电流过小也易造成夹渣、未焊透等缺陷。较薄的焊件焊接，用小电流和细焊条；焊厚焊件时，则用大电流和粗焊条。

焊接电流根据焊接位置和焊条直径来具体确定，见表 4-7。

表 4-7　各种直径电焊条需用的焊接电流

焊条直径/mm	1.6	2.0	2.5	3.2	4.5	5.0	5.8
焊接电流/A	25～40	40～65	50～80	100～130	160～210	200～270	260～300

表 4-7 适用于平焊位置。在立焊、横焊和仰焊位置时选用电流应比平焊小 10%。

相同直径的焊条在不同壁厚的钢管上施焊时，热量散失有快慢，管壁越厚焊接热量散失得越快，应选用表 4-7 中电流值的上限。

（3）焊接层数　钢管壁厚≤3mm 时可焊单层，当壁厚≥4mm 时必须采用多层焊，每层厚度不得大于 4mm。

2. 坡口和拼接要求

（1）坡口形式　凡是壁厚≥4mm 的钢管焊接口均需坡口，坡口形式应符合表 4-8

与表 4-9 的要求。

表 4-8　V 形坡口/mm

焊接形式	各部位尺寸			
	δ	α	c	h
双面焊	3～6	70°±5°	1±1	1+0.5
	7～10	60°±5°	2±1	2±1
单面焊	12～18	60°±5°	2±1	2±1
	20～26	60°±5°	2±1	2±1

表 4-9　X 形坡口/mm

焊接形式	各部位尺寸			
	δ	α	c	h
双面焊	12～60	60°±5°	2±1	2±1

（2）拼焊的要求

管子对口以及管子和管件的对口，应做到内壁齐平。内壁边量应符合下列规定。

① 等厚对接焊接缝不应超过壁厚的 10%，且不得大于 1mm。

② 不等厚对接焊缝不应超过薄壁管管厚度的 20%，且不得大于 2mm。应按图 4-22 所示形式对管件进行加工。

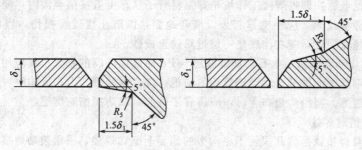

图 4-22　管子和管件的对口形式

坡口加工宜采用机械方法。如采用气割等热加工法，必须除去坡口表面的氧化皮，并进行打磨。管子、管件组对接时，应检查坡口的质量，坡口表面上不得有裂纹、夹层等缺陷，尺寸应合格。

第三节　管道的吊装

燃气管道一般都很长，应采取分段流水作业，即根据施工力量，合理安排分段施工，管沟开挖后，立即安装管道，同时开挖下一段管沟。完成一段，立即回填管沟，避免长距离管沟长期暴露而造成影响交通安全、管口锈蚀、防腐层损坏、地面水（或雨水）进入管沟造成沟壁塌方、沟底沉陷、管道下沉或上浮、管内进水、管内壁锈蚀等各种事故。

管子运输和布管应尽量在管沟挖成后进行。将管子布置在管沟堆土的另一侧，管沟边缘与钢管外壁间的安全距离不得小于 500mm。禁止先在沟侧布管再挖管沟，将土、砖头、石块等压在管上，损坏防腐层与管子，使管内进土。布管时，应注意首尾衔接。

在街道布管时，尽量靠一侧布管，不要影响交通，避免车辆等损伤管道，并尽量缩短管道在道路上的放置时间。

一、地下钢管安装

地下燃气管道管材为钢管时，为了防止钢管被腐蚀，常用 PE 防腐绝缘层、环氧煤沥青防腐绝缘层、煤焦油磁漆外覆盖层与石油沥青防腐绝缘层防腐。防腐绝缘层一般是集中预制，检验合格后，再运至现场安装。在管道运输、堆放、安装、回填土的过程中，必须妥善保护防腐绝缘层，以延长燃气管道使用年限和安全运行。

1. 运输与布管

在预制厂运管子时，应检查防腐绝缘层的质量证明书以及外观质量。必要时，可进行厚度、黏附力与绝缘性检查，合格后再运。

① 煤焦油磁漆低温时易脆裂，当预料到气温等于或低于可搬运最低环境温度时，不能运输或搬运。由于煤焦油磁漆覆盖层较厚，易碰伤，因此应使用较宽的尼龙带吊具。卡车运输时，管子放在支承表面为弧形的、宽的木支架上，紧固管子的钢丝绳等应衬垫好；运输过程中，管子不能互相碰撞。铁路运输时，所有管子应小心地装在垫好的管托或垫木上，所有的支承表面及装运栏栅应垫好，管节间要隔开，使它们相互不碰撞。煤焦油磁漆防腐的钢管焊接，不允许滚动焊接，要求固定焊，以保护覆盖层。因此，在管沟挖成后，即将焊接工作坑挖好，将管子从车上直接吊至沟内，使其就位。当管子沿管沟旁堆放时，应当支撑起来，离开地面，以防止覆盖层损伤。当沟底为岩石等，会损伤覆盖层时，应在沟底垫一层过筛的土或砂子。

② 环氧煤沥青防腐层、石油沥青涂层与 PE 防腐层防腐的钢管吊具应用较宽的尼龙带，不得用钢丝绳或铁链。移动钢管用的撬棍，应套橡胶管。卡车运输时，钢管间应垫草袋，避免碰撞。当沿沟边布管时，应将管子垫起，以防损伤防腐层。

2. 沟边组对焊接

沟边组对焊接就是将几根管子在沟旁的地面上组对焊接，采用滚动焊接，易保证质量，操作方便，生产效率高，焊成管段再下入地沟。管段长度由管径大小及下管方法而定，不可过长而造成移动困难，也不可下管时管段弯曲过大而损坏管道与防腐层。每一管段以 30～40m 长为宜。由于煤焦油磁漆覆盖层防腐的钢管不允许滚动焊接，所以，只能将每根钢管放在沟内采用固定焊。

逐根管子清除内壁泥土、杂物后，放在方木或对口支撑上组对。主要的工作是对口、找中、点焊、焊接。应特别注意，有缝钢管的螺旋焊缝或直焊缝错开间距，不得小于 100mm 弧长。点焊与焊接时，不准敲击管子。分层施焊，焊接到一定程度，转动管子，在最佳位置施焊。第一层焊完再焊第二层，禁止将焊口的一半全部焊完，再转动管子焊另一半焊口。

管段下沟前，应用电火花检漏仪对管段防腐层进行全面检查，发现有漏点处立即按有关规程认真补伤，补伤后再用电火花检漏仪检查，合格后方可下沟。

非施工期间，用临时堵板将管段两端封堵，防止杂物进入管内。

3. 管道下沟与安装

管道下沟的方法，可根据管子直径及种类、沟槽情况、施工场地周围环境与施工机具等情况而定。一般来说，应采用汽车式或履带式起重机下管，当沟旁道路狭窄，周围树木、电线杆较多，管径较小时，只采用人工下管。

（1）下管方式

① 集中下管　管子集中在沟边某处下到沟内，再在沟内将管子运到需要的位置。适用于管沟土质较差及有支撑的情况，或地下障碍物多，不便于分散下管时。

② 分散下管　管子沿沟边顺序排列，依次下到沟内。安装铸铁管主要采用此法。

③组合吊装　将几根管子焊成管段，然后下入沟内。

（2）管道下沟前，管沟应符合以下要求

① 下沟前，应将管沟内塌方土、石块、雨水、油污和积雪等清除干净。

② 应检查管沟或涵洞深度、标高和断面尺寸，并应符合设计要求。

③ 石方段管沟，松软垫层厚度不得低于 300mm，沟底应平坦、无石块。

（3）下管方法

① 起重机下管法　使用轮胎式或履带式起重机，如图 4-23 所示。

下管时，起重机沿沟槽移动，必须用专用的尼龙吊具，起吊高度以 1m 为宜。将管子起吊后，转动起重臂，使管子移至管沟上方，然后轻放至沟底。起重机的位置应与沟边保持一定距离，以免沟边土壤受压过大而塌方。管两端拴绳子，由人拉住，随时调整方向并防止管子摆动，严禁损伤防腐层。吊管间距应符合表 4-10 的要求。

图 4-23　履带式起重机下管

表 4-10　不同管径钢管吊管间距

管外径 D/mm	1220	1020	920	820	720	630	529	478	426	377
允许间距/m	32	29	27	25	23	21	19	18	17	16
管外径 D/mm	351	325	299	273	245	219	168	159	114	108
允许间距/m	15	15	14	13	12	11	9	8	6	6

管子外径大于或等于 529mm 的管道，下沟时，应使用 3 台吊管机同时吊装。直径小于 529mm 的管道下沟时，吊管机不应少于 2 台。

如果仅是两三根管子焊接在一起的管段，可用 1 台吊管机下沟。

管道施工中，应尽可能减少管道受力。吊装时，尽量减少管道弯曲，以防管道与防腐层裂纹。管子应妥帖地安放在管沟中，以防管子承受附加应力。

管道应放置在管沟中心，其允许偏差不得大于 100mm。移动管道使用的撬棍或滚杠应外套胶管，以保护防腐层不受损伤。

② 人工下管法

a. 压绳下管法　在管子两端各套 1 根大绳（绳子粗细的选择由管子重量而定），借助工具控制，徐徐放松绳子，使管子沿沟壁或靠沟壁位置的滚杠慢慢滚入沟内。铸铁管下管多用此法。有防腐层钢管用此法时，应在管下铺表面光滑的木板或外套橡胶管的滚杠，再用外套橡胶管的撬棍将钢管移至沟边（途中如有堆土应先将堆土摊平），在沟壁

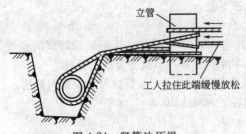

图 4-24　竖管法压绳

立管

工人拉住此端缓慢放松

斜靠滚杠，用两根大绳在两侧管端 1/4 处从管底穿过，在管边土壤中打入撬杠或立管将大绳缠在撬杠或立管上两、三圈，人工拉住大绳，撬动钢管，逐步放松绳子，使钢管徐徐沿沟壁的滚杠落入沟中。沟底不得有砖头、石块等硬物，不得将钢管跌入沟中。如图 4-24 所示。

　　b. 塔架下管法　利用压绳装在塔架上的复式滑车、导链等设备进行下管，先将管子在滚杠上滚至架下横跨沟槽的跳板上，然后将管子吊起，撤掉跳板后，将管子下到槽内。塔架数量由管径和管段长度而定。间距不应过大，以防损坏管子及防腐层。

　　(4) 稳管、焊接与防腐　稳管是将管子按设计的标高与水平面位置稳定在地基或基础上。管道应放在管沟中心，其允许偏差不得大于 100mm。管道应稳贴地安放在管沟中，管下不得有悬空现象，以防管道承受附加应力。

　　事先挖出的焊接工作坑如有位置误差时，应按实际需要重新开挖。挖土时，不可损伤管道的防腐层。管子对口前应将管内的泥土、杂物清除干净。沟内组对焊接时，对口间隙与错边量应符合要求，并保持管道成一直线。焊接前将焊缝两侧的泥土、铁锈等清除干净。管道焊接完毕，在回填土前，必须用电火花检漏仪进行全面检查，对电火花击穿处应进行修补。长输燃气管道防腐绝缘层检查应符合表 4-11 的规定，城镇燃气管应符合有关标准的规定。不符合要求的补修后再检查，直至合格。

表 4-11　防腐绝缘层高压电火花检漏标准

防腐种类	防腐绝缘等级	检测电压/kV	检测标准
沥青	普通	16～18	以未击穿为合格
	加强	22	以未击穿为合格
	特加强	26	以未击穿为合格
环氧煤沥青	普通	>2	以未击穿为合格
	加强	>3	以未击穿为合格
黏胶带	—	24	以未击穿为合格
环氧粉末	0.4mm 厚	2	以未击穿为合格

　　管道组对焊接后，需要进行焊缝无损探伤、对管道进行强度与严密性试验，合格后再将焊口包口防腐，用电火花检查合格后方可全部回填土。通常在管子焊接后，留出焊接工作坑，先将管身部分填土，将管身覆盖，以免石块等硬物坠落在管上，损坏防腐层，同时可以减少由于气温变化而产生的管道的热胀冷缩使防腐层与土壤摩擦而损伤。

二、铸铁管安装

　　铸铁管的运输、布管、管子下沟方法等与钢管基本相同，但铸铁管与管件质脆易裂，在运输、吊装与下管时应防止碰撞，不得从高空坠落于地面。

　　1. 管道下沟

　　管道下沟前，应将管内泥土、杂物清除干净。铸铁管下沟的方法与钢管基本相同，应尽量采用起重机下管。人工下管时，多采用压绳下管法。铸铁管以单根管子放到沟内，不可碰撞或突然坠入沟内，以免将铸铁管碰裂。

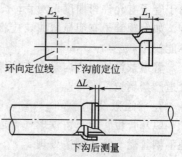

根据铸铁管承口深度 L_1，在管子下沟前，在其插口上标出环向定位线 L_2，见图4-25。吊装下沟后，检查插口上环向定位线是否与连接的承口端面相重叠，以确定承插口配合是否达到规定要求，误差 ΔL 不得大于10mm。

接口工作坑应根据铸铁管与管件尺寸，在沟内丈量，确定其位置，在下管前挖好。下管后如有偏差，可适当修正。

图4-25　承插口连接深度检查

2. 管基坡度

人工湿煤气管道运行中，会产生大量冷凝水，因此敷设的管道必须保持一定的坡度，以使管内的水能汇集于排水器排放。地下人工煤气管道坡度规定为：中压管不小于3‰；低压管道不小于4‰。按照此规定和待敷设的管长进行计算，可选定排水器的安装位置与数量。但在市区地下管线密集地带施工时，如果取统一的坡度值，将会因地下障碍物而增设排水器，故在市区施工时，应根据设计与地下障碍物的实际情况，对各管道的实际敷设坡度综合布置，保持坡度均匀变化不小于坡度要求。

（1）管道坡度测量　为使管道符合坡度规定，必须事先对管道基础（沟底土层）进行测量，常用水平尺测量、木制平尺板和水平尺测量两种方法。采用平尺板和水平尺测量方法如下。

根据每根管子长度，选择与管长相等的平尺板，再按照平尺板的长度计算出规定坡度下的坡高值 h，见图4-26。计算方法如下。

$$h = LK$$

式中　h——相当于每根管长的坡度，mm；

　　　L——平尺板的长度，mm；

　　　K——规定坡度。

$$K = \frac{h_2 - h_1}{L}$$

（2）操作方法　将平尺板放置在水平地面上，在平尺板的一端用厚度为 h 的垫块垫入，再把水平尺放在平尺板上，此时水平尺中央的气泡偏离水平基准线，记下气泡偏离的位置线，该线就是在规定坡度下的水平尺测坡基准线。以已敷设的管道承（插）口为基准，按照坡高 h 值，顺着坡向铲除沟内余土，使沟底土基的坡度符合规定坡度要求。然后根据图4-26所示，将平尺板紧贴管基，将水平尺置于平尺板之上，观察水平尺上的气泡位移读数是否与测坡基准线相吻合。如不符，可铲除余土（超深时应回填细土夯实），然后再检查，直至合格。管道下沟就位，再用水平尺在管子正上方复测坡度，按上述方法校正，直至合格。

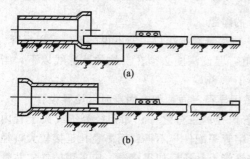

图4-26　排管坡度测量操作示意图

由于管子有允许弯曲度，对4m长管子应测前后两处，对6m长管子应测前、中、后三点。如发现管子有明显弯曲，应将弯曲部位旋转至水平位置。当弯曲超过允许偏差时，不能使用。

管道敷设坡度方向是由支管坡向干管，再由干管的最低点用排水器将水排出，所有管道严禁倒坡。

3. 管道敷设

(1) 管位　地下铸铁燃气管道的坐标与标高应按设计要求施工，当遇到障碍时，与地下钢管燃气管道同法处理。

(2) 铸铁管调整角度　承插式铸铁管常利用承插口的间隙，使管道调整一定的角度，以适应敷设的需要。但如果调整过量，将使承插口的间隙不均匀，接口操作困难，造成漏气。沿曲线敷设的铸铁管道，每个承插口的最大允许转角为：公称直径≤500mm时为2°，公称直径＞500mm时为1°；大于以上度数，应敷设弯管。为施工方便，以要调整管道的末端与原管轴线的水平方向垂直距离为调整量，见图4-27。各种口径管道允许水平方向调整距离，不应大于表4-2的规定，垂直方向调整距离应为水平方向调整距离的一半。

图4-27　承插式管道示意图

(3) 管道敷设的要求

① 铸铁承插式接口管道，在某些位置要求采用柔性接口。施工中必须按设计要求使用柔性接口。一般铸铁管道每隔10个水泥接口，应有1个精铅接口。

② 铸铁管穿过铁路、公路、城市道路或与电缆交叉处应设套管。置于套管内的燃气铸铁管应采用柔性接口，以增强抗震能力。

③ 铸铁异径管不宜直接与管件连接，其间必须先装一段铸铁直管，其长度不得小于1m。

④ 机械接口应符合下列要求：

a. 管道连接时，两管中心线应保持成一直线；

b. 应使用扭力扳手拧紧螺栓，压轮上的螺栓应以圆心为准对称地逐渐拧紧，直至其规定的扭矩，并要求螺栓受力均匀；

c. 宜采用锻铸铁螺栓，当采用钢螺栓时，应采取防腐措施。

⑤ 两个方向相反的承口相互连接时，需装一段直管，其长度不得小于0.5m。

⑥ 不同管径的管道相互连接时，应使用异径管，不得将小管插口直接接在大管径管道的承口内。

⑦ 两个承插口接头之间必须保持0.4m的净距。

⑧ 地下燃气铸铁管穿越铁路、公路时，应尽量减少接口，非不得已不应采用短管。

⑨ 敷设在严寒地区的地下燃气铸铁管道，埋设深度必须在当地的冰冻线以下，当管道位于非冰冻地区时，一般埋设深度不小于0.8m。

⑩ 管道连接支管后需改小管径时，应采用异径三通，如有困难时可用异径管。

⑪ 在铸铁管上钻孔时，孔径应小于该管内径的三分之一；如孔径等于或大于管内径的三分之一时，应加装马鞍法兰或双承丁字管等配件，不得利用小径孔延接较大口径的支管。钻孔的允许最大孔径见表4-12。铸铁管上钻孔后如需堵塞，应采用铸铁实芯管堵，不得使用马铁或白铁管堵，以防锈蚀后漏气。

表4-12 钻孔的允许最大孔径/mm

连接方法	公称直径								
	100	150	200	250	300	350	400	450	500
直接连接	25	32	40	50	63	75	75	75	75
管卡连接	32 40	50	—	—	—	—	—	—	—

第四节　燃气管道接口的施工

燃气管道的接口形式较多，根据管材、施工要求不同而选定。金属管道连接接口常见的为承插式、法兰、螺纹、焊接、滑入式和机械接口六种形式。

一、承插式接口

承插式接口主要用于铸铁管的连接，由铸铁管、件的承口和插口配合组成，并保持一定的配合间隙，根据设计要求在环形间隙中填入所需填料。由于承口内壁有环型凹槽（水线），使填料起到良好的密封作用。各种管径环形间隙及允许偏差见表4-13。

表4-13 承插式接口配合间隙/mm

公称直径	环形间隙(E)	允许偏差(c)
75～200	10	+3 -2
250～450	11	+4 -2
500～900	12	+4 -2
1000～1200	13	+4 -2

1. 密封填料的性能

橡胶圈又称O形密封胶圈，作为接口的头道密封填料，利用橡胶的压缩密封作用，使接口保持良好的气密性。承插式接口密封填料见表4-14。

表4-14 承插式接口密封填料/mm

接口名称	主要填料	用　途	填料尺寸			
			l_1	l_2	l_3	l_4
水泥接口	橡胶圈-水泥	1. 中压管道 2. 敷设于车行道上的低压管道 3. 临近建筑物的低压管道	橡胶圈30	水泥50	油绳20	水泥15
	油绳-水泥	低压管道（埋设于非道路上）	油绳20	水泥60	油绳20	水泥15
精铅接口	橡胶圈-精铅	1. 中压管道零件接口 2. 镶接管段的接口（中压管） 3. 某些场合的特殊要求	橡胶圈30	精铅70		
	油绳-精铅	1. 低压管道零件接口 2. 低压管镶接管段接口 3. 某些地方无法使用橡胶圈的中、低压接口	油绳40	精铅60		

注：当 $D \geq 500$mm 时，l_2 需加 10mm；$D \geq 700$mm 时，l_2 需加 20mm。

(1) 橡胶圈的材料 城市燃气中含有多种芳香烃、苯、酚等杂质，对天然橡胶和一般的合成橡胶都有腐蚀作用。作为接口的头道填料因直接与燃气接触，故必须具有良好的耐腐蚀性。经过对各种合成胶的选择，到目前为止，以丁腈-40合成胶有较好的耐燃气腐蚀性能。

为确保橡胶圈的质量，在运输和堆放时应平整排列，以防挤压变形。橡胶圈的贮存温度以 0～40℃ 为宜，应避免受阳光曝晒和高温辐射，防止与其他有机溶剂接触。储存胶圈每6个月翻动一次，储放保用年限为二年，时间过长，应检查测试其弹性，以防老化变质。

硬度对橡胶圈的密封性也有着一定影响，如果过硬，橡胶圈弹性差，气密性得不到保证，操作也困难。橡胶圈过软，虽然操作时方便，但由于抗压强度差，在接口两侧不均匀沉陷时将造成接口间隙不均匀（见图4-28）。

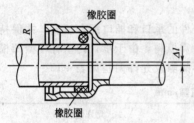

图 4-28 接口橡胶圈受压沉陷

(2) 精铅 精铅是承插式接口的主要填料，加热熔解后浇注到接口间隙中，并使用特制凿子进行锤击，使精铅密实而达到密封作用。因此选用的精铅必须具有相当的柔性，精铅的纯度愈高质地就愈柔软。目前选用的精铅纯度不小于99.97%，其熔点为327.4℃。

(3) 水泥 承插式刚性接口的水泥填料，以选用自应力铝酸盐水泥密封效果较好。由于水泥遇水后体积膨胀，故也称为膨胀水泥。其膨胀倍数为 1.0～3.0，自应力为 $20×10^5$ Pa，初凝时间为 30min，终凝时间为 8h 以内。

水泥的保管很重要，不得使用受潮或失效的水泥。使用时必须仔细检查有无结块和杂物，一般用 0.5mm 的筛子将水泥筛清。

(4) 油绳 用于接口填料的油绳是由浸透桐油的麻丝搓成小股（每小股油绳直径为 1mm 左右），再把它拧成大股油绳辫。操作时可根据接口缝隙大小抽若干小股油绳绞紧后使用。

2. 精铅接口的施工

(1) 施工前准备

① 熔铅 精铅熔点虽为 327.4℃，但由于在露天操作，熔铅处与浇灌接口有一定距离，考虑到熔化精铅在运输和浇灌过程中温度下降，熔铅的温度必须达到 400℃ 以上才能使用。检验铅温的简单方法是用干燥的铁棒插入铅液中，若取出时铅液不粘连在铁棒上，精铅熔液表面呈金黄色，则熔铅温度已达到 400℃ 以上。

② 检查承口和插口配合部位是否有杂质、油污，并清洗干净。如果使用橡胶圈，应把按缝隙大小选择好的橡胶圈套于插口。

(2) 填入头道油绳或橡胶圈

① 填入油绳 用枕凿插入接口下侧缝隙，并锤击枕凿使插口部分托起，将油绳绞紧填入缝隙。先将底部油绳一次填足打实，然后自下而上，逐步锤击填实，再绕第二圈用同样方法填实。四周力求平整，深度为离承口端面 50～60mm 左右。油绳头尾两端搭口长为 5～7cm，搭接处两头的油绳要适当减细，其位置应放在接口上侧。油绳粗细一般应大于缝隙的三分之一，缝隙与油绳的配合尺寸见表4-15。

表 4-15　承插式接口油绳的选择/mm

缝隙/mm	8～9	15～11	12～13
油绳/股	6～9	9～10	10～11

② 填入橡胶圈　用两把枕凿先插入接口下侧缝隙，使插口管底部枕起，注意两把枕凿的间距应小于接口圆周长的二分之一。先将接口底部橡胶圈锤击入缝隙内，然后两侧交替敲击，并逐步向上移动枕凿的位置，接口上侧最后打入。接口缝隙两侧同时受枕凿挤压将导致承插口破裂，操作时（特别是大口径管道接口）应交替锤击枕凿和移位，打入橡胶圈力求平整，深度均为 70mm 左右。

（3）浇铅

① 向接口缝隙内浇灌熔化的精铅是依靠外围石棉绳来阻止精铅外溢。操作前先将石棉绳浸水湿透，涂上黏土，沿缝隙绕接口一周，相交于接口最高点。搭口处的石棉绳内外用黏土涂抹并修筑出一个燕窝形的浇铅口，其余部分均用黏土涂封。石棉绳的直径和长度按下式选择：

$$d = 2～3.5E$$

式中　d——石棉直径，mm；

　　　E——接口缝隙，mm。

$$L = \pi D + l$$

式中　L——石棉绳长度，mm；

　　　D——插口管外径，mm；

　　　l——搭口余量，一般取 300～500mm。

各种管径使用石棉绳的直径、长度和浇铅口宽度见表 4-16。

表 4-16　不同管径选用的石棉绳规格和浇铅口的宽度/mm

管径	75	100	150	200	250～300	500	700	800	1000
石棉绳的直径	19	19	25	25	32	32	40	40	45
石棉绳的长度	700	780	940	1090	1410	2164	2800	3130	3740
浇铅口的宽度	50	50	80	100	120	150	170	180	190

② 浇灌精铅操作人员要戴好防护面罩、长帆布手套等防护用具。浇灌时必须清除表面铅灰，浇灌的速度随铅温而定，热铅慢浇，冷铅快浇。浇灌精铅应连续进行（预先选择好浇铅容器），中途不得停止。浇灌高度宜取 20cm 左右（图 4-29）。

小口径管道接口浇灌时可从浇铅口正中流入，从两侧灌满，不得补铅。大口径管道接口浇灌应从一侧浇入，使接口缝隙内空气从另一侧逸出，否则将因缝隙内空气受热膨胀而发生爆铅。

③ 接口缝隙里如有渗水现象，应阻塞水源、清除水渍后再浇灌。如受潮可先加入少量机油，然后再从一个侧面浇灌精铅，速度不宜过快，否则会发生爆铅。

④ 浇灌的熔铅应充满整个接口缝隙，浇铅口上的最后精铅凝固面应高于缝隙。缝隙内精铅凝固面应大于承口端面 3～5mm。

⑤ 在浇灌精铅时应注意是否有漏铅现象。发现外部漏铅（因石棉绳黏土密封差或脱落）应暂停浇灌，迅速用黏土加封漏点后再浇灌。内部漏铅是接口内填料（油绳或橡

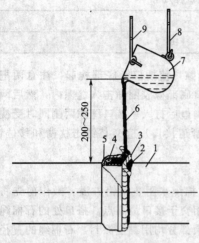

图 4-29　承插式接口灌铅操作示意图
1—铸铁插管；2—黏土封口层；3—石棉绳；4—接口橡胶圈；5—铸铁承管；6—热熔精铅；7—熔铅钢锅；8—后拎环；9—前拎环

胶圈）未填实使熔铅渗入管内而引起的。如在浇灌中熔铅的用量超过正常需用量，而外部无漏铅出现，可确认发生内部漏铅，应立即停止浇灌，拆除接口内精铅，取出管内漏铅，重新填入油绳或橡胶圈，再浇灌精铅。

⑥　每次浇灌精铅必须根据接口铅用量盛足，一次完成，不得分两次浇灌，或拆除外围石棉绳后发现某处精铅未浇足而再补浇。这些都会严重影响接口质量。

（4）精铅接口的击实操作

①　先用小扁凿紧贴插口锤击一周（稍轻）。小扁凿与管轴成 30°角，禁止先将浇铅口处的积铅凿下。因在浇灌精铅过程中，由于熔铅的重力作用，接口底部精铅分子排列较紧密，而上部较疏松，特别是浇铅口处的积铅位置最高，凝固后精铅最为疏松。因此在接口未打实之前，禁止先将积铅凿除。

②　依次用 2～6 号敲铅凿由下而上锤击精铅面，每敲击 2～3 次即移动位置，依次进行，不得跳越敲击。敲击时敲铅凿与插管应保持 20°左右角度。

③　敲击精铅用力要均匀，2～6 号敲铅凿的锤击力依次逐步加大。精铅外圈与承口相平，内圈凸出，与管轴线成 20°左右的斜面。

④　精铅接口的内圈（与管壁接触处）敲击后容易产生薄形铅箔。如出现铅箔，应选用小扁凿铲除，最后修正铅表面，力求平整为止。精铅接口操作见图 4-30。

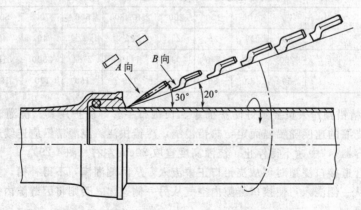

图 4-30　承插式接口精铅填料击实操作示意图

3. 水泥接口操作

（1）施工前准备　检查所使用的水泥，必须无变质结块杂物，膨胀水泥应用 0.5mm 的筛子将水泥过筛才能使用。清洗接口缝隙，清除杂质。

（2）头道填料　操作与"精铅接口"相同，缝隙深度均为 70mm（如采用油绳填料为一圈）。

（3）填塞水泥 按照规定的水灰比将水泥均匀拌和，并将湿水泥捏扁，用上绳凿捣入接口缝隙内。为使水泥密实，将 2～3 股油绳捻成辫子状，绕接口缝隙一周，用上绳凿通过油绳再次挤压水泥，然后拆除此油绳，并用水泥塞满缝隙。

（4）外封填料 均采用单道油绳，直径比头道油绳略小一些（少 1～2 小股）。操作时先用上绳凿将接口底部的油绳捣击入接口缝隙内，然后逐步从两侧向上捣击，直至接口上部留出 150mm 左右宽为止。将捣实挤压后多余的水泥清除，把搭口的油绳两端抽捻成圆锥形，打成结后用凿子敲击入缝隙，再用 2 号敲铅凿敲击油绳使之全部均匀压入缝隙中，直至挤压水泥后水泥中的水分从油绳表面渗出为止。

（5）封口 先用清水将外封油绳浸湿，然后用水泥涂抹封口，并用零散油绳拆松后缠绕。

二、法兰接口

法兰接口主要运用于架空管道，地下管施工中用于管件及附属设备的连接，如阀门、调压器、波形补偿器及大流量燃气表等的安装连接。根据管材不同分为钢制法兰和铸铁法兰两种类型。

1. 钢制法兰

有螺纹连接法兰和焊接法兰两种。高、中压管道和低压管中口径为 $\phi150$ 以上时，均选用焊接法兰，接合面多为凸面。低压管中 $\phi150$ 以下时，小口径管道一般选用螺纹法兰，接合面为平面，钢制法兰见图 4-31。对于受压为 1MPa 的钢管，$t＝4～6mm$，$t_1＝1～1.5mm$，沟数为 2～4。

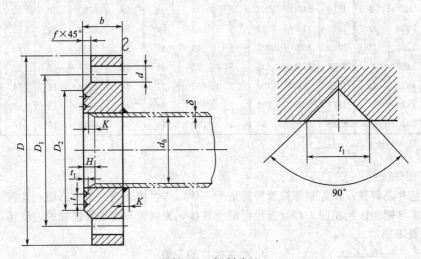

图 4-31 钢制法兰

图 4-31 中尺寸以毫米计，质量以公斤计。密封面加工按法兰沟槽表。法兰材料为 A3，采用结 422 焊条与管壁焊接。法兰接管孔径按钢管外径尺寸加工，当 $D_g＜150mm$ 时按 GB159—59 中 8 级精度制造。$D_g＝150～400mm$ 时，允许间隙每边不超过 0.5mm，$D_g＞400mm$ 不超过 1mm。如采用的钢壁厚超过规定的最小壁厚，须相应改变 H 和 K 的值，令 $K＝\delta$，$H＝\delta＋1$。

城市中低压燃气管道用的钢制法兰一般按 $P_g＝10×10^5$ Pa 选用，具体尺寸见表 4-17。

表 4-17　钢制法兰规格/mm

D_g	d_0	δ	D	D_1	D_2	f	b	d	螺栓 数量	螺栓 直径	K	H	质量
50	57	3.5	160	125	100	3	18	18	4	M16	4	5	2.09
70	73	4	180	145	120	3	20	18	4	M16	5	6	2.84
80	89	4	195	160	135	3	20	18	4	M16	5	6	3.24
100	108	4	215	180	155	3	22	18	8	M16	5	6	4.01
125	133	4	245	210	185	3	24	18	8	M16	5	6	5.40
150	159	4.5	280	240	210	3	24	23	8	M20	5	6	6.12
200	219	6	335	295	265	3	24	23	8	M20	7	8	8.24
250	273	8	390	350	320	3	26	23	12	M20	9	10	10.7
300	325	8	440	400	368	4	28	23	12	M20	9	10	12.9
350	377	9	500	460	428	4	28	23	16	M20	10	11	15.9
400	426	9	565	515	482	4	30	25	16	M22	10	11	21.8
450	480	9	615	565	532	4	30	25	20	M22	10	11	24.4
500	530	9	670	620	585	4	32	25	20	M22	10	11	27.7
600	630	9	780	725	685	4	36	30	20	M27	10	11	39.4
700	720	9	895	840	800	5	36	30	24	M27	10	11	53
800	820	9	1010	950	905	5	38	34	24	M30	10	11	67
900	920	9	1110	1050	1005	5	42	34	28	M30	10	11	85
1000	1020	9	1220	1160	1115	5	44	34	28	M30	10	11	106
1200	1220	10	1450	1380	1325	5	48	41	32	M36	11	12	155
1400	1420	11	1675	1590	1525	5	54	48	36	M42	12	13	221
1600	1620	12	1915	1820	1750	5	62	54	40	M48	13	14	335
1800	1820	14	2115	2020	1950	5	66	54	44	M48	15	16	399
2000	2020	14	2325	2230	2160	5	72	54	48	M48	15	16	505

注：D_g—公称直径，mm。

2. 铸铁法兰

法兰片是铸铁，预先和铸铁管件铸造为一体。法兰接合面一般为凸面，几何尺寸和技术要求与钢制法兰相同，相互直径可配合连接，为钢管与铸铁管连接的过渡接口（图 4-32 和表 4-18）。

3. 法兰接口的安装

① 法兰安装时应将法兰密封面（接合面）铲刷光洁。连接时法兰密封面应保持平行，其偏差不得大于法兰外径的 1.5‰，一般不应大于 2mm。

② 按不同要求在连接面间加入垫圈。凸面接合采用硬质石棉橡胶板，预先凿孔，双面均匀涂上黄油后填入。平面接合采用石棉板垫入，将螺栓穿入后浇水湿透再将螺母拧紧。垫圈的允许偏差见表 4-19。

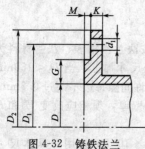

图 4-32　铸铁法兰

表 4-18　铸铁法兰规格/mm

公称口径 D	外径 D₂	厚度 K	中心圆 D₁	凸承部		螺栓	
				厚 M	高 G	孔径 d₁	数量 N/个
75	211	19	168	3	25	18	4
100	238	19	195	3	26	18	4
125	263	19	220	3	26	18	6
150	292	20	247	3	27	18	6
200	342	21	299	3	28	18	8
250	410	22	360	3	29	21	8
300	464	23	414	4	31	21	10
350	530	24	472	4	32	24	10
400	582	25	524	4	32	24	10
450	652	26	585	4	34	28	12
500	706	27	639	4	36	28	12
600	810	28	743	4	38	28	16
700	928	29	854	4	40	31	16
800	1034	31	960	5	43	31	20
900	1156	33	1073	5	45	34	20
1000	1262	34	1179	5	48	34	24
1100	1366	36	1283	5	50	34	24
1250	1470	38	1387	5	52	34	28
1350	1642	40	1552	6	56	38	28
1500	1800	42	1710	6	60	38	32

注：1. 本表按砂型普压双盘直管的数据，YB428-64。

2. 如套入铸管的法兰应减铸管外径换算。

表 4-19　垫圈允许偏差/mm

公称直径	平面		凸面	
	内径	外径	内径	外径
<125	+2.5	−2.0	+2.0	−1.5
≥125	+3.5	−3.5	+3.0	−3.0

　　③ 法兰的连接螺栓直径应小于孔径 1～2mm，安装方向保持一致。紧固螺母时应对角交替进行，受力均匀，不得用强力拧紧某只螺母来纠正法兰连接面的歪斜。紧固后螺栓外露长度不大于 2 倍螺距，外涂黄油防锈。

　　④ 法兰片的焊接一般在工地上进行，较复杂的管件必须在平台上拼接，力求角度准确。法兰平面与管轴线中心垂直偏差：公称直径 ≤300mm 时为 1mm，公称直径 >300mm 时为 2mm。法兰接口连接配件尺寸见表 4-20。

表 4-20　法兰接口连接配件尺寸/mm

法兰规格	直径	螺 孔		石棉板	螺栓		
		孔径	只数		直径	长度	只数
75～80	195	18	8	400×200	16	75	4
100	215	18	4	440×220	16	75	4
150	280	23	8	560×280	20	90	8
200	335	23	8	680×340	20	90	8
250	390	23	12	800×400	20	90	12
300	440	23	12	900×450	20	90	12
400	565	25	16	1040×570	22	100	16
500	670	25	16	1360×680	22	100	16

三、焊接接口

地下燃气管中的钢管基本上用于燃气厂的出厂管道和主要输气干管。其焊接接口不仅承受管内燃气压力，同时又受到地下土层和行驶车辆的载荷，因此接口的焊接应按受压容器要求操作，并采用各种检测手段鉴定焊接接口的可靠性。工程中以手工焊为主。

1. 焊接操作要点

（1）施焊角度 焊接操作时，焊条与焊缝方向一般成 $60°\sim80°$ 角。正确的角度能使熔化的钢液与熔渣很好分离，控制一定的熔深，在立焊、横焊和仰焊时还有阻止钢液坠落的作用。

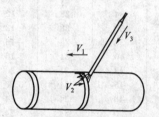

图 4-33 焊接运条基本动作示意图

（2）运条操作 焊接时运送焊条有直线、横向摆动、焊条送进和稳弧四个基本动作（见图 4-33）。

直线运条（V_1）的作用是控制每道焊缝的横截面积，动作的快慢标志着单位时间内焊接速度。横向摆动（V_1）的作用是保证焊缝两侧坡口根部与每个焊波之间相互均匀熔合。焊条送进动作（V_1）直接影响焊条熔化的快慢，操作时通过电弧长度的变化来调节焊条熔化的速度而达到所需要的熔深及熔宽。稳弧动作是横向摆动时电弧在某处稍加停留以增加熔合面积保证坡口很好的熔合。

以上基本动作在施焊过程中根据焊接位置、焊口几何形状进行灵活调节，才能取得良好的焊接效果。

2. 焊接的层次

地下钢管的壁厚一般在 10mm 以上，焊接接口均需开坡口、进行多层焊接。由于管径的局限，焊接层次分布为：当管径≤700mm（壁厚＝10mm）时，采用外三工艺（管外壁焊三层）；当管径＞700mm（壁厚≥10mm）时，采用外二内一工艺（管外壁焊两层，管内壁焊单层）。

3. 焊接接口各部位焊接操作（固定位置）

（1）平焊 用于接口上部焊接。焊接时熔滴依靠重力自然过渡，操作较简单，但熔渣与钢液容易混合在一起或熔渣超前形成夹渣。操作时应选用较大直径的焊条、较大的电流和较快的直线运条速度，使熔池的形状呈半圆或椭圆形，通过焊条角度合理调节来控制熔池前后形状保持一致。

（2）立焊（见图 4-34） 用于焊接接口两侧的环向焊缝。

焊接时钢液与熔渣容易分离，但熔池的过高温度会使下流钢液形成焊瘤，并容易产生咬边。操作时电流应为平焊时 $85\%\sim90\%$，采用短电弧，焊条与焊缝成 $60°\sim80°$ 角，由下向上匀速运条，同时作较小的横向摆动。

（3）横焊（见图 4-35） 用于焊接接口两侧横向焊缝。焊接时钢液因自重坠落，坡口的下部形成夹渣。宜选用小直径焊条，用短弧焊作微小的横拉动作，匀速运条。运条时焊条与焊缝成 $60°\sim70°$ 角，在横向摆动焊条指向上坡口和下坡口时焊条的角度为 $10°$。对坡口间隙较小时应注意增大倾角，间隙大时可减小倾角或采用上下二道焊法。

（4）仰焊 用于接口的下部焊接（见图 4-36）。是最困难的操作位置，钢液容易下坠滴落，又因沟下操作位置受到限制，对于熔池的形状较难控制，容易出现塌腰和假

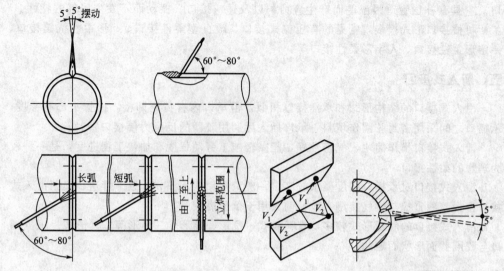

图 4-34　立焊运条操作示意图　　　　　图 4-35　横焊运条操作示意图

焊。所以应选用小直径焊条和较小电流，焊条与焊缝方向成 70°～80°角，与坡口两侧成 90°角，并用最短的电弧进行前后拉退送条动作，同时作横向摆动和稳弧动作。过大的焊口间隙、过厚的熔池使钢液质量增大，是引起焊口正面出现焊瘤、背面出现塌腰的主要原因。在接口拼装时仰焊部位焊口间隙应比其他位置略小一些，间隙的尺寸一般选用焊条钢芯直径的一半为宜，施焊时熔池采用薄层与母材良好熔合。另外，熔池在高温情况下会减小表面张力，导致钢液下坠而引起塌腰，施焊时应对温度加以控制。当温度过高时可以提弧使温度降低。

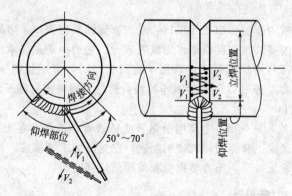

图 4-36　仰焊运条操作示意图

（5）钢管的双面焊接　焊接顺序为：点焊固定—内壁焊接—外壁焊接。

四、机械接口

铸铁管机械接口以橡胶圈为填料，采用螺栓、压盖、压轮等零件，挤压橡胶圈使它紧密充填于承插口缝隙，达到气密目的。

机械接口操作简便，气密性好，适用于高、低压管道，是一种较为理想的柔性接口。它具有补偿管道因温差而产生应力，以及适应接口、振动而不发生漏气的特性。

机械接口形式很多，常见的有压盖式接口、改良型柔性接口、n形柔性抗震接口、一字形柔性接口、人字形柔性接口等。

五、滑入式接口

滑入式接口的结构形式和承插接口相似，但承口内有特制凹槽，插管头部有锥度。承插口之间采用密封胶圈作填料，承口插入后利用胶圈的反弹力使接口密封。

滑入式接口操作简便、气密性好，能减轻施工劳动强度和加快工程进度，是一种较为理想的柔性接口。

滑入式接口对承插口精度要求较高，一般只适用于 $\phi300mm$ 以下管道。又因滑入式接口密封胶圈直接与燃气接触，故目前只用于低压燃气管。

滑入式接口的胶圈形式较多，有鸭唇式、O形、梯形、三角形等。其形式是根据槽口与胶圈截面形状而定的。

六、其他接口

1. 填料接口

填料接口（见图4-37）一般用于套筒式补偿器，使插管在套筒内自由伸缩。填料接口采用方形油浸石棉盘根缠绕于管接口，方形石棉盘根的粗细根据接口缝隙确定，一般略大于缝隙即可，太粗不易压入管内。

操作顺序：先将管插口及套筒承口涂上黄油，然后顺序缠绕油浸石棉盘根。石棉盘根的道数根据接口长短而定，一般不少于10道。将缠紧的石棉盘根涂抹黄油，用压板逐道将石棉盘根压入接口内，再在封口处涂上黄油。

2. 防漏夹接口

防漏夹接口一般用于加固中压管接口，或作套筒的柔性接口。防漏夹接口形式，类似机械接口。但它的安装常在接口制作完成后进行。它的一端夹在承口大头上，另一端由两片拼装成压紧片，由螺栓紧固。若用于套筒接口时，可用长螺栓直接将压紧片紧固。防漏夹压紧片前应采用O形密封圈作填料，通过紧固将密封圈压入承口达到密封。

3. 一字柔性接口

一字柔性接口（见图4-38）主要用于钢管或铸铁管，适用于各种压力级别的管道。压力环采用铁合金制成，套筒用铸铁或钢制成，密封圈为丁腈橡胶。操作时依靠螺母收紧，使钩头螺栓压紧压力环，压力环将橡胶圈压缩达到密封。

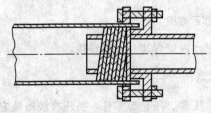

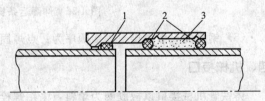

图4-37 填料接口　　　　　图4-38 一字柔性接口

1—胶圈；2—油绳；3—膨胀水泥砂浆

<h1 style="text-align:center">第五节　燃气管道的附属设备</h1>

一、阀门

阀门是燃气管道中重要的控制设备，用以切断和接通管线，调节燃气的压力和流量。燃气管道的阀门常用于管道的维修，减少放空时间，限制管道事故危害的后果。由于阀门经常处于备而不用的状态，又不便于检修，因此对它的质量和可靠性有以下严格要求。

（1）严密性好　阀门关闭后不泄漏，阀壳无砂眼、气孔，必须严密。阀门关闭后若有漏气，不仅造成大量燃气泄漏，造成火灾、爆炸等危险，而且还可能引起自控系统的失灵和误动作。因此，阀门必须有出厂合格证，并在安装前逐个进行强度试验和严密性试验。阀门属于易损零部件，应有较长的寿命，因为燃气管道投产后，只有待管道停输和排空时才能对阀门进行检修，而且时间有限。如在管道运行期间，密封处或易损件发生问题，燃气管道的生产安全受到威胁，往往会导致停气。

（2）强度可靠　阀门除承受与管道相同的试验与工作压力外，还要承受安装条件下的温度、机械振动和自然灾害等各种复杂的应力。阀门断裂事故会造成巨大的损失。

（3）耐腐蚀　阀门中的金属材料和非金属材料应能长期经受燃气的腐蚀而不变质。

阀门安装需注意以下几点。

① 根据地下管道的材料选择相应的连接配件。地下钢管（一般口径 $\phi 200$ 以上）安装阀门应配备好同口径的钢制法兰片、预制的橡胶石棉板垫块和螺栓等配件。

地下铸铁管安装阀门应配备同口径铸铁盘承短管和盘插短管、预制橡胶石棉板垫块和螺栓等配件。

② 安装时，一般在地面上将阀门两端的法兰或法兰承（插）管用螺栓连接后再吊装至地下与管道连接（承插式接口或焊接）。如需要在地下进行法兰接口连接时，应注意不要将接口的偏差转到与阀门连接的法兰接口上，以防止阀门两端铸铁法兰拉裂，导致阀门损坏。

③ 阀门的安装位置应避开地下管网密集复杂或交通繁忙的地区，选择在日常检修方便的地点。

阀门位置确定后，应在吊装前完成阀门的基础砌筑。一般方法为：当阀门口径 $D \leqslant 300mm$ 垫混凝土预制板，尺寸为 $700mm \times 200mm \times 90mm$。

当 $D > \phi 300mm$，应预先挖除阀门正下方的土方，浇筑正方形混凝土基础（可不配钢筋）边长为管径的 1.5～2 倍，厚度为 30cm 以上，在达到规定保养期后再吊装阀门。

④ 阀门的安装必须保持平整，不得歪斜。当管径小于等于 400mm 时，阀门一般选用立式，阀杆顶端离地面应为 0.20～1.0m，如大于 1m 应加装延伸轴。阀门安装完成后随即装上加油管，引至离地坪 0.20～0.30m 处。

对于 $D \geqslant 300mm$ 的阀门，由于阀体较高，故多数采用卧式阀门，通过斜齿轮进行启闭（见图 4-39）。

电动阀门一般用于 $\phi 500mm$ 以上管道上，安装方法与立式阀门相同。但由于阀杆部分必须露出地面，阀门两端的管道埋设深度，应酌情考虑。电动阀门一般用于输配站内（见图 4-40）。

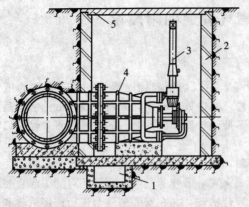
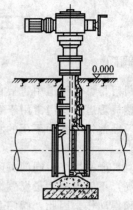

图 4-39 卧式闸阀安装示意图   图 4-40 立式电动阀门安装图

1—集水坑；2—窨井；3—延伸轴；4—阀体；5—连接管道

⑤ 为确保安装于地下的阀门投产后能定期检修和启闭操作，必须在阀门上方砌筑阀门井（人孔）并安装阀门盖，其要求见表 4-21（当管径小于 φ400mm 时，可不设人孔）。

表 4-21 阀门井中的砌筑要求

管径/mm	阀门井形式	阀门盖形式
≤300	井盖为正方形 320mm×320mm，井深度视阀门上盖至井盖距离为准，砖砌墙厚 12.5cm	方形
≥400	井盖 φ780mm，内设人孔（φ1000mm 以上另行设计），深度视阀门深度而定，砖砌墙厚 25cm	圆形

二、聚水井的安装

安装于地下燃气管道上的聚水井是由井体、井盖和井杆组成，大口径钢板聚水井安装图见图 4-41。

地下白铁管聚水井为铸铁结构，安装如图 4-42 所示。

1. 井体安装

聚水井主体应与管道水平连接，横向和纵向不得歪斜，聚水井安装就位后即用水平尺校正水平位置。聚水井必须设置于管道的最低处，使冷凝水沿着管道的坡向汇集于水井之中排放。铸铁聚水井容量及外形尺寸见表 4-22。

表 4-22 铸铁聚水井容量及外形尺寸/mm

口径(D)	容量/L	L	K	B	H	口径(D)	容量/L	L	K	B	H
75	13.64	553	283	166	225.5	450	144.11	796	800	618	547
100	16.82	579	308	192	238	500	157.29	851	855	674	574
150	32.28	682	385	264	289	600	226.59	954	982	790	650
200	45.46	705	463	314	341	700	282.00	1044	1086	920	702
250	46.10	737	541	382	392	800	343.00	1150	1188	996	755
300	83.65	767	620	436	444	900	410.00	1250	1312	1050	825
350	95.47	767	670	493	469	1000	477.00	1352	1415	1102	876
400	120.92	796	750	556	522						

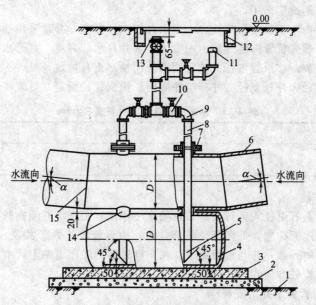

图 4-41 大口径钢板聚水井安装图

1—素土层；2—磁石基础；3—预制钢筋混凝土基础；4—井体；5—水井胆；6—埋设钢管；

7—法兰片；8—水井杆；9—弯管~(90℃)；10—闸阀；11—管盖；12—圆形水井盖；

13—管塞；14—连接管；15—拼接焊缝

由于管道在运行过程中，聚水井常处于积水状态，加上聚水井原有质量，使聚水井成为管道上具有较大集中载荷的场所，因此安装时应将井底平稳放置于铲平的原始土上，如遇土方开挖超深，应在水井底垫放水泥预制块和木板，水泥预制块或木板必须置于原土上。大口径水井安装时必须预先浇筑混凝土基础，其面积大于井底面积，厚度一般 30cm 以上。

2. 排水系统的安装

如图 4-42 所示聚水井排水系统是上海煤气公司新开发的技术，其结构取消原丝口连接改为柔性接口，并将原水井梗和水井胆"合二为一"。其优点是安装简便，使用寿命长，从而避免以往因抽水梗根部断裂、开挖路面，给检修带来困难。

新型聚水井排水系统是由井梗座、O 形橡胶圈、尼龙抗拔圈、压轮和抽梗五部分组成。其安装顺序如下。

① 先将水井座旋至水井井体上，并压紧 O 形橡胶圈密封。

② 丈量水井内部和外部的总长度，截取所需抽水梗，下部呈 45°斜口。

③ 将抽水梗插入井梗座内，并套入密封胶圈和尼龙抗拔圈，并将压轮旋紧，即完成全部操作。

该结构不仅有良好气密性，而且有较强的抗拔能力，

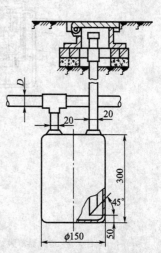

图 4-42 地下白铁管
聚水井安装图

在上海地区已普遍推广采用。

低压燃气管，由于管内燃气压力小于水井杆水柱高度，必须采用抽水工具抽放水井内的积水。中压燃气管管内燃气压力一般大于水井杆水柱高度，打开水井杆阀门，井内积水即可自动排放，如果管内压力较低则需采用抽水工具抽放。

井体排水孔径和井杆直径（井杆与井胆同）根据管径而定，见表4-23。

表4-23 井体排水孔径和井杆直径/mm

管　　径	$\phi400$ 以下	$\phi400\sim700$	$\phi1001$ 以上
排水孔径	32～40	40～50	80～100
井梗(井胆)直径	25～32	32～40	50～75

3. 抽水工作坑

抽水工作坑是管道投入运行后的日常抽水工作点，工作坑必须砌筑砖墙，上加水井盖（铁制）作为地面标志（低压管设圆形井盖，中压管设长方形井盖）。水井盖安装方向应与地下线方向一致，并与地面相平。在车辆较多的城市道路上，水井盖的开启口方向不能面对车辆行驶方向。

4. 大口径钢管聚水井的安装

根据敷设钢管的坡度，预先将井体两端分别切割成略带有斜面与钢管连接，以保持井体两端钢管均保持往水井的坡向，然后再按照上述步骤安装排水系统。

三、调压器的安装

调压器类型较多，下面以轴流式间接作用调压器为例进行介绍。

该调压器结构如图4-43所示。进口压力为 P_1，出口压力为 P_2，进出口流线是直

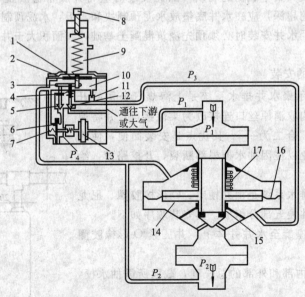

图4-43 轴流式间接作用调压器

1—阀柱；2—指挥器薄膜；3—阀杆；4，5—指挥器阀；6—皮膜；7—弹簧；8—调节螺丝；
9—指挥器弹簧；10—指挥器阀室；11—校准孔；12—排气阀；13—带过滤器的稳压器；
14—主调压器阀室；15—主调压器阀；16—主调压器薄膜；17—主调压器弹簧

线，故称为轴流式。轴流式的优点为燃气通过阀口阻力损失小，所以可以使调压器在进出口压力差较低的情况下通过较大的流量。调压器的出口压力 P_2 是由指挥器的调节螺丝 8 给定。稳压器 13 的作用是消除进口压力变化对调压的影响，使 P_4 始终保持在一个变化较小的范围。P_4 的大小取决于弹簧 7 和出口压力 P_2，通常比 P_2 大 0.05hPa，稳压器内的过滤器主要防止指挥器流孔阻塞，避免操作故障。

在平衡状态时，主调压器弹簧 17 和出口压力 P_2 与调节压力 P_3 平衡，因此 $P_3 >$ P_2，指挥器内由阀 5 流进的流量与阀 4 和校准孔 11 流出的流量相等。

当用气量减小，P_2 增加时，指挥器阀室 10 内的压力 P_2 增加，破坏了和指挥器弹簧的平衡，使指挥器薄膜 2 带动阀柱 1 上升。借助阀杆 3 的作用，阀 4 开大，阀 5 关小，使 5 流进的流量小于阀 4 和校准孔 11 流出的流量，使 P_3 降低，主调压器膜上、膜下压力失去平衡。主调压器阀向下移动，关小阀门，使通过调压器的流量减小，因此使 P_2 下降。如果 P_2 增加较快时，指挥器薄膜上升速度也较快，使排气阀 12 打开，加快了降低 P_3 的速度，使主调压器阀尽快关小甚至完全关闭。当用气量增加，P_2 降低时，其各部分的动作相反。

该系列调压器流量可以从 $160\text{m}^3/\text{h}$ 到 $15 \times 10^4\text{m}^3/\text{h}$，进口压力可以从 0.01MPa 到 1.6MPa，出口压力可以从 500Pa 到 0.8MPa。

四、温度补偿器的安装

1. 温度补偿器的性能及其应用

地下燃气管在穿越河流或其他障碍时，需要安装架空的管道。由于直接受到阳光的照射，管面温度变化大，使管道轴向长度发生变化，并产生拉（压）应力。当温差变化的应力大于管道本身抗拉强度时，会导致管道变形或破坏。为此，在管道局部架空地段应设置温度补偿器，使由温度变化而引起管道长度的伸缩加以调节，得到补偿。应力和补偿长度计算公式如下。

（1）由温度变化引起钢管的伸缩量计算

$$\Delta L = \alpha_1 \Delta t L \tag{4-3}$$

式中　ΔL——伸缩量，mm；

　　　α_1——线膨胀系数，钢为 $0.12 \times 10^{-4}\,℃^{-1}$；

　　　L——管道长度，mm；

　　　Δt——温差，℃。

$$\Delta t = t_2 - t_1$$

式中　t_1——变化前温度，℃；

　　　t_2——变化后温度，℃。

由上式可以得出：受温度变化的钢管，每 1℃温差时，伸缩量为 0.012mm，由温度变化引起钢管的伸缩量与该管道的直径无关，仅与管道的长度和温差有关。

（2）由于温度变化引起钢管的伸缩应力计算

$$\sigma = E \Delta t \alpha_1 \tag{4-4}$$

式中　σ——应力，Pa；

　　　E——弹性模数，钢管为 $2.06 \times 10^{11}\text{Pa}$；

　　　Δt——温差，℃，管道架设处管道表面的温度变化值；

α_1——线膨胀系数，℃$^{-1}$。

由上式可以得出：受温度变化的钢管，每1℃温差，应力值为2.47MPa，应力值与管道的口径和长度无关，仅与温差有关。

2. 温度补偿器类型和安装

（1）自然补偿（见图4-44）　利用管道安装时的自然弯曲来补偿管道由于温差产生的伸缩量称自然补偿。自然补偿是将架空管道制作安装成 Ω 形状或在小口径管道中连接预制 Ω 形状配件。此方法既省资金，又可以避免检修工作量。Ω 形补偿器安装于水平位置时应注意保持接口强度、安装稳定和管道坡度。安装于垂直位置时，应装置放水管。

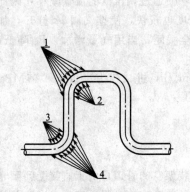

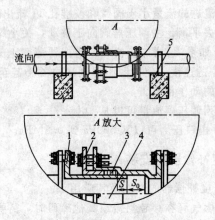

图 4-44　管道自然弯曲补偿　　　　图 4-45　填料式温度补偿器安装

1—插管；2—压板；3—填料；4—法兰弯管；5—基座

图4-44指出管道自然弯曲补偿，在管道伸缩变形时，Ω 弯管内外变化状态为：膨胀时，1 与 4 收缩，2 与 3 膨胀；收缩时，1 与 4 膨胀，2 与 3 收缩。

（2）填料式温度补偿器　填料式温度补偿器（图4-45）是由法兰插管、法兰承管（外壳挡圈）和压板组成。填料采用涂有石墨粉的石棉绳。安装时必须与管道保持同轴，不得歪斜，在靠近补偿器的内侧，至少各有一个异向支座，保证运行时自由伸缩，而不偏离中心。安装时应留有剩余的收缩量 δ，剩余收缩量可按下式计算：

$$\delta = \delta_0 \frac{t_1 - t_0}{t_2 - t_0}$$

式中　δ——插管与外壳挡圈间的安装剩余收缩量，mm；

　　　δ_0——补偿器安装时的最大行程，mm；

　　　t_1——补偿器安装时的气温，℃；

　　　t_0——室温最低计算温度，℃；

　　　t_2——介质的最高计算温度，或管表面最高计算温度，℃。

允许偏差为±15mm。安装时插管应设置于介质流入端。

（3）波形补偿器　波形补偿器因安装方便、质量轻、补偿量可以根据设计选择、不必经常维修、管道稍有下沉仍能起到补偿作用等优点，目前得到广泛应用。波形补偿器不仅用于架空管道的温度补偿，还用于压送机的出口管道上起避震作用。

① 波形补偿器的选择和"预拉伸"　根据我国波形补偿器制造标准分为中型（A

型）$\phi 80 \sim 1000$mm、大型（B 型）$\phi 1100 \sim 4000$mm 两类。施工时可根据管道输气压力和口径选用。

因野外施工是在不同季节中进行，故在安装前应在施工现场将波形补偿器预先压缩或拉伸到"零点"温度（施工地区年平均温度）时的长度后再进行安装，此方法称"预拉伸"。预拉伸的长度 ΔL 可通过式（4-3）求得。

当 $t_1 < t_2$ 时，Δt 为正数，需要将波形补偿器进行压缩。当 $t_1 > t_2$ 时，Δt 为负数，需要将波形补偿器进行拉伸。

② 波型补偿器的安装　根据补偿量的计算，波型补偿器可单独或多组并联使用。波型补偿器与管道或阀门的连接均采用法兰（标准式）连接，垫料选用橡胶石棉垫块，涂黄油密封，螺栓两端应加垫平垫圈。为避震可在螺栓两端加垫弹簧垫圈。

波形补偿器一般设置于水平位置上，其轴线与管道轴线重合。法兰接口的合拢应按照"法兰接口安装要求"进行，不得将安装时的偏差通过收紧法兰片的螺栓转接到补偿器上，从而造成应力集中，导致波形补偿器焊缝损坏。

与波型补偿器连接的两侧管道应各设滑动支架（座）。滑动支架（座）既起支点作用，又使两侧管道伸缩时能控制滑动方向，不致将管道卡死而使波型补偿器失去应有的补偿能力。吊装时不得将绳索系在波节上，以防损坏。

为使波形补偿器保持良好的机械性能，不准在补偿器上堆放泥土或异物。波形补偿器用于架空管道时应安装于预先制作好的钢制托架上，用于地下时，应安装于预先砌筑的窨井内。窨井内设排水装置和活动井盖，以供检修需要（见图 4-46、图 4-47）。

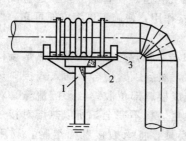

图 4-46　架空管道波形补偿器示意图

1—架空水泥桩架；2—钢制支承架；3—120°

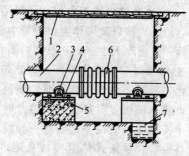

图 4-47　地下管道波形补偿器安装示意图

1—窨井盖；2—地下管道；3—滑轮组（120°）；

4—预埋钢；5—钢筋混凝土基础；

6—波形补偿器；7—聚水坑

第六节　聚乙烯管施工

聚乙烯焊接接口是目前应用较多的一种接口。采用焊接接口的施工场所需有电源与压缩空气。在实际施工操作中，由于管道位置固定，往往有些部位难以焊接。焊接操作工艺较复杂，接口强度较低。若在现场施工中全部采用焊接，显然是有很大困难。

聚乙烯（PE）是资源丰富的新材料，它价廉、质轻、耐腐、具有优良的抗冲击性能，一般认为它的使用寿命为 60 年以上。

由于聚乙烯性能稳定，耐酸、耐碱，不会产生由于腐蚀引起的阻塞与泄漏，因此可以减少维修保养费用，被认为是理想的管道材料。

用于燃气管道的聚乙烯管应具有良好的耐燃气性能和优良的机械性能，经对目前生产的各种聚乙烯进行测试，高密度低压聚乙烯用作燃气管材性能最佳。

一、聚乙烯管接口形式

① 焊接接口　焊接接口是利用热风把连接部的表面与聚乙烯焊条表面同时加热，使连接部与焊条的表面升温至熔融状态，然后手持焊条对连接表面加压使它们熔接在一起，冷却后具有一定的强度。

② 螺纹接口　聚乙烯管螺口的连接与白铁管螺纹连接方法相同，需进行绞螺纹等工艺。由于聚乙烯管刚度小、螺纹绞制困难，而且聚乙烯管螺纹连接强度较低，ϕ25mm 管子螺纹连接处破断力为 2750N 左右，所以，螺纹连接工艺的应用有待改进。

③ 旋压轮式接口　旋压轮式接口，利用压盖及密封胶圈连接。但压轮的承口连接在直管管段中仍需采用焊接，因此操作工艺和法兰接口相似。目前已有小口径规格的旋压轮管件，主要应用于给排水。旋压轮式管件配件多、成本高，一般只用于经常拆卸的管段或管道镶接时用。

④ 插入式接口　插入式接口的结构与铸铁管滑入式接口相似。承口内有一凹槽，槽内嵌填锥形密封胶圈，承口插入后利用胶圈反弹力使接口密封。密封胶圈的压缩比为 0.25～0.3。这种接口施工方便，一般用于低压燃气管道。在管道嵌接三通管及镶接等施工中，插入式接口又可作类似铸管中套筒的连接作用，使施工更为方便可靠。但插入式接口管件目前尚无生产，一般需自制。

⑤ 热熔接口　热熔接口可分为热熔对接接口与承插热熔接口两种。热熔接口利用预制的电热模具，将连接接触面加热至熔融状态，然后压紧熔合。插入式接口热熔对接采用电热平模板，对接接触面熔合时往往会造成接口部位收缩，影响流量。对接操作时由于接触面小往往不能在同一轴线上，易发生熔接不完全，所以热熔对接一般只用于大口径管。承插式热熔接口采用电热凹凸模具，将承插接触面熔融，利用承插口径的负公差压入熔接。承插热熔接口接触面大，接口强度较高。经测试若承口长度为管径的 2/3 时，则接口强度大于母材强度。承插热熔接口需预制热熔模具，对连接管需制作承口，但现场施工很方便，气密性好，在小口径聚乙烯管施工中，常采用承插热熔接口。采用承插热熔接口，需备有承插管件及热熔模具。目前聚乙烯承插管件尚未成批生产，可采用聚氯乙烯承插管件模具制作，也可采用焊接法自制承口管件。

二、聚乙烯管道的布置

① 聚乙烯燃气管道不得从建筑物和大型构筑物的下面穿越；不得在堆积易燃、易爆材料和具有腐蚀性液体的场地下面穿越；不得与其他管道或电缆同沟敷设。

② 聚乙烯燃气管道与供热管之间水平净距不应小于表 4-24 的规定。与其他建筑物、构筑物的基础或相邻管道之间的水平净距应符合表 4-25 的规定。

③ 聚乙烯燃气管道与各类地下管道或设施的垂直净距不应小于表 4-26 的规定。

表 4-24 聚乙烯燃气管道与供热管之间的水平净距

供热管种类	净距/m	注
$t<150℃$直埋供热管道		
供热管	3.0	
回水管	2.0	燃气管埋深小于2m
$t<150℃$热水供热管沟		
蒸汽供热管沟	1.5	
$150℃<t<200℃$蒸汽供热管沟	3.0	聚乙烯管工作压力不超过0.1MPa,燃气管埋深小于2m

表 4-25 地下燃气管道与建筑物、构筑物或相邻管道之间的水平净距/m

项 目		地下燃气管道				
		低压	中压		高压	
			B	A	B	A
建筑物的基础		0.7	1.5	2.0	4.0	6.0
给水管		0.5	0.5	0.5	1.0	1.5
排水管		1.0	1.2	1.2	1.5	2.0
电力电缆		0.5	0.5	0.5	1.0	1.5
通讯电缆	直埋在导管内	0.5	0.5	0.5	1.0	1.5
		1.0	1.0	1.0	1.0	1.5
其他燃气管道	$DN<300mm$	0.4	0.4	0.4	0.4	0.4
	$DN>300mm$	0.5	0.5	0.5	0.5	0.5
热力管	直埋在管沟内	1.0	1.0	1.0	1.5	2.0
		1.0	1.5	1.5	2.0	4.0
电杆(塔)的基础	$≤35kV$	1.0	1.0	1.0	1.0	1.0
	$>35kV$	5.0	5.0	5.0	5.0	5.0
通讯照明电杆(至电杆中心)		1.0	1.0	1.0	1.0	1.0
铁路钢轨		5.0	5.0	5.0	5.0	5.0
有轨电车钢轨		2.0	2.0	2.0	2.0	2.0
街树(至树中心)		1.2	1.2	1.2	1.2	1.2

表 4-26 聚乙烯燃气管道与各类地下管道或设施的垂直净距

名 称		净距/m	
		聚乙烯管道在该设施上方	聚乙烯管道在该设施下方
给水管、燃气管	—	0.15	0.15
排水管	—	0.15	0.20 加套管
电缆	直埋在导管内	0.50	0.50
		0.20	0.20
供热管道	$t<150℃$直埋供热管	0.50 加套管	1.30 加套管
	$t<150℃$热水供热管道、蒸汽供热管道	0.20 加套管或 0.40	0.30 加套管
	$t<280℃$蒸汽供热管道	1.00 加套管,套管有降温措施可缩小	不允许
铁路轨底			1.20 加套管

④ 聚乙烯燃气管道埋设的最小管顶覆土厚度应符合下列规定。

a. 埋设在车行道下时,不宜小于 0.8m。

b. 埋设在非车行道下时,不宜小于 0.6m。管材的标准长度为 12m,外径小于

63mm 的管也可以盘卷，长度可为 50m、100m、150m。聚乙烯管道尺寸与质量见表 4-27。

表 4-27　聚乙烯管道尺寸与质量

公称外径/mm	壁厚/mm		大约质量/(kg/100m)	
	SDR116	SDR11	SDR17.6	SDR11
20	2.3	3.0	14	17
25	2.3	3.0	18	23
32	2.3	3.0	24	28
40	2.3	3.7	32	46
50	2.9	4.6	49	71
63	3.6	5.8	77	111
90	5.2	8.2	154	223
110	6.3	10.0	229	331
125	7.1	11.4	291	427
160	9.1	14.6	476	699
180	10.3	16.4	602	883
200	11.4	18.2	742	1088
250	14.2	22.7	1151	1693
315	17.9	28.6	1671	2567
400	22.8	36.4	2701	4146
450	25.6	41.0	3561	5229

三、聚乙烯管施工工艺

聚乙烯管刚度小，进行地下埋设施工时坡度要求比金属管大，一般坡度为 10%，最小处不小于 3%。聚乙烯管的管基要求比金属管高，管基应保持素土，如素土受破坏应回填黄砂或作砂石管基。如达不到上述要求时应用细土回填夯实，不能用木板等硬物局部垫衬作管基，以防聚乙烯管在不均衡荷载下产生倒坡而积水。覆土时不能将石块等锋利物直接覆在管面上，以防损坏管材。故覆土时应先覆细土，分层夯实。

聚乙烯管一般不用作地上管，因为聚乙烯耐紫外线性能较差，并且聚乙烯管有自燃性。如用作燃气地上管时，则宜用于户内管，并在聚乙烯中增加阻燃剂，以确保安全。聚乙烯管质轻，采用承插热熔接口比金属管接口制作方便，且不受金属管安装顺序限制，可以从任何部位任何角度装接。施工时也可预先制作好接口再下沟，也可将沟内接口抬高一定高度连接。

聚乙烯管施工中其他方面的工艺质量要求，可参照金属管施工的有关规定。

① 聚乙烯燃气管道应在沟底标高和管基质量检查合格后，方可敷设。

② 运输和布管。沟槽基本完成时，再运输管材、管件布置在沟旁，尽量缩短塑料管在沟旁的堆放时间，以避免外界损伤塑料管并减少阳光照射。

③ 下管方法

a. 拖管法　是用机动车带动犁沟刀，车上装有掘进机，犁出沟槽，盘卷的聚乙烯管道或已焊接好的聚乙烯管道，在掘进机后被拖带进入管沟中。采用拖管施工时，拉力不得大于管材屈服拉伸强度的 50%，拉力过大会拉坏聚乙烯管道。拖管法一般用于支管或较短管段的聚乙烯燃气管道敷设。

b. 喂管法施工　是将固定在掘进机上的盘卷的聚乙烯管道，通过装在掘进机上的犁刀后部的滑槽喂入管沟。犁沟刀可同时与另外的滑槽连接，喂入聚乙烯燃气管道警示带。聚乙烯燃气管道喂入沟槽时，不可避免要弯曲，但其弯曲半径要符合表 4-28 的规定。

表 4-28　管道允许弯曲半径/mm

管道公称外径 D	允许弯曲半径 R
≤50	30D
50<D≤160	50D
160<D≤250	75D

c. 人工法　常用压绳法、人工抬放等。

④ 聚乙烯燃气管道热胀冷缩比钢管大得多，其线膨胀系数为钢管的 10 倍以上。为减少管道的热应力，可利用聚乙烯管道的柔性，横向蜿蜒状敷设或随地形弯曲敷设，但弯曲半径应符合规定。

⑤ 聚乙烯管道硬度较金属管道小，因此在搬运、下管时要防止划伤。划伤的聚乙烯管道在运行中，受外力作用，再遇表面活性剂（如洗涤剂），会加速伤痕的扩展，最终导致管道破坏。此外，还应防止对聚乙烯管道的扭曲或过大的拉伸与弯曲。

⑥ 聚乙烯燃气管道敷设时，宜随管走向埋设金属示踪线；距管顶不小于 300mm 处应埋设警示带，警示带上应标出醒目的提示字样。埋设示踪线是为了管道测位方便，精确地描绘出聚乙烯燃气管道的走向。目前常用的示踪线有两种，一种是裸露金属线，另一种是带有塑料绝缘层的金属导线。它们的工作原理都是通过电流脉冲感应探测系统进行检测。警示带是为了提醒以后施工时，挖到此警示带时要注意，下面有聚乙烯燃气管道，小心开挖，避免损坏聚乙烯燃气管道。

⑦ 管道敷设后，留出待检查（强度与严密性试验）的接口，将管身部分回填土，避免外界损伤管道。

四、聚乙烯管的维修

聚乙烯地下管一般认为是安全管道，不需作防腐开挖检查。当聚乙烯地下管由于受到外来扰动发生沉陷现象时，需进行开挖整坡。整坡采用热风升温矫正，矫正时在最低点应垫木块等物，矫正结束后再取出填实。

聚乙烯管在受到锋利硬物撞击时，会产生孔洞而漏气。修理方法是：在直管部分可采用插入式直管套筒修理，将孔洞部位锯断，将插入式直管套筒套入即可。若孔洞在管件部位，则采用胶粘修补，胶粘采用 EV 胶，这是一种具有熔融黏度的胶黏剂，使用时将 EV 胶加热熔融后，涂在修补面上。涂抹时应用专用的电热刷将熔融的 EV 胶均匀涂抹，EV 胶冷却后随即凝结，对于压力为 10000Pa 的漏孔也能很好封堵。此法操作较简单，但作业地应有电源和加热设备，若修补时管内压力过高（大于 10000Pa）应进行降压后才能修补。

第七节　地下燃气管道施工质量检验

地下燃气管道的施工质量直接关系到燃气输配供应和人民生命财产安全。地下管均为隐蔽工程，管道沉陷、断裂、腐烂穿孔和接口漏气往往是中断供气、漏气、中毒、火警、爆炸等事故发生的直接原因。所以严格的质量检验对地下燃气管道工程显得十分重要。

一、地下燃气管道施工质量检验指标

1. 质量检验指标的内容
① 重点指标　包括气密性、管基、坡度、覆土。
② 一般指标　包括深度、借转角度、管位、操作工艺。
重点指标的内容对工程质量起决定性作用，关系到管网运行是否安全可靠，因此必须严格地执行规定的验收标准。

因地下管线复杂或特殊地区施工中受客观条件限制无法达到上述指标，在征得质量检验部门同意后，可将指标调整至低于规定标准。但在正常情况下施工，必须按照规定标准进行检验。

2. 质量检验的标准
见表4-29、表4-30。

表 4-29　铸铁管排管工程质量标准

质量指标		合格	不合格
重要指标	1. 气密性	实际压力降小于允许压力降	实际压力降大于允许压力降
	2. 管基	① 挖土深度不超过管底标高 ② 过交叉路口管段之长洞、阀门、配件基础要垫预制混凝土板；在非交叉路口管道上的 $\phi400mm$ 以上（包括 $\phi400mm$）阀门、$\phi200mm$ 以上（包括 $\phi200mm$）搭桥竖向弯管（1/16 以上）需砌筑基础，其他接头长洞和配件下基础要夯实 ③ 遇腐蚀性土壤要经过四面换土，换土处基础用黄沙袋或垫块分别垫于管子两端及管中三处	① 挖土深度超过管底标高，回填土夯实不合乎要求并不加沙袋或预制垫块 ② 过交叉路口管段之长洞、阀门、配件基础未垫预制混凝土块，$\phi400mm$ 以上阀门（包括 $\phi400mm$）、$\phi200mm$ 以上（包括 $\phi200mm$）管桥竖向弯管（1/16 以上）没有砌筑基础，其他接头长洞和配件下基础未夯实 ③ 遇腐蚀性土壤未处理，未换土或仅三面换土及未用黄沙或垫块垫实
	3. 坡度	① 低压管不少于千分之四，绝缘白铁管不少于千分之五，中压管不少于千分之三，引入管不少于千分之十 ② 在管道上下坡度转折处或穿越其他管道之间时，个别地点允许连续三根管子坡度不小于千分之三 ③ 利用道路的自然坡度来设置水井，水井间距在直路上一般为 200～300m 左右，工房里弄中设置水井要合理，工房支管上不得设置水井	① 坡度倒落水 ② 在管道上下坡度转折处或避让其他管道时，坡度小于千分之三的管子超过三根 ③ 用增设水井的方法来减少排管的土方量，水井设置不合理，工房支管上设水井

续表

质量指标		合　格	不　合　格
重要指标	4. 覆土	① 覆土前沟内积水必须抽干,用干土覆盖 ② 管道两侧必须捣实 ③ 车行道、管顶覆土要分层夯实 ④ 管道上方30cm不允许泥石混覆	① 未抽干积水先覆土 ② 管道两侧未捣实 ③ 车行道、管顶覆土不分层夯实 ④ 管顶上泥石混覆
一般指标	1. 深度	① 符合规范要求(40cm、60cm、80cm) ② 特殊情况下,车行道上比规范浅5～10cm时,应有加固措施 ③ 采取预制钢筋混凝土盖板措施时,盖板离开管面至少10cm,盖板必须由管道两侧的一砖厚墙支承,砖墙应砌在原土上或三合土基础上	① 有条件达到规范要求而做不到 ② 管面深度浅于允许值而未加钢筋混凝土盖板以及未采取其他加固措施 ③ 盖板压在管道上
	2. 借转角度	① 允许水平"借转"距离(管道以6m为准): ϕ75mm"借转"量为33cm ϕ100mm"借转"量为30cm ϕ150mm"借转"量为22cm ϕ200～250mm"借转"量为15cm ϕ300mm"借转"量为12cm ϕ500mm"借转"量为10cm ϕ700mm"借转"量为9cm ② 允许垂直"借转"距离为上述规定的一半	① 该用弯管处不用弯管 ② "借转"角度大于允许值
	3. 管位	① 与其他管道相平行时,净距离至少0.30m(口径在ϕ300mm及ϕ300mm以上至少0.5m);与其他管道交叉时,垂直净距离至少0.10m ② 在特殊情况下因条件限制根据双方安全原则,允许局部管道平行净距不小于0.20m(口径在300mm及300mm以上为0.40m),垂直净距5cm;小于5cm须加支墩 ③ 接头位置距其他管道外缘的距离应不影响今后维修 ④ 排管管位应按图施工,允许偏差30cm	① 在条件允许下,没有做到平行净距为0.30m(口径在ϕ300mm及ϕ300mm以上为0.50m)和垂直交叉净距为0.10m的要求 ② 不经过对方同意敲凿瓦筒通过,且不采取措施 ③ 穿越天窗 ④ 管位未经设计部门同意偏差超过30cm
	4. 操作工艺	① 施工前应先掌握管道沿线地下资料,使管道走向合理 ② 管子承插口上铸筋、铸瘤、沥青应清除 ③ 管内无泥浆,阀门清洁,并应保持关闭状况 ④ 接头第一道油绳或橡皮圈要打平打足,水泥接头注意养护,精铅接头要一次浇足,不得先凿燕子窝 ⑤ 地下白铁管及白铁零件应有绝缘层,地下不准使用黑铁管件 ⑥ 符合操作规程的要求 ⑦ 排管口径、走向按设计图纸施工	① 施工时未掌握管道沿线地下资料,造成多用弯管、多设水井等 ② 承插口上铸筋、铸瘤和沥青未去除 ③ 管内有泥浆水,阀门不清洁 ④ 第一道油绳或橡皮圈偏小,不打足或漏入管内,水泥接头未养护,补铅、漏铅;敲铅先凿燕子窝,接口外形不饱满 ⑤ 地下白铁管未包有绝缘层或绝缘管带水包扎。包扎不紧,沥青漏涂,使用黑铁管件 ⑥ 违反操作规程;如排管不用平尺板、水平尺等而影响质量 ⑦ 未经设计人员同意,任意更改设计

表 4-30　钢管排管工程质量标准

质量指标		合　格	不　合　格
重要指标	1. 气密性、坡度	同铸铁管排管工程重要指标	同铸铁管排管工程重要指标不合格情况
	2. 组装与焊接	① 环缝焊接 V 形坡口的几何尺寸应符合要求，$D_g<700$mm 采用外三单面焊，$D_g\geqslant$ 700mm 采用外三里一双面焊 ② 达到三级焊缝标准 ③ 焊接前，焊口周围内外表面必须保持清洁	① 环缝焊接 V 形坡口的几何尺寸不符合要求 ② 未达到三级焊缝标准 ③ 钢管焊接前，焊口周围 20mm 范围内未清除氧化皮、泥土、铁锈等
	3. 内外防腐	① 铜管内涂二度红丹，管外底漆一度，三油二布，绝缘层总厚度(6±0.5)mm，包括现场组装焊接口处 ② 耐电压 12kV 测试合格 ③ 在钢管吊、装、卸中采取有效措施，防止损坏防腐层	① 钢管内外防腐不符合要求 ② 无耐电压 12kV 测试合格报告 ③ 在吊、装、卸中未采取有效措施，造成防腐层损坏
一般指标	1. 深度	同铸铁管排管工程质量一般指标第 1 点。且特殊情况下使用钢管时，在路口等局部地段，管面离路面最浅深度为 40cm	同铸铁管排管工程一般质量指标第 1 点不合格情况，管面离路面深度小于 40cm
	2. 覆土与管基 3. 管位	分别同铸铁管排管工程重点指标第 2、第 4 点及一般指标第 3 点	同铸铁管排管工程重点质量指标第 2、第 4 点及一般质量指标第 3 点不合格情况
	4. 操作工艺	① 施工前应先掌握管道沿线地下资料，使管道走向合理 ② 钢管下沟后，应及时覆土，或采取措施，严防浮管 ③ 管内无泥浆，阀门清洁 ④ 钢弯头制作须符合要求 ⑤ 管线上装阀门时，法兰盘应与连接的法兰盘对上，并自然吻合，且根据设计图安装 ⑥ 组装焊接操作工艺按规范要求 ⑦ 大于 500mm 铜管插口与铸铁管承口连接时，插口应根据缝隙大小加 5～7mm 厚、200mm 长铜板棱圈	① 施工前未掌握管道沿线地下资料，造成多用弯管，多设水井等 ② 钢管下沟后未采取措施造成浮管 ③ 管中有泥浆，阀门不清洁 ④ 弯头制作不符合要求 ⑤ 管线上安装阀门时，其法兰盘未与连接法兰盘对正，造成强力扭紧；阀门前无绝缘法兰 ⑥ 组装、焊接操作工艺不符合规范要求 ⑦ 大于 500mm 钢管与铸铁承口连接时所加钢板尺寸不合乎要求

二、地下燃气管道气密性检验

燃气管的泄漏将导致中毒、火警和爆炸，危害人民生命财产，尤其是地下管道的泄漏，外溢燃气沿地下土层的空隙渗透，难以使人察觉而发生中毒、火警和爆炸等严重后果，其危害性较大。因此对新敷设的地下管道完工后进行的气密性试验是一项必不可少的质量检验方法。

气密性试验根据管道运行压力、管道长度、口径和材料规定各项指标，经试验合格后方可通气运行。气密性试验介质一般采用压缩空气。

地下管道气密性试验现场布置如图 4-48 所示。被检验的管道必须在全部覆盖泥土的情况下进行检验。因为燃气管道与大气直接接触时由于温差使管内试验的气体膨胀或收缩，使压力表显示的读数失去检验管道泄漏量的真实性。

（1）检验工具和配件的安装　气密性检验前应预先在待检验的管道上钻孔两只，安装检验管和测温计。检验管连接压力表和进气管，其孔径见表 4-31。

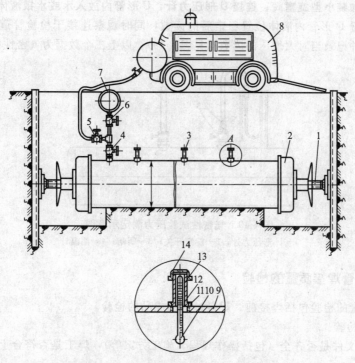

图 4-48　地下管道气密性试验现场布置

1—螺杆支撑；2—管盖；3—测温计；4—控制阀门；5—进气阀门；6—压力表阀门；7—压力表；

8—移动式空气压缩机；9—管壁；10—测温计；11—内外组合螺纹连接件；

12—O 形橡胶圈；13—外加保护管；14—管盖

表 4-31　气密性试验检验管的直径/mm

试验管直径(D)	$\phi15$	$\phi100\sim150$	$\phi200\sim300$	$\phi500\sim700$	$\phi800\sim1000$	$\phi1200\sim2000$
检验管直径(d)	20	25	32	40	50	80

（2）连接空气压缩机　管径 150mm 以下管道可选用 0.6m³ 空气压缩机或手动泵。管径 150～600mm 管道可选用 6m³ 空气压缩机。管径大于等于 700mm 长距离管道应采用 9m³ 以上空气压缩机。

在上述操作完成后应检查被检验管道顶端和三通管盖支撑是否牢固。支撑力的牢固性要根据管内压力对管盖的推力进行校核。

（3）操作顺序

① 向管内输气前，先将检验管上三只阀门全部开启，开动空气压缩机，设专人观察压力表上读数。

② 当压力表读数上升到检验压力时（一般应略高于规定试验压力：中压管高于 5kPa，低压管高于 2kPa）即关闭进气阀门，使输入管内的压缩空气进行停留稳压，以消除压缩空气的热量对管内气体的影响。

③ 当达到上述规定时间后管内压缩空气趋于平稳状态，观察压力表读数是否符合检验压力要求。压力过高或过低时应采取措施使之达到检验压力，然后关闭控制阀门，

拆除检验管加装小型旋塞阀，连接 U 形压力计，U 形管内放入水或水银液体。开启旋塞阀和阀门观看 U 形管内液体位置稳定后的读数，同时观察连接于检验管道上温度计显示的读数，并记录当时大气压的读数（见图 4-49）。以上三个数据为气密性检验的数据。

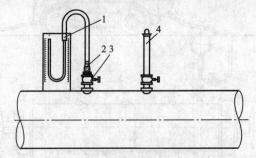

图 4-49　气密性试验压力测定示意图
1—U 形压力计；2—旋塞开关；3—阀闸；4—测温计

三、地下钢管焊接质量的检验

焊接质量的检验包括焊接前、焊接过程和成品的检验。

1. 焊前检验

① 技术文件是否齐全（包括操作规程、施工方案等），焊工是否符合上岗要求（应具有合格证）。

② 焊条直径和型号是否符合设计要求，焊接设备是否完善和适应工程需要，并核对运入施工现场的管材是否符合设计要求。

③ 铜管端面检验是确保焊接质量的重点，施工现场从以下三个方面进行（见图 4-50）。

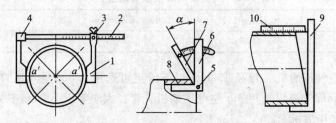

图 4-50　钢管端面检验示意图
1—测量中心；2—刻度；3—活动卡脚；4—固定卡脚；5—调节螺钉；6—角尺；
7—测角器摆杆；8—铜管管壁；9—角尺；10—直尺

a. 用卡尺检查管端直径，圆周偏差和椭圆度应符合表 4-32 要求。

表 4-32　钢管周长偏差和椭圆度/mm

公称直径	<800	800~1200	1300~1600	1700~2400
圆周偏差	±5	±7	±9	±11
椭圆度	<4	4	6	8

b. 用直角尺检查钢管壁厚和钝边，用量角器检查坡口。

c. 用直角尺和直尺检查钢管端面垂直度，端面与中心线的垂直偏差不应大于管外径的 1% （但不大于 3mm）。

2. 焊接过程中的检验

① 接口两侧钢管的纵向焊缝应错开，间距（弧长）应大于 100mm，纵向焊缝应避免安装于铅垂方向（上下顶点）。

② 接口的坡口形式根据不同的钢管壁厚选定。

③ 拼接对口应用专用夹具固定（大口径钢管应同时配用内撑），并用焊锯切割修正对口，使间隙保持均匀位置。操作中不应用大锤猛击，固定方法按要求逐步进行，直至符合要求为止。

④ 焊接前应清除焊口内外表面 20mm 范围内的泥土、杂质、铁锈、氧化皮等杂质，并用规定数量的定位焊固定后，再逐步地拆除夹具。

⑤ 焊接的顺序（分滚动焊接和固定焊接）必须按要求进行，每条焊缝应连续焊完，不得跨越施焊。各种焊接部位操作时焊条的角度、施焊的动作应根据本章第五节的要求进行。

⑥ 不允许在焊缝中嵌入其他金属物体（如元钢、钢板）而降低焊接的强度。

3. 成品检验

① 焊缝外观检验标准应符合表面质量要求。

② 焊缝内部检验

a. 煤油渗透试验　在焊缝的一面涂抹上白垩粉水溶液，待干燥后再在焊缝的另一面涂煤油。由于煤油表面张力小，具有较强的渗透能力，当焊缝存在穿透性缺陷时，涂于管壁表面的煤油将透过微小孔隙在涂有白垩粉的一面呈现出明显的油斑或条带。为判断焊缝缺陷的位置，应及时观察渗透的位置变化，检验时间一般为 20min 左右，时间过长将使渗透煤油蔓延而无法判断。由于该方法成本低，操作方便，在施工现场得到广泛应用。但是对虽有缺陷但尚未穿透的部位，煤油无法渗透，因此煤油渗透试验被列为初级测试方法。

b. 焊缝的射线检验　焊缝的射线检验可以非破坏性地显示出存在于焊缝内部缺陷的形状、位置和大小。射线检验有 X 射线和 Y 射线两种，它们都能透过不透明的物体。当射线通过被检查焊缝时，由于焊缝内缺陷对射线的衰减和吸收能力不同，通过焊接接头的射线强度也不同，因此胶片上的感光程度有明显的差异，由此可以判断焊缝内部缺陷的程度。

四、地下钢管绝缘层质量的检验

绝缘层质量检验包括钢管内外壁除锈、油漆、包扎和成品检验。

① 钢管除锈必须达到管壁呈现出金属光泽，并清除表面灰尘，保持管壁干燥状态下立即涂上冷底油和油漆。

② 钢管外壁绝缘层的包扎应符合规定的技术要求的层次和厚度，吊装时不得将钢丝绳直接绕缠于绝缘层上，下沟时损坏部位应按规定要求修补。

③ 绝缘层的外观要求光滑、无气泡、无损坏和针孔、裂纹、皱折，玻璃丝布要缠紧于管外壁而不下垂，压边搭头均匀、无空白。底漆和冷底油必须分层涂刷均匀，无空白、凝块和流痕。

④ 绝缘层在符合外观要求的条件下应对其内部使用"管道电火花检漏仪"进行耐电压测试，耐电压要求为 12kV。

⑤ 在全部钢管或分段敷设完成后，应用"防腐检漏仪"检查，如发现击穿点，表明绝缘层损坏，应进行修补。对于绝缘法兰必须进行绝缘测试，电阻值应大于 0.5～0.8MΩ，方可回填土。

五、地下燃气管道附属设备安装质量的检验

(1) 凝水缸安装质量检验　聚水井主体及配件的安装必须符合规定的标准。管道进行气密性试验时必须将所安装的聚水井井梗全部开启，确保畅通。井盖的开启度应大于 90°，并与管轴线平行。井梗端的管盖拆装或阀门的开启处于方便的位置。

铸铁水井两端不得与管件直接相连，必须有短管过渡，否则将使日后管道维修及接装造成困难。

聚水井的两端较短距离内（一般 20m）不得竖向安装 90°弯管，以防聚水井积水的水位上升时，形成管内水封状态而中断供气。

(2) 阀门安装质量检验　阀门安装前必须进行保养使其开启灵活，闸门能开足关紧。沟下安装的，要求必须达到规定的标准。

立式阀门杆应处于垂直位置，卧式阀门杆应处于水平位置。阀门歪斜应返工纠正。在条件许可情况下应对阀门作关闭气密性试验。阀门窨井应不透水，窨井盖应平整，并且要根据阀门记录卡，核对阀门开启的方向（顺转或逆转）和启闭的转数。阀门的加油孔必须符合安装的要求，不得歪斜，操作应方便。

六、调压器室和调压器安装质量的检验

① 调压器室必需按照设计图纸的要求砌筑。建筑面积一般规定为：φ150mm 调压器室不小于 12m²；φ300mm 调压器室不小于 24m²；净高不少于 3.0m；采光面积不小于调压室面积的五分之一。室内地坪一般采用素混凝土砌筑，其高度一般应大于室外地坪 0.3～0.5m。

调压器室内防火、防爆应符合 Q-Ⅱ级防火标准，房屋结构采用砖墙、钢窗、钢筋混凝屋顶，并预设吊钩。照明设备应采取防爆措施，并设有足够的泄压面积。

② 调压器安装要平整，不得有歪斜（用水平尺校核），安装定位必须符合表 4-33 的尺寸要求。

表 4-33　调压器定位尺寸表/m

口　径	安装高度（以调压器主体水平中心线到室内地坪的垂直距离）	平面安装位置	
		进出口立管与两侧内墙距离	进出口立管与后墙距离
φ150	0.80±0.05	≥0.50	≥1.00
φ300	1.00±0.05	≥1.15	≥1.45

③ 调压器下必须砌筑支座（主体下二道，旁通管下一道），支座需稳固，与地平线垂直。地坪平整，门窗开启灵活并加上插销及锁。

④ 调压室内应接装中、低压自动压力记录仪各一套，各种配件齐全，各接口处不泄漏。

七、铸铁管材料检验

目前，国内铸铁管材质检验方法均为水密性试验，对铸铁管壁内部存在的微小缺陷（砂眼、冷隔等）却无法暴露。

因此，当管道工程完成敷设后，因渗入个别不合格（泄漏）管子而影响管道系统气密性试验，以致花去大量的人力、物力，重新开挖沟槽的回填土，寻找泄漏点，不仅造成浪费，还延误工程。据上海地区有关工程的统计：新敷设的燃气地下管道工程，在系统气密性试验时，因管材泄漏而无法达到要求的工程约占 20％之多，寻找泄漏点及修复花去的费用高昂。由此造成拖延工期、影响交通的矛盾十分突出。只有单根铸铁管气密性试验合格，才能确保管道系统工程气密性合格。

采用人工的方法，将铸铁管两端封口、充气测试，工效低，劳动强度高。而运用机械方法则可达到良好效果。

[第5章]
地下燃气管道特殊施工

第一节　燃气管道穿越河流施工

敷设地下燃气管道时，常需穿越河流，其施工工艺根据施工现场条件而定。目前一般采用的施工方法为水下敷设和架空跨越两大类。

一、水下穿越工程

1. 穿越点的选择

穿越点的选择应考虑线路走向以及不同的穿越方法对施工场地的要求。穿越点宜选择在河流顺直、河岸基本对称、河床稳定、水流平缓、河底平坦、两岸具有宽阔漫滩、河床地质构成单一的地方，不宜选择在含有大量有机物的淤泥地区和船泊抛锚区。穿越点距大中型桥梁（多孔跨径总长大于 30m）大于 100m，距小型桥梁大于 50m。

穿越河流的管线应垂直于主槽轴线，特殊情况需斜交时不宜小于 60°。

2. 穿越工程的设计内容

在选定穿越位置后，根据水文地质和工程地质情况决定穿越方式、管身结构、稳管措施、管材选用、管道防腐措施、穿越施工方法等，提出两岸河堤保护措施，并绘制穿越段平面图和穿越纵断面图。

3. 敷设方式

（1）裸露敷设　裸露敷设运用于基岩河床和稳定的卵石河床。管道采用厚壁管、复壁管或石笼等方法加重管线稳管，将管线敷设在河床上。裸露敷设不需挖沟设备，施工速度快，缺点是管道直接受水力冲刷，常因河床冲刷变化而引起管线断裂；在浅滩处石笼稳管影响通航；常年水流中泥砂磨蚀也可能造成管线断裂。裸露敷设只适用于水流很慢、河床稳定、不通航的中、小河流上的小口径管线或临时管线。

（2）水下沟埋敷设　采用水下挖沟设备和机具，在水下河床上挖出一条水下管沟，将管线埋设在管沟内。开挖机具有拉铲、挖泥船，当采用水力器具开沟时还可采用水泥车和高压大排量泵。对于中、小型河流或冬季水流量很小的水下穿越也可采用围堰法断流或导流施工。围堰法施工将水下工程变为陆上施工，可采用人工开挖或单斗挖沟机、推土机开沟。

沟埋敷设应将管道埋设在河床稳定层内。沟槽开挖宽度和放坡系数视土质、水深、水流速度和回淤量确定，当无水文地质资料，采用水下挖掘机具时可参照表 5-1 选定沟底宽度和边坡系数。

开沟须平直，沟底要平坦，管线下沟前须进行水下管沟测量，务必达到设计深度。

表 5-1　水下管沟尺寸

土质名称	沟底最小宽度/m	管沟边坡	
		沟深<2.5m	沟深≥2.5m
淤泥、粉砂、细砂	$D+2.5$	1:3.5	1:5.0
亚砂土、中砂、粗砂	$D+2.0$	1:3.0	1:3.5
砂土	$D+1.5$	1:2.0	1:2.5
砾石和卵石土	$D+1.2$	1:1.5	1:2.0
岩石	$D+1.2$	1:0.5	1:1.0

注：D 为输气管公称直径，m。

4. 燃气管道河底穿越

燃气干管穿越主要河流宜双管敷设，每条管道的通过能力应为设计流量的 75%。若燃气管网已形成环路，或有其他措施保证管道故障检修时的供气，可敷设单管。燃气管道采用倒虹吸管形式穿越河流，应尽可能从直线河段穿越并与水流轴向垂直，从河床两岸有缓坡而又未受冲刷、河滩宽度最小的地方穿过。

河底管道的埋设深度，应根据水流冲刷条件、河道疏浚、投锚深度要求和管道的稳管要求而定。对不通航或无浮运的水域，经管理部门同意，采取措施后可减小管道的埋设深度。水下管道的稳定措施必须根据计算确定，一般应有足够厚度的覆盖层，或加钢筋混凝土重块，或浇灌混凝土套管抗浮。

往水下管沟底直线下放长的管段时，管子的柔性起着最重要的作用。铺设大直径的管子时，不是经常都能使管子按照允许弯曲半径呈均匀的曲线形状。因此，铺设直径大于 350mm 的水底燃气管道时，管子往往会产生很大的纵向应力，燃气管道的防腐层会由于管道弯曲过大而损坏。

假使用直线下放的方法在深河内铺设管道时，在将中间一段下放到管沟之前，先把管道的两端托在两岸的管沟底上，进一步利用其自身的重量把中间一段下放在沟底。在这种情况下，在管壁上会产生更大的拉应力，管道两端在管沟底上会移动。

根据管道两端移动时的摩擦力及管道的下垂管段的长度，如果管道在水中的重量过大时，会产生使管道断裂的拉应力。当管道重量小时，在以上情况下，它的中间部分可能不会下沉到管沟底而悬起来。因此，长管道应当以均匀的曲线形状，从一岸边到另一岸边或河的中间向两边逐渐下放。

穿越河流的方法很多，方法的选择决定于管径、地方条件、河流宽度与深度、河底形状、水流速度、河床两岸的斜度及高度、岸边地上及地下的构筑物等。水位较低、流速较慢、土质较好、允许封航的中小型河流，宜用围堰法。水位较高、流速较快、没有条件封航的中小型河流，可采用浮运下沉法施工。大型河流，没有条件封航的中型河流，可采用顶管法。

水下管道敷设，施工技术复杂，易造成质量隐患，因此必须有妥善的技术安全措施，配备必要的机具，作好施工准备工作。

核对施工地区河流的水文地质资料指测量穿越河流的水位，并了解历史最高水位，测定穿越河流的流速，在河流两岸钻孔取样，了解河底的水质情况。

确定穿越施工地点。管位在符合设计要求的前提下，穿越地点应选择在河流平直、水流平缓、河底平坦、河床稳定、地质构造单一、两岸具有较宽阔的漫滩和具备操作场地的河段。下列地带不宜作穿越地点：桥梁上游 300m 或下游 100m 的地区，船只可能

停泊下锚处，沿岸建筑物和地下管线密集、无施工场地的河段。

施工时间的确定，应根据气象、水文与航运资料，将施工时间安排在雨水少、河流枯水期、航运淡季。这样，可减少人力、物力，增加工程可靠性。

根据上述综合条件，确定施工方法，编写专门的施工方案，着重制定挖沟、下管、稳管的技术安全措施，保证施工中不使管道过分弯曲而损坏管道与防腐层，稳管牢固，管道不在使用后浮起。常用的施工方法如下。

1. 围堰法

在待穿越水下管道的两侧，堆筑临时堤坝，阻挡水流并排除堤坝间的积水，然后开挖沟槽，敷设管道，回填土施工完毕后将围堰拆除。这种方法施工简单，需要设备少，但必须在断航的条件下施工。

① 如图 5-1 所示，先将河流的一半用围堰围住，用水泵排除围堰内的河水，然后挖沟，敷设管道，再将河中的管口用堵板焊住，以防泥水进入管内。施工中会有水渗入，应用水泵排出，安装完后拆除围堰。用相同的方法将剩下的一半作围堰，挖管沟，将已施工管道堵板割去与后安装的管道连接起来，以后回填管沟，拆除围堰。为了减少河水冲刷，围堰迎流水方向的堰体应平缓，围堰高度应保证在施工期间河水的最高水位不致淹没堰顶。

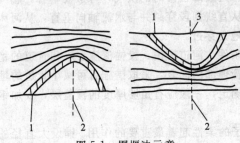

图 5-1 围堰法示意

1—围堰；2—先埋管段；3—后埋管段

② 在待穿越水下管道两侧构筑临时围堰，在河岸开挖临时引水渠或在围堰间用管子组成渡槽，使河水通过引水渠或管子流向下游。根据河水流量决定引水渠断面尺寸或作为渡槽的钢管管径与根数。应保证河水顺利通过，不应使上游水位上升而淹没围堰。钢管与围堰之间应填好，防止漏水而增加排水量。

③ 围堰的种类较多，常用的有土围堰、草土混合堰、木排（钢管或槽钢）桩围堰和草麻袋围堰等（见表 5-2）。

2. 水下开挖沟槽

开挖前应在两岸设置岸标，根据岸标确定沟槽开挖的方向，也可以在水中设置浮标。

主要采用机械开挖方法。主要用拉铲式或抓斗式挖土机，挖土机主要用以挖掘岸边的水下管沟。挖土机有可更换的工具，同一台挖土机可以用正铲或反铲、拉铲或抓斗挖土。

在挖河床水下沟槽时，挖土机可以装在沿沟槽线路上用钢丝绳及绞车移动的平底船或其他船上。

表 5-2 各种围堰构筑的要求

分类	填料	顶宽/m	边坡	
			临水面	背水面
土围堰	松散黏土、砂黏土	24	1:2～1:3	2:3～1:2
草土混合围堰	黏性土及草	12	1:2～1:3	2:3～1:2
草（麻）袋围堰	草（麻）袋、黏性土	2～2.5	1:1～1:0.5	1:0.5～1:0.2
钢（木）桩围堰	黏性土	0.8～1.5	1:0	1:0

3. 水下管道敷设

（1）河底拖运敷设　当密封的管道自重大于水的浮力时，将自然下沉至河底。先将管道在岸边组对焊接并防腐，按规定检验合格后的管道沿管沟底从一个岸边拖到另一个岸边。将对岸钢丝绳的一头拴在管道的首端，另一头由对岸拖拉机或卷扬机拉拽，用此法将管道沿管沟底拖过。为了减少牵引力，在管端焊上堵板，以防河水进入管内。

（2）浮运下管法　为了减少水下焊接，应在岸上将管子组对焊接成整体，并做好防腐层，如需要分段浮运时，应尽量加长浮运管段的长度。管段的浮运可用拖拉加浮船的方法，即把管段放在浮船上，然后用设在对岸的卷扬机或拖拉机将管段拖至水下沟槽的上方。如图 5-2 所示。

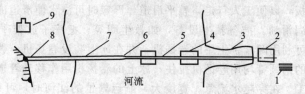

图 5-2　浮运下管法示意图

1—管子；2—预制浮船；3—船坞；4—浮船；5—浮运管段；
6—动滑轮；7—钢丝绳；8—定滑轮；9—拖拉机

（3）冰上下管法　铺设水下管道时需停止航行，挖河底的土方工程，需要驳船、汽艇、平底船等浮运工具。当水流很急时，工作困难，因为敷设管子时，水流可能将管子冲出沟外。在严寒地区，冬季河水从结冰后到解冻之前，利用冰层进行土方工程、管道预制、下管及铺设管道，上述的困难就不存在了。

冰下挖管沟，用钢丝绳铲土设备、泥泵及水力冲击器挖沟，见图 5-3。先在右岸装设铲土设备，开挖河流右侧沟槽，从岸上挖沟，铲土斗子的齿牙冲入土内，把土送到河底中间，留下泥土，并空着返回岸边，往返挖土。河底中间土堆，由潜水员顺水流方向用水力冲击器冲走。河流右侧挖好后，再将铲土斗子移至左岸，挖河流左侧沟槽。潜水员用水力冲击器平土，修整底部，清理水下管沟，清除沉在河底的木头。除了水力冲击器外，被铲土机铲到河中间的泥土，还可用移动式吸泥器清除。吸泥器由离心泵来带动。这样，挖出的土都顺河流送到下游，不需要弄到岸上，节省了运输设备与运费。

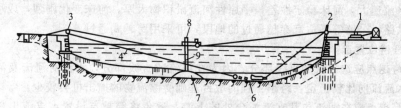

图 5-3　铲土设备铲土和水力冲击器顺水冲土的简图

1—由 3ⅡC-5 型发动机带动的双卷筒绞车；2—首部滑轮；3—尾部滑轮；4—工作钢绳；
5—辅助钢绳；6—斗子；7—土堆；8—水力冲击器；9—水管

冰上组对焊接。将已作防腐层的管子沿管沟旁的冰上布管，用焊管台或方木垫起，组对焊接，全部焊缝经射线探伤合格后，再进行强度与严密性试验，合格后将焊口处作防腐层。

冰上往水下管沟下管。水下管沟挖好后，潜水员进行检查，沟底堵塞与不平的地方用水力冲击器清除。

为了防止河水把管子冲走，沿河底管道的全长在每个管子下水的一边安装直径为100mm的钢管作导桩，导桩相隔15m。导桩插入河底的土壤为下端支点，冰为上端支点。

过河燃气管道焊接鹅颈管，鹅颈管端用堵板堵住。为了防止损坏防腐层，在防腐层包木条或塑料保护层。

开冰缝。水下管沟上方的冰需凿开，破开的冰块翻转放入水下，冰块的光面沿着冰层的下面顺水流去。冰缝开好后，笔直的冰缝横截河床，其宽度与水底管沟相同。

沿冰缝铺木板，以便工人行走，整平滑道，严寒时可浇水使滑道冻冰，在解冻时可在滑道上涂固体润滑油。准备救生设备，如救生圈等。把管子放架子上，以托住鹅颈管。安装卷扬机可利用两岸铲土用的卷扬机，并在冰上装设卷扬机，数量由下管长度而定。左、右两岸的鹅颈管均用卷扬机拉住，冰上的卷扬机用作移动管道之用。

（4）顶管施工　在穿越水流急、宽度大、航运繁忙的江河时，可采用顶管施工法，因为顶管施工可避免与河流直接接触，施工不受航运干扰。但应特别注意，工作坑的排水与挖土时，应采取有效防止塌方的措施。

（5）定向钻施工　在穿越江河时，也可采用顶管施工法，非常方便。

（6）水下管线稳管措施　水下管道敷设后，沟槽回填土比较松软，存在着较大的空隙，加上竣工后由于河水流动、冲刷，会减少管道的覆土层。水下管道受水流作用，除产生静水浮力以外，还同时产生动水浮力。动水浮力与管道外直径、水的容量和流速有关。要保持水下管道的稳定，必须保证管身结构有足够的重量，使管道在流水中仍具有一定的负浮力，输气管内燃气的重量很小，除小管径管子外，一般均需采用不同结构加重管身稳管。例如可直接选用厚壁无缝钢管、铁丝石笼稳管、散抛块石稳管、加重块等。

二、跨越工程

一般来说，管道跨越工程投资大，施工较为复杂，工期长，维修工作量大。因此，管线应优先采用穿越形式通过。但是当遇到山谷性河流、峡谷、两岸陡峭、河漫滩窄小，河水流速大，河床稳定性差，平原性河流淤积物太厚、河床变化剧烈，或小型人工沟渠，铁路、公路等不适宜穿越通过的地段，可采用跨越式通过。

1.跨越位置选择

① 跨越点应选河流的直线部分　因为在河流的直线部分，水流对河床及河岸冲刷较少，水流流向比较稳定，跨越工程的墩台基础受漂流物的撞击机会较少。

② 跨越点应在河流与其支流汇合处的上游，避免将跨越点设置在支流出口和推移泥砂沉积带的不良地质区域。

③ 跨越点应选在河道宽度较小，远离上游坝闸及可能发生冰塞和筏运壅阻的地段。

④ 跨越点必须在河流历史上无变迁的地段。

⑤ 跨越工程的墩台基础应在岩层稳定，无风化、错动、破碎的地质良好的地段。必须避开坡积层滑动或沉陷地区，洪积层分选不良及夹层地区冲积层含有大量有机混合物的淤泥地区。

⑥ 跨越点附近不应有稠密的居民点。

⑦ 跨越点附近应有施工组装场地或有较为方便的交通运输条件，以便施工和今后维修。

2. 对勘察测量的要求

由于跨越管道是架设在支墩之上，裸露在空中，对气象资料和支墩基础的工程地质条件有详细的要求。

① 跨越点所在地区气象变化的一般规律和气候特征、极端温度、风速、主导风向及频率、积雪深度、最大冻土深度等。

② 跨越点所在地区地震烈度。

③ 跨越基础的地质概貌，河谷构造特征，地层分布特征，有无软弱夹层存在。需绘出地质剖面图和土质分界线，确定地基承载能力和岩石的物理力学性质等。

3. 跨越结构型式的选择

管道跨越结构型式的选择是根据管线的工艺条件和跨越点的自然环境条件综合分析对比确定的。输气管道的工艺条件是指输气管的管径、壁厚、输气压力、输气介质成分及管道材质等；跨越点的自然条件包括跨越点两岸地形、地貌、工程地质、气候、交通条件等。在满足输气工艺要求的前提下，结合工程具体条件，选择几种跨越结构型式，经技术经济比较后确定。

① 管道需跨越的小型河流、渠道、溪沟等其宽度在管道允许跨度范围之内时，应首先采用直管支架结构。

② 跨度较小，河床较浅，河床工程地质状况较为良好，常年水位与洪水位相差较大的河流可采用吊架式管桥。吊架式管桥特点是输气管道成一多跨越连续梁，管道应力较小，并且能利用吊索来调整各跨的受力状况。

③ 跨度较小且常年水位变化不大的中型河流一般可选用托架、桁架或支架等几种跨越结构。

④ 跨度较大的中型河流及某些大型河流其两岸基岩埋深较浅、河谷狭窄的可采用拱型跨越。管拱跨越结构有单管拱及组合拱两大类。

⑤ 大型河流、深谷等不易砌筑礅台基础，以及临时施工设施时可以选用柔性悬索管桥、悬缆管桥、悬链管桥和斜拉索管桥等跨越结构。

柔性悬索管桥是采用抛物线形主缆索悬挂于塔架上，并绕过塔顶在两岸锚固，输气管道用不等长的吊杆（吊索）挂于主缆索上，输气管道受力简单，适合于大口径管道的跨越。悬缆管桥的主要特点是输气管道与主缆索都呈抛物线形，采用等长吊杆（吊索）。一般适合于中、小口径管道的大型跨越工程。

4. 附桥敷设

燃气管道一般敷设于公路旁，依附于道路、桥梁架设过河是最常见和最简单的跨越河流的方法，投资省、施工方便、进度快。

具体敷设位置，应与桥梁管理部门及设计单位研究决定，一般安装在桥梁专门为燃气管道预留的管位（见图 5-4）或搁置在桥梁牛腿或桥墩上。

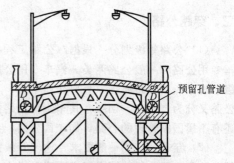

预留孔管道

图 5-4 架设在桥梁上的预留孔

第二节　穿越道路与铁路施工

燃气管道在铁路、电车轨道和城市主要干道下穿过时，应敷设在钢套管或钢筋混凝土套管内。穿过铁路干线时，应敷设在涵洞内。套管两端应超出路基底边，至最外边轨道的距离不得小于3m。穿跨管道应选择质量好的长度较长的钢管，以减少中间焊缝。焊缝应100％射线探伤检查，其合格级别应按现行国家标准《钢熔化焊对接接头射线照相和质量分级》（GB 3323）的"Ⅱ级焊缝标准"执行。穿越工程钢制套管的防腐绝缘应与燃气管道防腐绝缘等级相同。

管道穿越铁路或公路的夹角应尽量接近90°，在任何情况下不得小于30°。应尽可能避免在潮湿或岩石地带以及需要深挖处穿越。

管道穿越铁路或公路时，管顶距铁路轨枕下面的埋深不得小于1.5m；距公路路面埋深不得小于1.2m；距路边坡最低处的埋深不得小于0.9m。

当条件许可时，也可采用跨越方式交叉。输气管线跨越铁路时，管底至路轨顶的距离，电气化铁路不得小于11.1m，其他铁路不得小于6m。

一、穿越铁路

1. 穿越铁路的一般要求

① 穿越点应选择在铁路区间直线段路堤下，路堤下应排水良好，土质均匀，地下水位低，有施工场地。穿越点不宜选在铁路站区和道岔段内，穿越电气化铁路不得选在回流电缆与钢轨连接处。

② 穿越铁路宜采用钢筋混凝土套管顶管施工。当不宜采用顶管施工时，也可采用修建专用桥涵，使管道从专用桥涵中通过。

③ 输气管穿越铁路干线的两侧，需设置截断阀，以备事故时截断管路。

④ 穿越铁路的位置应与铁路部门协商同意后确定。

2. 穿越铁路的平面与纵断面布置

燃气管道在铁路下穿过时，应敷设在套管或地沟内，如图5-5所示，管道敷设在钢套管内，套管的两端超出路基底边，至铁路边轨的距离不小于2.5m，置于套管内的燃气管段焊口应该最少，并需经物理方法检查，还应采用特加强绝缘防腐，对于埋深的要求是：从轨底到燃气管道保护套管管顶应不小于1.2m。在穿越工厂企业的铁路专用支线时，燃气管道的埋深有时可略小一些。

二、穿越公路

（1）公路等级划分　根据《公路工程技术标准》（JTJ01—1988），公路等级分为汽车专用公路和一般公路两类。汽车专用公路又分高速公路、一级公路、二级公路三个等级。汽车专用公路属国家重要交通干线，车流量大，路面宽度大，技术等级较高。一般公路又分为二、三、四级，其车流量、路面宽、技术等级和重要程度依次降低。此外，还有不属国家管理的公路，如矿区公路、县乡公路等。

（2）穿越公路的一般要求　输气管线穿越公路的一般要求与铁路基本相同。汽车专用公路和二级一般公路由于交通流量很大，不宜明挖施工，应采用顶管施工方法。其余

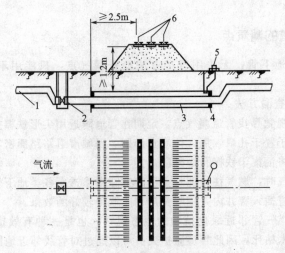

图 5-5　燃气管道穿越铁路

1—燃气管道；2—阀门；3—套管；4—密封层；5—检漏管；6—铁道

公路一般均可以明沟开挖，埋设套管，将燃气管敷设在套管内。套管长度伸出公路边坡坡角外 2m。县乡公路和机耕道，可采用直埋方式，不加套管。

三、施工方法

地下燃气管道穿越铁路、电车轨道和城市主要干道时，一般不允许开挖管沟，常采用顶管施工或定向钻施工。

第三节　地下燃气管漏气的检测和修理

由于地下燃气管道处于隐蔽状态，所以无论是新敷设管道气密性试验时漏气点的寻找，还是运行中管道漏气点的寻找均很困难。对已输气管道漏气点的修理，因需要带气操作并受到交通等各方面的牵制，所以施工难度较高。

一、漏气点的检测

新敷设地下燃气管在气密性试验中漏气点的检测，由于敷设后大部分已回填土层，仅仅少量暴露于空间，因此除少量部位可采用直接检查以外，大部分则采用间接查漏法进行检测。

（1）直接检查法　在管道暴露部分的沟槽中放入清水把管道浸没，输入管内的压缩空气将通过漏点溢至水中引起连续翻泡。在无充足的水源及地下水位低时，也可以将一定浓度肥皂水涂于管外壁和接口处，观察是否翻泡，从而发现漏气点。

（2）间接查漏法　把渗入某种加臭剂的压缩空气压入管内，具有臭气的气体从漏点泄出时可通过在回填土层上取孔，通过人的嗅觉来检查。这种方法只能大致判断漏气地段，不能正确地定位。

（3）用卤素检漏仪　检查往管内输入卤素化合物气体，用专用仪器检测称为卤素检漏。由于卤素检漏法效果明显、可靠性强，已成为新管道漏气检测的主要方法，在上海

地区得到推广应用。

二、寻找运行管道的漏气点

已输气运行的地下管，无法用直接方法检查漏气点，只能用不开挖沟槽的间接查漏。

1. 简单的间接查漏方法

凭人体嗅觉和视觉寻找管道漏气点。定期在管道附近用尖形铁棒打洞，深度必须超过路基深度，将管子置于孔口，用人体嗅觉辨别。因城市道路路面密实，而路基下的土层疏松，泄漏煤气将汇集于铁棒孔中外溢。

地下燃气管漏气时，燃气往往能从土层的空隙中渗透至各类地下管线窨井内，在查漏操作时可把检查管插入窨井内，用嗅觉辨别能取得较好的效果。

此外，对地下燃气管邻近绿化植物的生态观察，也是一种有效措施。在燃气影响下，可导致花草树木枯死，因此管道监护人员可以通过对管线邻近地区绿化物的生态变化，判别地下燃气管道的漏气点和漏气量。

上述三种方法在巡回检查中可以同时进行。

2. 采用专用仪器进行间接查漏。

"嗅敏检漏仪"是一种检测煤气的新型气体检查仪表。它的检测元件是以锡为主体的金属氧化物半导体，故又称嗅敏半导体。

当这种元件与燃气接触时，元件的电阻会急剧变化，经过放大、显示和报警等电路就会将检测气体的浓度转换成电信号指示出来。

三、管道漏气的修理

地下燃气管道漏气点的修理分为管外修理法和管内修理法。

造成管道漏气点主要因素有：管材因素，如存在砂眼、裂缝等；操作疏忽，如接口漏气；外来因素——管道覆盖土后重车辗压，造成接口松动，未覆盖土层的管道受到坠落至沟内石块的撞击，损坏管壁和接头。

1. 新敷设管道漏气的管外修理法

(1) 砂眼　位于孔径小于 50mm 管道上半部，可以用钻孔加装管塞的方法，位于管道下半部，由于钻孔困难可加装夹子套筒。

(2) 裂缝　环向裂缝加装夹子套筒（必须先在裂缝两端钻孔限制其延伸）。其他形式裂缝则应切除损坏部分，调换新管段，切断长度应大于裂缝 20cm（钢管裂缝可用电焊修补）。

(3) 精铅接口漏气　精铅接口漏气的修理应按照精铅接头的操作顺序，用敲铅凿依次敲击（包括整个接口圆周）使接口精铅密实，如果仅仅敲击泄漏点，会发生重复漏气。敲击后如果接口精铅凹瘪 5mm 以上应用尖凿在接口精铅上凿若干只小孔，然后补浇热熔精铅。熔化精铅温度应大于 700℃，凝固后用敲铅凿敲击直到平整为止。

禁止采用冷精铅或温度不高的熔铅贴补或浇补，因为此种铅无法与原接口精铅熔为一体。

(4) 水泥接口漏气　应将接口缝隙内固化水泥全部清除，直至第一道油绳为止。清洗槽口，在管道内无压缩空气情况下重新塞入水泥并按水泥接口操作要求进行操作。如管内存有压缩空气，则应浇灌热熔精铅，改为精铅接口。如管内压缩空气达到中压（105Pa 以上），必须将中压气放散至低压方可修理。

2. 输气管道漏气点的修理

（1）管道腐烂　切除腐烂管段调换成新管段。调换长度应大于腐烂管 50cm 以上，不应留有隐患。

（2）铸铁管接口漏气　精铅接口漏气修理方法同上，水泥接口漏气应一律清除接口缝隙固化水泥浇灌精铅，改为精铅接口。

（3）管道内修法　管道内修法是国外一门新兴技术，不仅成本低，而且又不影响市容和交通。对于繁忙的市区道路无条件掘路外修的管道，将取得良好的经济效益和社会效益。

第四节　管道大修、更新施工

地下燃气管道的大修、更新是将运行中的管道拆除，调换成新管道。施工中必须保持向原管道的用户供气，包含大量带气操作，因此比新敷设管道施工难度高，尤其是对安全技术的要求更为严格。

一、管道大修、更新项目的确定

① 管道使用期限超龄需要更新。据测定，埋设于土层中的地下管使用期限一般为：铸铁管 60 年；钢管无绝缘层一般为 20 年，有绝缘层一般为 30～40 年。

② 管龄虽然未到，但因地下土质腐蚀性强，致使管壁大量穿孔，经取样检查已无法局部修复的管段需要进行更新。

③ 因管内多处堵塞，经局部修理无法解决，或因外界影响，管基移动、管道沉陷、承插口松动，使管道失去原来坡度，造成大面积的管内积水、漏气（地下水进入管内），严重影响正常供气，而需要纠正管道坡度，修理接口并作管基处理，使管道恢复到规定坡度。这称为"整坡"施工。

二、施工前准备

大修、更新工程除按照地下管施工的要求作好施工准备以外，还要考虑以下的内容。

① 开掘样洞，核对老管道的位置和新管道的敷设位置。

② 根据设计图纸，现场逐根核对支管，防止"有管无图"或"有图无管"。

③ 按规定办理"停气降压申请"和编写停气降压施工方案。对需要稳定压力或无法停气的特殊用户，制定施工中维持用气的施工方案。

④ 原管位拆排的工程需要设长距离临时管。应根据用气量要求，确定临时管道的口径和长度及临时敷设的位置。

⑤ 准备好带气操作的有关机具、材料、防护器材。

三、原管位拆排施工

由于市区地下管线密集，管道大修、更新多数埋设于老管道的位置，称之为"原管

位拆排"，其关键是施工时确保用户安全供气。

① 按照设计要求敷设临时旁通管，考虑节约一般安装于沟边地面上，并与气源干管和老支管镶接。镶接位置应考虑镶接在支管不调换部位上，使老支管保持双气源。

② 在镶接点切断老支管，并在两侧用管盖封口，此时支管由旁通管供气。切断老支管要逐根分别进行，老干管需始终保持有燃气，直至全部完成后，最后再切断干管气源。所以切断支管时，两侧应加封管盖，以防地下水和泄漏的燃气进入管道，引起中断供气和中毒。

③ 拆除老管道，埋设新管道的操作要注意管深，避免增加敷设聚水井。一般情况下，新敷设管道比老管道敷设得深。

新管道敷设完成后单独进行气密性试验，合格后应先进行干管部位的镶接，并排放管内混合气，输入煤气，在取样合格后再逐根与老支管镶接。

有条件停气的可先办理停气手续，切断干管气源，与旁通管镶接，并临时供气，待旧管道调换新管道后，再次停气切断旁通管气源将支管逐根镶接于新敷设管道上。这样，原使用燃气的用户需要两次临时停气，施工中必须很好协调。

④ 拆除"旁通管"恢复供气。

⑤ 无条件拆除的废支管，必须将其根部割断（干管引出处），否则将成为"盲肠管道"而造成地下隐患。

四、整理坡度施工

当管道基础黏软，在路面重车的影响下造成管道局部下沉，原有管道坡度变化，使管道积水而堵塞，就必须进行管道坡度的整理，这又称整坡施工。该项施工需运用大吨位牵引设备，将沉陷部位的管道吊至规定的坡度，并在管下部垫入柔性垫块。

对呈脆性的铸铁管牵引时必须同时完成接口的修理，防止施工期间发生管道漏水，管基处理牢固后方可拆除吊装牵引设备。

地下管网大修更新施工的基本特点是必须确保用户供气，这也是施工组织设计的基本原则。因此，施工中包含着大量带气操作内容，必须按有关工艺要求进行。又因用户引入管已处于固定状态，如果新敷设管道的深度和坡度处理不当，往往会多设水井，所以严格控制管道（特别是干管）埋设深度及坡度是重要工艺内容。

当被牵吊的管道恢复到规定的坡度后，应紧接着把松动的接口修复。精铅接口松动后可按照规定的顺序进行击实操作，直至检查不泄漏为止。对已松动的水泥接口一般应改为精铅接口。操作时先将第二道油绳和水泥全部拆除，保留第一道油绳（或橡胶圈）以阻挡管内煤气不致大量外泄，然后灌浇热熔精铅，击实至合格为止。

中压管道的"整坡"施工必须将管内降压到低压方可操作。

五、地下管道漏水的防范

1. 漏水的危害性

管道中输送的燃气压力因大于大气压力而产生压力差，一旦管壁或接口产生泄漏点，管内燃气即随泄漏点逸出〔见图5-6（a）〕。但敷设在地下水位较高地区的低压管道，管外壁所承受的地下水压往往超过管内燃气压力（一般当管道埋深为1m左右，地下水位接近路面时对管壁产生水压可达9800Pa，而管内低压燃气压力仅为1470Pa左右），当管道产生泄漏点时，管外的地下水很快地涌入管内，此现象称为地下管道的漏水〔见图 5-6(b)〕。

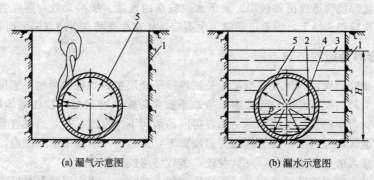

(a) 漏气示意图　　　　　　　　(b) 漏水示意图

图 5-6　地下管漏水示意图

1—管沟断面；2—管道渗漏的内积水；3—沟内水；4—管道渗水点；5—带气管道断面

当渗水量较小时，可通过增加邻近的聚水井抽水周期来解决。但是当漏点较大、渗水量激增时，管道的低坡段很快被涌入管内的地下水阻塞，造成供气中断事故。当发现后，唯一的措施只能依靠聚水井抽水，所以在短时间内难以清除管内大量积水。

漏水的危害不仅使大面积地区的煤气用户较长时间内中断供气，而且对地下泄漏点的寻找十分困难，由此带来的修复漏点及排除管内积水后大批燃气用户的恢复供气工作又十分复杂，存在的不安全因素较大。因此，地下管漏水点的寻找及处理难度要比漏气高得多。

2. 造成漏水的原因和防范措施

（1）漏水的原因　引起地下管漏水的原因较多，除因外界因素（路面沉陷、施工等造成道接口松动、断裂）和管壁腐蚀穿孔产生泄漏点外，在管道大修、更新施工中常会发生。

① 当大修更新处于新老管道镶接阶段时，为保持用户供气，新、老管道内均需保持气源，逐根地将老支管从老干管上切断并镶接到新干管上。对于老支管切断处的封口常被疏忽，仅用木塞或黏土等简单方法封口。当地下水恢复到较高水位，老支管临时封口填料承受不住地下水压力时，水冲入管内，导致漏水的出现。

② 嵌接三通管及镶接部位的接口一般未经气密性试验，如果接口未按照质量要求操作，虽然依靠管内燃气的工作压力而暂时不致泄漏，当施工结束地下水恢复到较高的水位时，也会因接口填料阻挡不住地下水压力出现泄漏，造成漏水。

另外，在施工时待调换的老管道周围泥土清除后，原存在的腐蚀点十分容易穿孔，产生漏水点。故在大修更新施工中应采取必要措施，防止漏水的出现。

（2）防止漏水的技术措施

① 施工中对已暴露的老管道应采取必要的保护措施，发现漏气点应及时解决。对管壁出现较小漏点应钻孔加管塞，对于管壁腐烂面积较大或断裂时应立即加装"夹子套筒"或调换管段。不得用黏土或揩布缠绕封堵，发现漏点后应由专人管理现场，控制沟内地下水位不上涨到漏点以上的位置，直至漏点全部修复为止。

② 在镶接中割断支管，必须按照工艺要求用管盖封口，不得采取任何临时措施封口。

③ 镶接部位的接口操作不能降低质量要求。必须将管基垫实，防止管道沉陷。

当漏水事故出现后，应将毗邻管道上的聚水井盖打开抽水，与此同时组织力量寻找漏点，重点应寻找管道敷设得较深、地下水位较高的地区。如果无效，则应将施工中涉及老管道的沟槽积水抽干，因管道暴露出水面后，如存在泄漏点会出现漏气而容易寻找。

六、对已废除管段的防漏措施

地下已废除的管段因无条件拆除而长期埋设于土层中时，将成为地下通道，使地下燃气管道泄漏时的燃气经废除管流窜，带来不安全因素。特别是通往住宅的废除支管，其一端靠近运行中的燃气管道，另一端在房屋的墙脚下（见图5-7），当燃气管道发生漏气，泄出的燃气将经过废除支管直通房屋墙脚下，从地板、墙缝中渗入屋内，引起居民中毒。由于渗入的燃气量集中，一旦发现，多数已酿成严重恶果。

因此，对大修更新已割除的支（干）管，如不拆除，一律应用管盖封口。

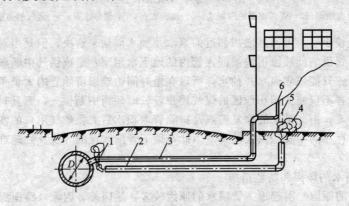

图 5-7　废除后的地下支管的危害

1—接口拆断处；2—已废除旧管道；3—新埋设管道；4—泄漏煤气；

5—已拆除屋内管位；6—新装屋内管位

第五节　顶管施工法介绍

一、顶管施工概论

顶管施工法是继盾构法之后而发展起来的一种地下管道施工方法，也是使用得最早的一种非开挖施工方法，起源于美国。最初，顶管施工法主要用于跨越孔施工时顶进钢套管，随着技术的改进，顶管法也用于无套管情况下顶进永久性的公用管道，主要是重力管道。

按工作面的开挖方式可将顶管法分为普通顶管（人工开挖）、机械顶管（机械开挖）、水射顶管（水射流冲蚀）、挤压顶管（挤压土柱）等。采用何种方法要根据管径、土层条件、管线长度以及技术经济比较来确定。

在顶管施工中，最为流行的三种工作面平衡理论是：气压、土水和泥水平衡理论。

顶管施工与开挖施工法相比，具有以下优点。

① 开挖部分仅仅只有工作坑和接收坑，而且安全，对交通影响小。

② 在管道顶进过程中,只挖去管道断面部分的土,挖土量少。

③ 作业人员少,工期短。

④ 建设公害少、文明施工程度高。

⑤ 在覆土深度大的情况下,施工成本低。

但是,它与开挖施工法相比较,顶管施工也存在以下不足之处。

① 曲率半径小而且多种曲线组合在一起时,施工就非常困难。

② 在软土层中容易发生偏差,而且纠正这种偏差又比较困难,管道容易产生不均匀下沉。

③ 推进过程中如果遇到障碍物时处理这些障碍物则非常困难。

④ 在覆土浅的条件下显得不很经济。

顶管施工法的适用条件如下。

① 管径一般在 200～3500mm。

② 管材一般混凝土管、钢管、陶土管、玻璃钢管。

③ 管线长度一般为 50～300m,最长大可达 1500m。

④ 各种地层,包括含水层。

二、泥水平衡顶管

在顶管施工分类中,通常把用水力切削泥土以及虽然采用机械切削泥土而采用水力输送弃土,同时有的利用泥水压力来平衡地下水压力和土压力的这一类顶管形式都称为泥水平衡顶管施工。

在泥水平衡顶管施工中,要使挖掘面上保持稳定,就必须在泥水仓中充满一定压力的泥水,泥水在挖掘面上可以形成一层不透水的泥膜,以阻止泥水向挖掘面里面渗透。同时,该泥水本身又有一定的压力,因此它就可以用来平衡地下水压力和土压力。这就是泥水平衡顶管最基本的原理。

如果从输土泥浆的浓度来区分,又可把泥水平衡顶管分为普通泥水顶管、浓泥水顶管和泥浆式顶管三种。完整的泥水平衡顶管系统分为八大部分,如图 5-8 所示。第一部分是泥水平衡顶管掘进机。它有各种形式,因而是区分各种泥水平衡顶管施工的主要依

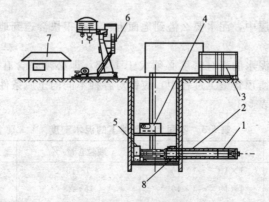

图 5-8 泥水平衡顶管系统

1—掘进机;2—进排泥管路;3—泥水处理装置;4—主顶油泵;
5—激光经纬仪;6—行车;7—配电间;8—洞口止水圈

据。第二部分为进排泥系统。普通泥水顶管施工的进排泥系统大体相同。第三部分是泥水处理系统。不同成分的泥水有不同的处理方式：含砂成分多的可以用自然沉淀法；含有黏土成分多的泥水处理是件比较困难的事。第四部分是主顶系统，它包括主顶油泵、油缸、顶铁等。第五部分是测量系统。第六部分是起吊系统。第七部分是供电系统。第八部分是洞口止水圈、基坑导轨等附属系统。

泥水平衡顶管施工的主要优点如下。

① 适用的土质范围较广，如在地下水压力很高以及变化范围较大的条件下，也能适用。

② 可有效地保持挖掘面的稳定，对所顶管周围的土体扰动比较小。因此，采用泥水平衡顶管施工引起的地面沉降也比较小。

③ 所需的总顶进力较小，尤其是在黏土层，适宜于长距离顶管。

④ 作业环境比较好，也比较安全。由于它采用泥水管道输送弃土，不存在吊土、搬运土方等容易发生危险的作业。由于是在大气常压下作业，也不存在采用气压顶管带来的各种问题及危及作业人员健康等问题。

⑤ 由于泥水输送弃土的作业是连续不断地进行的，所以它作业时的进度比较快。

但是，泥水平衡顶管也有它的缺点，主要如下。

① 弃土的运输和存放都比较困难。如果采用泥浆式运输，则运输成本高，且用水量也会增加。如果采用二次处理方法来把泥水分离，或让其自然沉淀、晾晒等，则处理起来不仅麻烦，而且处理周期也比较长。

② 所需的作业场地大，设备成本高。

③ 口径越大，它的泥水处理量也就越多。因此，在闹市区进行大口径的泥水顶管施工是件非常困难的事。而且，泥水一旦流入下水道以后极易造成下水道堵塞。因此，在小口径顶管中采用泥水式是比较理想的。

④ 如果采用泥水处理设备则往往噪声很大，对环境会造成污染。

⑤ 由于设备比较复杂，一旦有哪个部分出现了故障，就得全面停止施工作业。因而相互联系、相互制约的程度比较高。

⑥ 如果遇到覆土层过薄或者遇上渗透系数特别大的砂砾、卵石层，作业就会因此受阻。

因为在这样的土层中，泥水要么溢到地面上，要么很快渗透到地下水中去，致使泥水压力无法建立起来。

前面已强调过，泥水的相对密度必须大于 1.03，即必须是含有一定黏土成分的泥浆。但是，在泥水平衡顶管施工过程中，应针对各种不同的土质条件，来控制不同的泥水。详细情况可参见表 5-3。

表 5-3　不同土质条件下的泥水密度

土 质 名 称	渗透系数/(cm/s)	颗粒含量/%	相对密度
黏土及粉土	$1\times10^{-9}\sim1\times10^{-7}$	5～15	1.025～1.075
粉砂及细砂	$1\times10^{-7}\sim1\times10^{-5}$	15～25	1.075～1.125
砂	$1\times10^{-5}\sim1\times10^{-3}$	25～35	1.125～1.175
粗砂及砂砾	$1\times10^{-3}\sim1\times10^{-1}$	35～45	1.175～1.225
砾石	1×10^{-1} 以上	45 以上	1.225 以上

在黏土层中，由于其渗透系数极小，无论采用的是泥水还是清水，在较短的时间内，都不会产生不良状况，这时在顶进中应以土压力作为考虑基础。在较硬的黏土层中，土层相当稳定，这时即使采用清水而不用泥水，也不会造成挖掘面失稳现象。然而，在较软的黏土层中，泥水压力大于其主动土压力，从理论上讲是可以防止挖掘面失稳的。但实际上，即使在静止土压力的范围内，顶进停止时间过长时，也会使挖掘面失稳，从而导致地面下陷。这时，应适当提高泥水压力。

在渗透系数较小，如 $K<1\times10^{-3}$ cm/s 的砂土中，泥浆密度应适当增加，这样，在挖掘面上使泥膜在较短的时间内就能形成，从而泥水压力能有效地控制住挖掘面的失稳状态。

在渗透系数适中，如 1×10^{-3} cm/s$<K<1\times10^{-2}$ cm/s 的砂土中，挖掘面容易失稳，这就需要我们注意，必须保持泥水的稳定，即进入掘进机泥水仓的泥水中必须含有一定比例的黏土和保持足够的密度。为此，在泥水中除了加入一定的黏土以外，须再加一定比例的膨润土及 CMC 作为增黏剂，以保持泥水性质的稳定，从而达到保持挖掘面稳定的目的。

在砂砾层中施工，泥水管理尤为重要，稍有不慎，就可能使挖掘面失稳。由于这种土层中一般自身的黏土成分含量极少，所以在泥水的反复循环利用中就会不断地损失一些黏土，这就需要我们不断地向循环用泥水中加入一些黏土，才能保持住泥水的较高黏度和较大的密度，只有这样，才可使挖掘面不会产生失稳现象。

在泥水平衡顶管施工过程中，还应注意以下几个问题。

① 当掘进机停止工作时，一定要防止泥水从土层中或洞口及其他地方流失，否则，挖掘面就会失稳。尤其是在出洞这一段时间内更应防止洞口止水圈漏水。

② 在顶进过程中，应注意观察地下水压力的变化，并及时采取相应的措施和对策，以保持挖掘面的稳定。

③ 在顶进过程中，要随时注意挖掘面是否稳定，不时检查泥水的浓度和相对密度是否正常，还要注意进排泥泵的流量及压力是否正常。应防止排泥泵的排量过小而造成排泥管的淤积和堵塞现象。

三、土压平衡顶管

土压平衡顶管是机械式顶管施工中的一种。它的主要特征是在顶进过程中，利用土仓内的压力和螺旋输送机排土来平衡地下水压力和土压力，排出的土可以是含水量很少的干土或含水量较多的泥浆。它与泥水平衡顶管相比，最大的特点是排出的土或泥浆一般都不需要再进行泥水分离等二次处理。

土压平衡顶管掘进机的分类方法主要有四种，第一种是以土仓中的泥土类型分为泥土式、泥浆式和混合式三种。其中，泥土式又可分成压力保持式和泥土加压式两种。压力保持式就是使土仓内保持有一定的压力以阻止挖掘面产生塌方或受到压力过高的破坏。泥土加压式就是使土仓内的压力在顶管掘进机所处土层的主动土压力上再加上一个 Δp，以防止挖掘面产生塌方。泥浆式是指排出的土中含水量较大，可能是由于地下水丰富，也可能是人为地加入添加剂所造成，后者大多用于砾石或卵石层。由于砾石或卵石在挖掘过程中，不具有塑性、流动性和止水性，在加入添加剂以后就使它具有较好的塑性、流动性和止水性。它与泥水平衡顶管掘进机的区别在于前者采

用的是管道及泵排送泥浆，而后者则是采用螺旋输送机排土。混合式则是指以上两种方式都有。

第二种是依据顶管掘进机的刀盘形式分为有面板刀盘和无面板刀盘两种。有面板的掘进机土仓内的土压力与面板前挖掘面上的土压力之间存在有一定的压力差。而且，这个压力差的大小是与刀盘开口大小成反比的，即面板面积越大，开口越小，则压力差也就越大；反之亦然。无面板刀盘就不存在上述问题，其土仓内的土压力就是挖掘面上的土压力。

第三种是根据土压平衡顶管掘进机有无加泥功能分为普通土压式和加泥式两种。所谓加泥式就是具有改善土质这一功能的顶管掘进机。它可以通过设置在掘进机刀盘及面板上的加泥孔，把黏土及其他添加剂的浆液加到挖掘面上，然后再与切削下来的土一起搅拌，使原来流动性和塑性比较差的土变得流动性和塑性都比较好，还可使原来止水性差的土变成止水性好的土。这样可大大扩大土压平衡顶管掘进机适应土质的范围。

第四种是根据刀盘的机械传动方式来分，将土压平衡顶管掘进机分为三种。图5-9所示的是中心传动形式。刀盘安装在主轴上，主轴用轴承和轴承座安装在壳体的中心。驱动刀盘的可以是单台电动机及减速器，也可以是多台电动机和减速器，或者采用液压马达驱动。中心传动方式的优点是传动形式结构简单、可靠、造价低，主轴密封比较容易。缺点是掘进机的口径越大，主轴必须越粗，使它的加工、连接等更麻烦。因此，这种传动方式适宜在中小口径和一部分刀盘转矩较小的大口径顶管掘进机中使用。图5-10中所示的是中间传动形式。它把原来安装在中心的主轴，换成由多根连接梁组成的联接支承架把动力输出的转盘与刀盘连接成一体，以改变中心传动时主轴的强度无法满足刀盘转矩要求这一状况。这种传动方式可比中心传动传递更大的转矩。但是，它的结构和密封形式也较复杂，造价较高，它适用于大、中口径中刀盘转矩较大的顶管掘进机。图5-11所示的是周边传动形式。其结构与中间传动形式基本相同，只不过它的动力输出转盘更大，已接近壳体。因此，它的优点是传递的转矩最大，缺点是结构更为复杂，造价也十分昂贵。另外，它还必须把螺旋输送机安装部位提高，才能正常出土。在设计这种形式的掘进时，壳体必须有足够的刚度和强度。以上三种传动形式都可以采用电动机和液压马达两种动力驱动，一般采用电动机驱动方式，原因有以下几点。

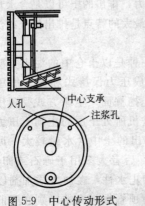

图5-9　中心传动形式

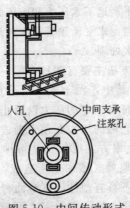

图5-10　中间传动形式

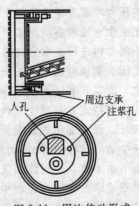

图5-11　周边传动形式

① 普通顶管掘进机的口径一般不会超过 4m，驱动功率也不会很大，电动机驱动足以胜任。

② 电动机驱动的效率高、噪声小、体积小、起动方便，机内环境比较好关键是要处理好多台电动机先后起动这个难题。

③ 液压传动效率低、噪声大、体积也庞大，机内由于传动效率低而产生的热量大，大量发热又使液压油易蒸发，污染机内操作环境。因此，即使它具有起动方便、可靠的优点也不足以抵消它的缺点。

四、小口径顶管

（一）小口径顶管概述

小口径顶管施工法又称小口径顶管法，起源于日本，是指人不进入管内作业的遥控式顶管施工法，一般用于口径在 900mm 以下的管道铺设。但实际上可以铺设更大直径的管道，最大可达 3000mm，甚至更大。小口径顶管不仅用于下水道施工中，而且还广泛用于自来水、煤气、电缆、通信等各个领域的管道敷设工程中。过去，由于这些管道埋深浅、口径小，所以大多采用开挖法施工。但是，随着城市建设规模的不断扩大，城市中道路等级也越来越高，加上交通量的不断上升，许多建成区内已无法采用开挖法施工。另外，随着铁路网、公路网和高速公路网的建成，许多过路管道也不允许采用开挖施工。这就促使小口径顶管得到迅速发展和完善，显示出其优良的施工性能和低廉的施工成本，反过来又促进它的更广泛、更普及的使用。所以，小口径顶管发展到如今，由于施工速度快、施工精度高、适应土质范围广而深受业主与施工单位的欢迎。

小口径顶管施工时，要求在要铺管的两端设立两个工作坑（顶进工作坑和接受工作坑），工作坑的尺寸根据管道的直径和长度，以及顶管掘进机的大小而定。工作坑的周围应有足够的空间放置地表施工设备。小口径顶管的施工设备主要有钻掘系统、激光导向系统、出渣系统、顶进系统、润滑系统和操作控制系统等（见图 5-12）。

1. 钻掘系统

钻掘系统由驱动电机或液压马达、破碎装置、钻掘刀头组成。视地层条件的不同，

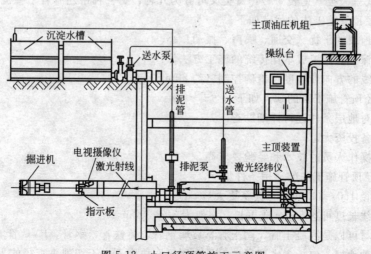

图 5-12　小口径顶管施工示意图

可选用不同形式的钻掘刀头。如刮刀式切削头用于不含石块的土层；盘式滚刀和刮削相结合的刀头用于中软岩石地层；滚刀型切削刀头用于较硬的岩层。破碎装置由偏心旋转锥体和固定的外锥套组成，随钻掘的进行，较大的岩块可被二次破碎以便顺利排出。一般可将 1/3 顶管掘进机的石块破碎到粒径为 19～25mm，大大减少排渣堵塞现象。

2. 激光导向系统

激光导向系统由激光发生器和激光靶及信号传输显示系统组成。激光发生器固定在顶进工作坑中，发出的激光束照射在位于顶管掘进机内的光靶上。测量信号的传输、显示有两种方式：一种是主动式，光靶由光电管组成，偏斜信息直接在光靶处转换成数字电信号后传到控制台；另一种是被动式，激光照射在刻度盘上的偏斜信息由光靶附近的闭路电视摄像系统拍摄后，传输到控制台的显示屏。根据测量到的偏斜数据，可操纵液动纠偏系统，从而实现调节铺管方向的目的。

3. 出渣系统

出渣系统有两种方式，一种是螺旋排渣系统，它由螺旋钻杆、渣土提升装置等组成，一般用于不含水的地层，一次性铺管距离较短；另一种是泥浆排渣系统，它由地表的泵站和泥浆除渣设备以及排送管路组成，泥浆用来携带渣土、冷却刀具、辅助碎岩以及平衡地层压力。这种系统具有一次性铺管距离长、适用地层范围广、可在含水的地层中施工的优点。

4. 顶进系统

顶进系统安装在顶进工作坑内，由顶进油缸、滑架等组成，油缸的顶推力视地层、管径和管长而定。

5. 润滑系统

润滑系统用来润滑管道的外壁，减少顶进时的摩擦力。它由泵送装置、管路等组成，润滑液一般为膨润土泥浆或聚合物。

6. 操作控制系统

操作控制系统设置在地表，包括参数显示、方向控制等，它是小口径顶管的遥控指挥部。小口径顶管可根据它的工作原理和取土形式分为先导式或压入式、螺旋式或土压式和泥水式三大类（见表 5-4），每类又可分为几种，每一种中还有若干种机型。

小口径顶管施工法的优点如下。

① 对地表的干扰（交通、噪声、振动）小。

② 埋深大时施工成本比传统的施工方法低。

③ 管线的方向和坡度可精确控制（约 20mm）。

小口径顶管施工法的缺点如下。

① 需对地层条件进行详细勘查。

② 设备投资大。

③ 对操作人员的技术和经验要求高。

小口径顶管施工法的适用条件如下。

① 管径 150～3000mm（甚至更大）。

② 管线长度可达 500m 或更长，一般为 30～300m。

③ 管材可以是混凝土管、陶土管、玻璃钢管、铸铁管、钢管、PVC 管等。

④ 各种地层，包括含水地层，但最大卵砾石块度不大于切削头直径的 1/3。

表 5-4　小口径顶管施工法的分类

分　类	特　点
1. 先导式小口径顶管施工法 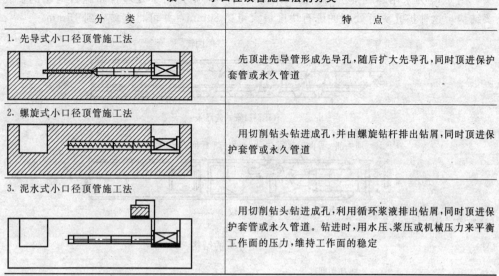	先顶进先导管形成先导孔，随后扩大先导孔，同时顶进保护套管或永久管道
2. 螺旋式小口径顶管施工法	用切削钻头钻进成孔，并由螺旋钻杆排出钻屑，同时顶进保护套管或永久管道
3. 泥水式小口径顶管施工法	用切削钻头钻进成孔，利用循环浆液排出钻屑，同时顶进保护套管或永久管道。钻进时，用水压、浆压或机械压力来平衡工作面的压力，维持工作面的稳定

（二）先导式小口径顶管

1. 施工工艺

采用这种方法施工时，一般分两步进行。首先，沿着预定的轨迹形成一小口径的先导孔。先导孔施工可用两种方法来完成，即切削钻进成孔和压入挤土成孔，这两种方法均可以实现测斜纠偏。其次，将先导孔扩大到所要求的口径，同时将待铺设的管道顶入孔内，根据地层的不同，可以选用不同的扩孔头。

（1）先导孔施工　从顶进工作坑向接受工作坑顶进先导管，边施工边测斜纠偏，如图 5-13（a）所示。根据地层的不同，可以选用挤压式先导头或切削式先导头。挤压式先导头适用于软土层，如 N 值小于 20 的黏土层和粉砂层。切削式先导头适用于硬土层和粒状土层，主要是由螺旋钻杆排土，少数用泥浆排土。

（2）扩大导向孔　先导孔完成后，可用挤压式或切削式扩孔头将先导孔扩大到预定的口径，同时将永久管道顶入扩大了的钻孔内，如图 5-13（b）和图 5-13（c）。挤压式扩孔头仅适用于极松散的土层。在稳定的黏土层中，一般使用切削式扩孔头，切削下来的土由螺旋钻杆排出。在不稳定的土层中，如含水的土层，则选用泥浆排土方式。此时，加压力的水可起到平衡工作面地下水压力的作用，同时又是土的输送介质。

2. 施工机具

使用先导式小口径顶管施工所需要的机具主要是小口径顶管掘进机，它包括钻掘系统、导向系统、排土系统和操作控制系统等。在钻掘系统中，最主要的是先导头和扩孔头。图 5-14 为两种常用的先导

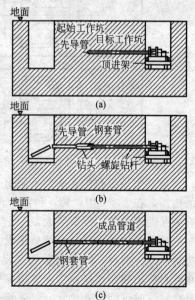

图 5-13　先导式小口径顶管施工法

头，图 5-15 为采用螺旋排土的扩孔头结构，图 5-16 则为用于处理含卵砾石地层的扩孔头结构，这种扩孔头可处理的砾石块度最大可达 80mm，并可将它破碎到 15mm。

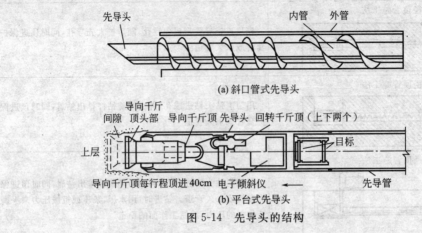

(a) 斜口管式先导头

(b) 平台式先导头

图 5-14　先导头的结构

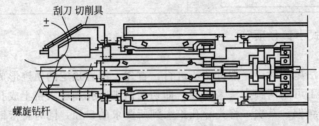

图 5-15　螺旋排土式扩孔头

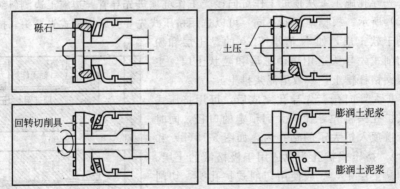

图 5-16　用于破碎砾石的泥浆排土式扩孔头

通过先导头和扩孔头的不同组合（表 5-5），可使这种施工方法适用于不同地层条件的施工。在表 5-5 中，第 1 种组合使用得最广，第 2 种组合适用的土层范围广，但需要有泥浆处理设备，投资较大。

导向系统是小口径顶管施工设备的重要组成部分。按所选用的先导头不同，导向系统也可分为两种：斜口管鞋和摆动千斤顶。斜口管鞋导向系统主要包括先导头、先导管、目标靶和经纬仪。当先导头偏移时，目标靶的中心点和瞄准光束的十字丝中心点不重合，这时可旋转先导管，使先导头的斜面向着偏斜的方向，随后继续顶进先导管，即可达到纠偏的目的，见图 5-17。

表 5-5　先导头和扩孔头的不同组合方式

组合方式	先导头	扩孔头	特　点
1	挤压式	螺旋排土式	使用最广,尤其适用于软土层
2	切削式	泥浆排土式	适用于致密的土层和含水的土层,泥浆可起到稳定工作面和作为排土介质的作用
3	切削式	螺旋排土式	适用于不含水的致密土层($N_{63.5}$值小于 50)
4	挤压式	泥浆排土式	适用于含水的软土层

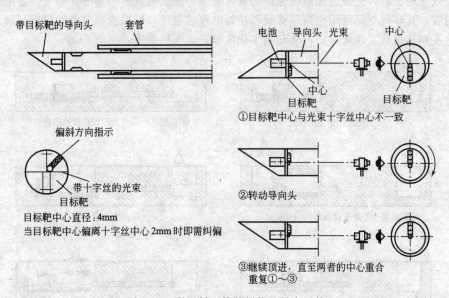

图 5-17　利用斜口管鞋纠偏的导向系统

另一种导向系统如图 5-18 所示,主要包括先导头、先导管、导向千斤顶、目标靶和经纬仪。导向千斤顶可使先导头的方向发生改变,沿着修正的方向使先导头向前顶进,最后由主顶进系统顶进先导管,即可达到纠偏的目的。

3. 应用范围

先导式小口径顶管施工法适用于管径为 $100\sim700mm$ 的各种管线铺设,最长的顶进长度可达 100m 左右。施工精度可控制在 20mm(垂直方向)和 $4\sim50mm$(水平方向)的范围内,适用于在 N 值小于 50,地下水位小于 10m 的土层中施工。

这种施工方法的最大优点是,在先导孔施工中可获得有关地层条件的补充信息,从而选择合适的扩孔头。

（三）螺旋式小口径顶管

螺旋式小口径顶管施工法是由水平螺旋钻进法发展而来的,与螺旋钻进法的主要区别在于它采用钻进头式结构,可实现全自动操作,包括测

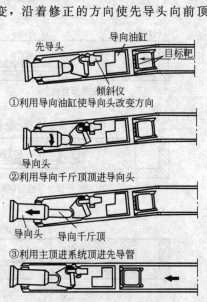

①利用导向油缸使导向头改变方向

②利用导向千斤顶顶进导向头

③利用主顶进系统顶进先导管

图 5-18　利用导向千斤顶纠偏

斜和纠偏。此外，在螺旋式小口径顶管施工法中，钻头既可由螺旋钻杆驱动，也可由独立的驱动装置驱动。

1. 施工工艺

管道的铺设分单步施工法和双步施工法两种。单步施工时，钻头在工作面进行切削钻进，切削下来的土由螺旋钻杆排到起始工作坑，同时将永久性管道随顶进头一起顶入。当顶进头到达目标工作坑时，铺管工作也同时完成，见图5-19。

双步施工时，先顶进预制的保护套管，套管为施工机具的一部分。套管一般采用双层钢管，其环行空间可用作液压管线和控制电缆的通道，以减少每节管的连接时间。当顶进头到达目标工作坑时，再从起始工作坑顶进永久性管道，见图5-20。

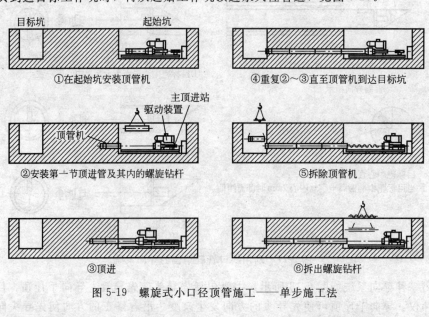

图 5-19　螺旋式小口径顶管施工——单步施工法

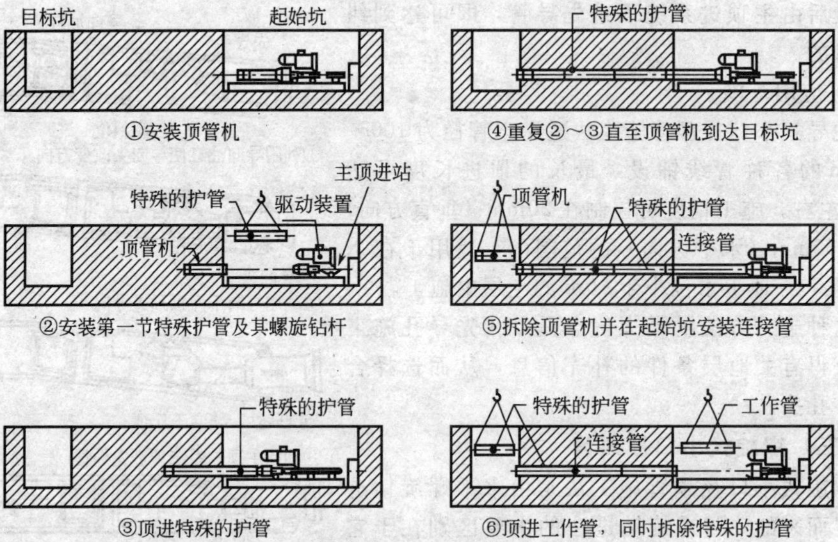

图 5-20　螺旋式小口径顶管施工——双步施工法

2. 施工机具

螺旋式小口径顶管施工所需要的主要设备也是小口径顶管掘进机，它包括钻进和排土系统、导向（测斜和纠偏）系统和控制系统等，如图 5-21 和图 5-22 所示。钻进和排土系统由钻头、螺旋钻杆、套管和驱动装置组成。根据土层条件不同，可以选用不同类型的切削钻头。必要时，可抽出螺旋钻杆，更换已磨损的钻头，或改变钻头的型式。钻头可通过螺旋钻杆由顶进工作坑内的主驱动装置驱动，也可由位于钻头后面的独立驱动装置驱动。主驱动装置直接驱动，由于受到扭矩的限制，一般仅限于小口径、短距离的管道施工。为克服这一限制条件，可采用两种途径：一是在钻头和螺旋钻杆之间使用一个齿轮变速箱，变速比一般取 4：1，使钻头的转速降为螺旋钻杆转速的四分之一，但扭矩相应增大了。另一种途径是钻头和螺旋钻杆使用独立的驱动装置。

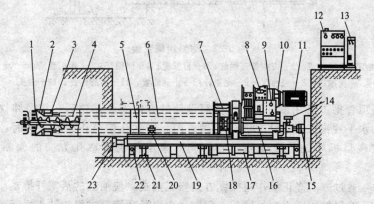

图 5-21　螺旋式小口径顶管施工的设备配置
1—钻头；2—先导管；3—螺旋钻杆；4—套管；5—连接套；6—埋设管；7—顶进头；8—操作箱；9—方向修正控制盘；10—传动装置；11—电动机；12—液压动力机组；13—电器柜；14—经纬仪；15—后水平斤顶；16—推进油缸；17—油缸后背；18—出土口；19—机座；20—托管器；21—垂直千斤顶；22—横向水平千斤顶；23—前水平千斤顶

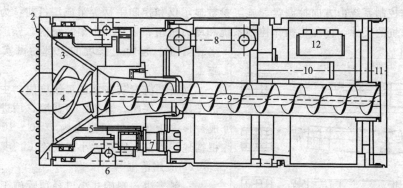

图 5-22　典型的螺旋式小口径顶管掘进机
1—切削头；2—切削齿；3—破碎工作室；4—破碎机构；5—高压喷嘴；6—主驱动装置；7—驱动装置；8—导向千斤顶；9—螺旋钻杆；10—给水管；11—激光束；12—阀柜

测斜和纠偏系统用来监测施工过程中钻孔方向的变化，并对偏斜进行修正，使钻孔的走向（垂直方向和水平方向）始终控制在允许的范围内。测斜系统主要由经纬仪、目标靶、显示仪等组成。纠偏由微型顶管掘进机内的方向修正油缸来实现。经纬仪固定在

起始工作坑内，通过观察孔可监视安装在小口径顶管掘进机后的目标靶。方向修正油缸一般为四个，均布在小口径顶管掘进机的周围。图 5-23 为常用的测斜纠偏系统的示意图。

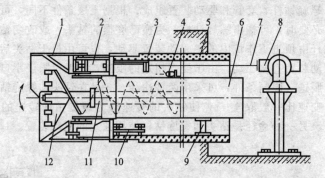

图 5-23　测斜纠偏系统

1—微型顶管掘进机；2—方向修正油缸；3—目标靶；4—照明灯；5—永久管道；6—套管；
7—视准线；8—经纬仪；9—支腿；10—止动装置；11—螺旋钻杆；12—钻头

小口径顶管掘进机在顶进工作坑按照设计的方向安装就位后，从经纬仪到目标靶两点之间的水平视准线代表了钻孔的正确方向。当钻孔偏离正确的方向时，从经纬仪图像上可发现目标靶的位置发生偏移，同时显示仪也将钻孔方向的偏斜情况显示出来。

纠偏时，通过方向修正操作箱操纵方向修正油缸，使油缸的活塞杆推动小口径顶管掘进机朝钻孔偏斜的相反方向偏转一个角度，小口径顶管掘进机与钻头之间的环形间隙随之发生变化，因而小口径顶管掘进机的顶进阻力失去平衡，产生一个分力迫使小口径顶管掘进机朝偏转的方向顶进。在小口径顶管掘进机的带动下，钻头也逐渐朝正确的方向钻进，钻孔的方向就被修正过来（见图 5-24）。此时，在经纬仪图像上目标靶的位置也恢复到原来的中间位置。

操作控制系统由方向控制盘、施工参数显示仪和控制手柄等组成。目前，为了减小起始工作坑的尺寸，往往将操作控制系统和动力机组布置在一个集装箱内。施工时，将集装箱置于起始工作坑的上部，可实现全天施工。

顶进系统安装在顶进工作坑内，主要由顶进千斤顶、底座、滑架、后背墙、顶进环等组成。顶进千斤顶的顶进力为 1000～10000kN，根据地层条件、管径大小以及施工长度而定。

3. 应用范围

一般来讲，螺旋式小口径顶管施工法适用于直径为 150～900mm 的管道铺设，顶进长度可达 300m，甚至更长，适用的地层主要为非黏性的土层，N 值在 5～50，可处理的最大颗粒直径取决于螺旋钻杆的直径和螺距大小，一般为 20～50mm。施工精度可达到上下偏差在

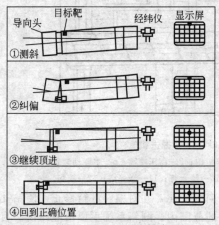

图 5-24　纠偏过程

±30mm 以内，水平偏差在±50mm 以内。

为了解决螺旋钻杆的直径和螺距决定它可处理的最大粒径大小这一限制条件，可采用特殊的钻头，或在钻头的后部增加一破碎机构以将大颗粒的块石或砾石破碎到螺旋钻杆可处理的粒度大小。图 5-25 为用于处理大块砾石的牙轮钻头（a）和带破碎机构的切削钻头（b）。

由于螺旋式小口径顶管施工设备为开放式结构，因而一般不适用于含水地层的施工。若采用辅助方法使螺旋排土系统成为封闭式结构，则螺旋式小口径顶管施工法也可用于含水地层的施工。

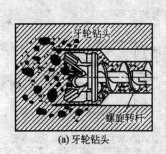
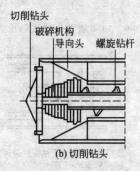

钻头直径/mm	最大颗粒/mm
350	120
400	135
450	150
500	160
600	185
700	200
800	200

(a) 牙轮钻头　　　　　　(b) 切削钻头

图 5-25　用于含大块砾石土层施工的钻头

（四）泥水式小口径顶管

泥水式小口径顶管施工法是目前使用最广泛的一种小口径顶管施工法。与螺旋式小口径顶管施工法相比，主要的区别如下。

① 切削下来的土以浆液的形式排出，输送介质（膨润土泥浆或水）同时可用来平衡工作面的压力。

② 切削钻头的驱动装置一般布置在钻头的后部。

1. 施工工艺

泥水式小口径顶管施工法同样有单步和双步施工两种方式，除了排土方式不同外，其他均与螺旋式小口径顶管施工法相同，见图 5-19 和图 5-20。在这里，工作面上切削下来的土通过切削刀头的入口进入泥浆室，再排到地表。

使用泥水式小口径顶管施工法施工时，为保持工作面的稳定，应将切削速度、排土速度和浆液压力作为一个整体来考虑，以平衡工作面的土压力和地下水压力，避免地表的沉降和隆起。

作用在工作面上的压力有土压力、地下水压力、钻头的接触压力以及泥浆室内流体的压力。土压力可通过自动调节和维持切削刀头的接触压力来平衡［图 5-26(c)］，即接触压力 F 略大于主动土压力 P_A，以避免工作面的塌落及随后地表的沉降［图 5-26(a)］，同时接触压力 F 又要略小于被动土压力 P_P，以防止地表的隆起［图 5-26(b)］。

图 5-27 表示土压力和接触压力实现平衡的过程。工作面压力的调节和维持由切削刀头的前进或后退和切削刀头上入口的开或关来实现。施工前，将压力调节到一定的值以平衡土层压力。然后，切削刀头进入工作状态，入口打开一定的程度。当顶进速度大于钻进速度时，钻头上的压力及其反力超过设定值，切削刀头后退（最大为 50mm），入口开大，土被迅速排出使压力降低，恢复平衡；反之，当顶进速度小于钻头的钻进速

度时，钻头上的压力及其反力低于定值，切削刀头前进（最大为 20mm），入口缩小使压力上升，恢复平衡。入口的最大尺寸与排土系统能处理的最大粒度相适应。

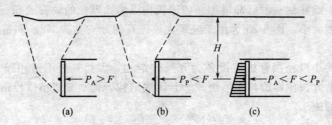

图 5-26　由切削刀头的接触压力引起的变形

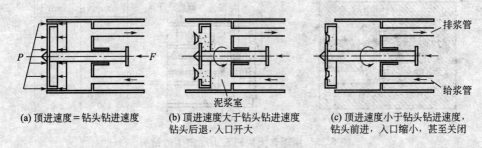

(a) 顶进速度＝钻头钻进速度　　　(b) 顶进速度大于钻头钻进速度　　　(c) 顶进速度小于钻头钻进速度，
　　　　　　　　　　　　　　　　钻头后退，入口开大　　　　　　　钻头前进，入口缩小，甚至关闭

图 5-27　利用可调节式入口实现压力平衡

（P 为水平土压力；F 为平衡压力）

地下水的压力可由排土的泥浆压力来平衡。如果有地下水时，泥浆室内的浆液压力一般高于地下水压力的 10％～20％。

2. 施工机具

泥水式小口径顶管为主要的施工机具，它也是由切削钻进系统、排土系统、导向系统和操作系统等组成，其中切削钻进系统、导向系统和操作系统与螺旋式小口径顶管掘进机相似，这里不再作介绍。

排土系统包括泥浆室、供浆管和排浆管、泥浆泵、沉淀池或泥浆分离装置。根据土层条件和地下水情况，可选用清水、膨润土泥浆或聚合物泥浆作为输送介质。

双步施工法施工中专门设计的临时管（见图 5-28）内装有排浆管、给浆管以及其他服务管线，可简化施工时各种管线的连接。

图 5-29 为典型的泥水式小口径顶管掘进机的结构。

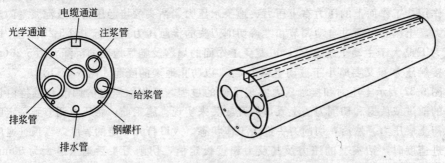

图 5-28　为双步施工法专门设计的临时管

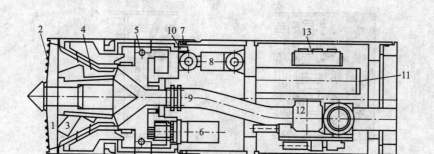

图 5-29 典型的泥水式小口径顶管掘进机

1—切削头；2—切削齿；3—破碎工作室；4—破碎机构；5—主轴承；6—主驱
动装置；7—密封圈；8—导向千斤顶；9—排浆管；10—给浆管；
11—激光束；12—旁通接头；13—阀柜

3. 应用范围

标准的泥水式小口径顶管施工法可用于直径为 250～900mm 的各种管道铺设，最大顶进长度可达 300m；适用于 $N=5～50$ 的各种地层，包括含饱和水的地层（最大水压头达 25m）；施工精度同样可控制在上下（垂直方向）偏差 ±25mm 以内，左右（水平方向）偏差在 ±50mm 以内。

泥水式小口径顶管施工法的主要缺点如下。

① 受排浆管的限制，可处理的最大粒度为 30～50mm。

② 每种管径要求使用与其相适应的设备。

为了处理粒度大于 30～50mm 的大块卵砾石，可采用如下的措施。

① 采用特殊的切削具。

② 在小口径顶管掘进机内增加一个二次破碎机构。

常用的方法是采用具有滚刀型切削具的小口径顶管掘进机。这种小口径顶管掘进机可以破碎土层中的大块卵砾石和混凝土结构，但是在黏性土层容易造成堵塞现象，降低施工速度。

小口径顶管掘进机内增加一个二次破碎机构后，大块卵砾石经二次破碎后再排出，因而可大大减少堵塞现象。在图 5-30 中，一个回转式破碎机构固定在泥浆室内，并与驱动轴相连，切削刀头切削下来的土经过刀盘上的入口和挡板上的可调式闸门进入泥浆室，在此经回转式破碎机构二次破碎后可使其最大粒度降到 50mm 以下。这种破碎机构可处理的最大粒度可达顶管掘进机直径的 20%。

另一种处理大块卵砾石的小口径顶管掘进机采用偏心的破碎机构。它主要由带切削轮的内锥体和带内倒锥的壳体组成，前者的轴线相对于后者的轴线有一个偏心量。内锥体作偏心回转运动时，可改变与壳体的间隙，达到破碎大块卵砾石的目的。这种偏心破碎机构的小口径顶管掘进机可将最大粒度为 1/3 管径的卵砾石破碎到 19～25mm。与回转式破碎机构相比，偏心式破碎机构的优点如下。

① 不易引起堵塞，尤其是在黏性土层。

② 松散的土在进入排土系统之前处于压密状态或成团块状，有利于排土和分离。

③ 钻头的磨损大大减轻。

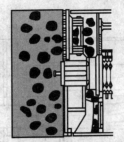
(a) 钻头切削钻进

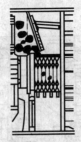
(b) 切削下来的土进入带破碎机构的泥浆室

(c) 破碎土中的大块砾石

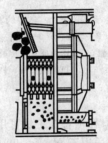
(d) 土及破碎后的砾石随泥浆排出

图 5-30　带回转式破碎机构的小口径顶管掘进机

[第6章]

地上燃气管道施工与表具安装

地上燃气管道施工内容包括引入管、室外明管、室内管、用气管等的安装。表具安装内容包括：各类民用燃气表、燃气灶、燃气用具等的安装；事业、团体单位的表、灶及各类用具的安装；各类工业、企业的架空管、大型燃气表及各类工业燃具、燃烧器的安装。

第一节　地上管的管材与接口

为了提高燃气管道工程的施工质量和保证煤气的安全运行，对工程所用的各种材料、配件、接口形式、填料等均应有严格的规定和质量要求。

一、管材

采用螺纹接口的金属管道的规格应以公称直径计量，地上煤气管所使用的管材公称管径为 $\phi 6\sim 150mm$ （2/8″～6″）。

管径为 $\phi 6\sim 10mm$ （2/8″～3/8″）的管材，应选用紫铜管、黄铜管或无缝钢管，其管件可选用铜配件或铸铁配件。

管径为 $\phi 15\sim 150mm$ （1/2″～6″）的管道，应选用镀锌钢管，其管件应选用镀锌可锻铸铁螺纹管件。

若采用焊接或法兰连接的钢管，可选用焊接钢管及无缝钢管，其管件为钢管焊接管件或法兰连接管件。

燃气表与用气管的软镶接，采用铅管并在铅管上铸接活接头。

燃气灶与用气管旋塞开关（直管开关）的连接，应采用耐燃气腐蚀的专用橡胶管，进行承插连接。橡胶管的内径应比连接管外径小 3～5mm。

大锅灶等用具的点火棒与点火开关连接，应采用高压橡胶管，以防止移动、摩擦、冲压造成胶管损坏。

二、接口

地上管接口以螺纹接口为主，此外还有法兰接口、焊接接口、活接头接口等。为了保证螺纹接口的严密性，管件应采用标准螺纹接口。施工中铰削的管螺纹应符合表 6-1 标准。

螺纹接口连接时，内螺纹上应敷有不溶于燃气的填料，煤制气的管道选用厚白漆，天然气管道采用聚四氟乙烯薄膜。但不采用油麻丝作填料，因为油麻丝在煤气与温度的作用下易干燥发脆，因而发生渗漏。

活接头接口的垫料采用石棉橡胶板垫圈、橡胶垫圈，也可采用油麻丝圈，但各种垫料均应加涂黄油，使之密封于活接头中。

表 6-1　管螺纹标准

公称直径/(mm/in)	15[1/2]	20[3/4]	25[1]	32[1¼]	40[1½]	50[2]	75[3]	100[4]	150[6]
每 25mm 牙数	14	14	11	11	11	11	11	11	11
有效螺纹长度/mm	15	17	19	22	22	26	34	40	44
完整牙数	8～9	9～10	8～9	9～10	9～10	11～12	14～15	17～18	19～20
旋紧牙数	6	6	6	6	7	9	11	13	15

　　地上管长螺纹活接口连接时，其旋紧处螺纹不少于内螺纹总长的三分之一，并在内螺纹口缠绕油麻丝后涂抹黄油，再旋紧螺母。在裸露螺纹部分加涂黄油防腐。

　　焊接接口与法兰接口要求见地下管接口部分。

三、地上燃气管道使用的管材与连接方式

　　地上燃气管道一般不使用铸铁管，架空管通常采用镀锌钢管、焊接钢管或无缝钢管。为了减少管径的规格，一般不选用 ϕ65mm（2½″）及 ϕ125mm（5″）管道，不使用 PE 管，禁止使用黑铁管，连接方式为焊接与法兰连接。

　　室内燃气管道常用的管材为：镀锌钢管、无缝钢管、焊接钢管、纯铜管、黄铜管与橡胶管等。

　　1. 镀锌钢管

　　采用螺纹连接。

　　加工后的螺纹应认真检查，同时检查管壁厚度，以防渗漏与断裂。螺纹接口连接时，应在管螺纹上缠聚四氟乙烯密封带。不允许用铅油麻丝密封，防止铅油麻丝在使用中干裂而导致漏气。

　　长螺纹活接头连接时，其旋紧处不少于内螺纹总长的 1/3，并在内螺纹口缠聚四氟乙烯密封带后涂抹黄油，再旋紧螺母，在裸露螺纹部分涂黄油防腐。

　　由于镀锌钢管具有比黑铁管使用年限长、管内腐蚀性铁锈少、管道不易堵塞、经常的维修工作量少等优点，故室内燃气管道多用镀锌钢管。

　　2. 无缝钢管与焊接钢管

　　采用焊接与法兰连接。

　　3. 纯铜管与黄铜管

　　通常使用的管径为 6～10mm，其配件用铜配件。

　　4. 胶管类

　　（1）胶管　胶管广泛应用于连接燃气旋塞阀与燃具，为了安全供气胶管须有足够的强度、耐气体渗透性、抗老化和准确的内径。

　　日本工业标准对燃气用胶管的规定，见表 6-2 和表 6-3。

　　（2）铠装胶管　是用金属螺旋管加强的胶管，它是在胶管表面包以螺旋状的镀锌钢皮而成的，可以根据所需长度随意切断（切断时，顺螺纹方向略微后让些，再弯折切断，使胶管稍伸出些）。

表 6-2　JIS K-6348 的规定（一）

公称直径/mm	内径/mm	厚度/mm
9.5	9.4±0.4	＞2.2
13	12.7±0.5	＞2.8

表 6-3　JIS K-6348 的规定（二）

拉伸试验	抗拉强度/MPa	>11.76
	伸长率/%	>400
老化试验	抗拉强度下降率/%	<25
	伸长下降率/%	<25
永久伸长试验	永久伸长率/%	<20
气密试验	加压 49MPa，3min 后无泄漏等异常状态	
硬度试验	弹簧的硬度（肖氏硬度 HS）	55±5

注：经各种试验后，质量必须符合上述规定。

铠装胶管是用中间胶管与燃气旋塞阀连接的，因此，在螺旋管的切口处还须安装专用金属套。铠装胶管有 ϕ10mm 和 ϕ13mm 两种规格。

（3）带内棱胶管　如图 6-1 所示，带内棱胶管在其内壁增设了 3 条纵向凸起，即使误折或误踩了胶管，燃气仍能从孔隙中通过，燃具不致熄火。可是，管内多了 3 条凸起，会增加燃气的压力损失。

使用时，若直接与燃气旋塞阀连接，燃气会从凸起的缝隙中漏出，故应另加设胶制套筒。这类胶管都按标准规格加工，两端预先用黏结剂固定胶制套筒。

图 6-1　带内棱胶管的断面

（4）丝包螺旋管　丝包螺旋管不使用胶管，而是用镀锌铁皮制成的，接缝处用细橡胶丝填充，使其密封，外表用人造丝及透明的乙烯树脂包覆而成。

丝包螺旋管端也用橡胶套筒固定，制成标准规格。有些工程中，给橡胶套筒增加了紧固箍，以提高安全性。

（5）除上述胶管外，还有一种胶管外用棉纱编织，用聚乙烯树脂包覆，强度较高，管端安装紧固件，与旋塞阀连接后绝不会脱落。

胶管在安装使用时应注意，用胶管连接，一定要把胶管插到旋塞阀胶管接口的红线位置，使其不致轻易脱落，这一点很重要。

表 6-4 为顺着胶管接口轴向拔下胶管所需的力。由表中可以看到，将胶管插到红线位置和仅插一扣、二扣存在很大差异。再将新旧胶管作一比较，即使同是新的切口，仍是旧管差些。此外，同一胶管在同一位置经多次插拔后，拔下所需的力也逐渐减小。

表 6-4　胶管（3/8″）的拔力

条　　件	拔力/N
插入一扣	16.7
插入二扣	46.1
插入三扣	73.5
插到红线（规定值）	98
插到红线，并使用安全箍	137.2

注：试样为东京煤气公司的标准件。

在正常情况下，胶管使用 3 年是没问题的，但接近燃具一端温度较高，有时可达 60℃左右，使用时间长了会失去弹性，易于拔脱，有时还会出现裂纹导致漏气。遇到这种情况，可剪去用久了的胶管头继续使用，不过胶管弯折后已出现裂纹时，必须更换新管。

多年来一直使用着各类胶管卡子，目的都是为了紧固胶管以免脱落。

胶管卡的关键是要求紧固力均匀，具有一定强度，加工简便及使用方便。

第二节　施工前的准备

地上燃气管道的大型工程施工前的准备工作包括三个方面：一是根据施工卡明确工程要求，熟悉施工图纸，了解设计意图；二是设计人员交底与现场踏勘；三是制定施工工艺，材料、机具设备的配置与准备。

一、施工卡与施工图

施工卡一般需简要说明工程的目的要求，如延伸支管、接装表灶等，必要时还对施工中复杂情况加以文字说明，此外还记有耗用的材料、人工费用等。施工图则确定管线、表、灶具的位置以及布设要求等，是施工的依据。

地上管施工图一般绘有平面图与透视图。简单工程如能用平面图表达清楚的，则只绘平面图；较复杂的工程则需平面图及透视图同时绘出。

地上管施工图一般可分为以下几类：一般零星用户施工图，里弄集体施工图，工房施工图，工业、营业、事业、团体用户施工图。

1. 零星用户施工图

一般零星用户施工图又可分为添装（即在原有煤气设备上添装一新用户）及新装两种，图 6-2 是添装施工图。

由于该项工程内容简单，绘制一张平面图时即可将工程内容与要求表达清楚。从图 6-2 可知，设计要求在原有三只煤气表支管位置上延伸，再接装一表，由表接出用气管向南至楼梯边墙角升高，直至三楼，再向西延伸至灶位。

该图还表明灶间位置、方向、设施、煤气管线由外墙以 φ40mm 进入户内情况，根据上述平面图也可画出管线透视图（图 6-3）。

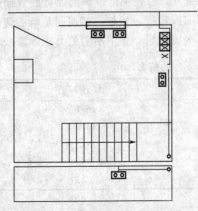

图 6-2　零星用户添装平面图

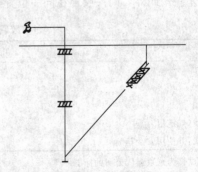

图 6-3　零星用户添装透视图

2. 里弄集体施工图

里弄集体施工图根据工程大小确定，如大块地区发展用户，则应绘制一张总图（平面图），根据总图分解成多张分图，分图包括平面图和透视图。此外，每户用户的施工卡还绘有类似图 6-2 的平面图。施工人员则根据平面图和透视图来了解管线位置、管径、设计要求。

图 6-4 为里弄集体施工图中的一张分图，共五个门牌号 18 户用户。工程从西南角深 0.6m 的 ϕ100mm 地下管开始延伸，拆除 ϕ100mm 管帽，延伸接装 ϕ100mm×50mm 接头短管（短管已铸好 ϕ50mm 螺纹孔），从螺孔中引接出 ϕ50mm 管至墙边伸出地面，在离地坪 0.5～0.8m 处装三通、外接头、弯头再升高（其高度约为 2.2～2.6m），至适当的管位沿墙横向延伸。

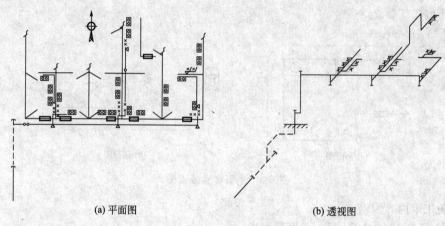

(a) 平面图　　　　　　　　　　　　　(b) 透视图

图 6-4　里弄集体施工图

3. 工房施工图

由于工房系统一型号，其布设有规律性，而一般工房均有预先安装好的煤气管道，即使需要安装管道的工房，其施工图也较简单。图 6-5 为工房施工图

由于工房各层型式一致，厨房位置相同，对这样的结构应统一规定表灶安装部位、设置型式，以便于施工、维修和管理。图 6-6 是合一式管线的平面图及透视图，除底层

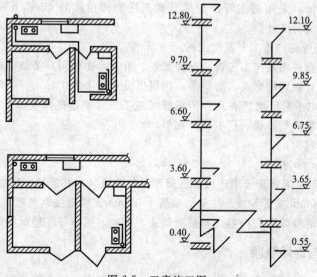

图 6-5　工房施工图

的管线走向由于接装入灶间有所不同外，其余各层的管线走向、位置均相同。因此其他各层的管线平面图除画出二楼外，余均可省略。

从透视图看，地下管以矮主管穿墙进户后，其底层的用户支管标高为 0.45m，即底层横支管离室内地坪高度为 0.45m。从各层的标高可推算出房屋层高。

4. 营业、事业、团体施工卡与施工图

营业、事业、团体施工卡与施工图和居民施工卡、施工图相仿，只是燃具、煤气表规格不同，管道设置要求不同。图 6-6 是一小型集体用户施工图，如托儿所、机关、学校或小型工厂食堂。

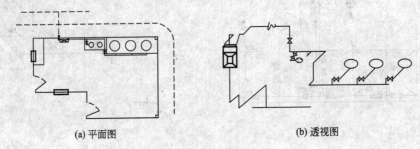

(a) 平面图　　　　　　　　　　　　　(b) 透视图

图 6-6　小型食堂施工图

施工卡内容为：

① 新装 $10m^3/h$ 表×1，于底层厨房。

② 新装 $\phi75mm$（11″）有搭燃具×3［配 $\phi700mm$（28″）大锅灶］，两用灶×1，$20^{\#}$×1（$20^{\#}$ 铁莲蓬）。

③ 埋设 $\phi50mm$ 支管至表位。从平面图上可以了解厨房地形概况、表及各类灶具的位置。$\phi50mm$ 管从 $\phi30mm$ 地下管的 $\phi50mm$ 孔引出。$\phi30mm$ 管位于离墙 5m 处的马路慢车道下。

从透视图上可以看到管线走向，从 $\phi30mm$ 地下管钻孔垂直向上，通过弯头向南至墙脚边再升出地面，采用矮主管进户后升高至适当部位接装 $10m^3/h$ 表一只。表为挂装，从表接出用气管至灶具。

5. 工业、企业用户施工卡及施工图

一般工业、企业用户施工工程情况和营业、事业、团体用户类似。对用户要求提高用气压力，或设计特殊的燃具、窑炉等，则根据设计要求施工。

图 6-7 是一电子管厂燃气表及升压泵管线施工图（不包括用气部分），它的布设与采用中压燃具的玻璃厂、仪表厂、药厂相似。

施工卡的内容为：

① 新装 $57m^3/h$ 表×1。

② 75mm（3″）用气管分别连接贮气筒和煤气升压泵，并连接中压燃具。

③ 埋设 $\phi100mm$ 支管至墙外主管，安装 $\phi100mm$ 支管镶接燃气表。

燃气升压后的管线工程内容，与前面营业、事业、团体施工情况相似。

二、设计交底与现场踏勘

地上管工程一般规模较小，内容较简单，通过施工卡、施工图已能了解工程要求和

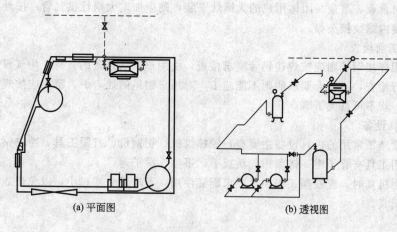

(a) 平面图 　　　　　　　　　 (b) 透视图

图 6-7　工、企业用户施工图

设计意图，这就不需要进行现场交底与踏勘。若在施工卡施工图上还不能完全表达出某种特殊情况与要求时，则应进行交底与踏勘。对于较大、较复杂的工程，则应在施工前进行现场交底与现场踏勘。

　　交底内容为：①工程项目的要求；②某些在图上无法充分说明的问题，如明支管管位选择，管卡、支架设置等；③各种不符合规定的特殊情况处理等。

　　施工人员在现场交底前应先熟悉图纸。现场交底时需注意以下几点：①应仔细将图纸与施工现场核对，如有疑问及时问问清楚；②对施工图中不清之处，应询问清楚；③对施工图中遗漏、错误之处进行查询、纠正；④对工程图中不合理处进行探讨，统一认识；⑤对施工卡上不明确之处应询问清楚；⑥施工卡上材料与工程用料不符时（如遗漏、规格不对等），应进行查询；⑦对工程中任何不明确处，或需要变动的内容均应询问清楚。

　　施工人员的现场踏勘内容为：①检查有无影响工程施工的障碍；②对由地下管接出的工程，要查实管位；③对明支管及室内管的管位进行查看，特别是管线支、卡设置，要防止选择在混凝土的梁柱上；④查看有无妨碍工程施工的各种不利因素；⑤查看表、灶、燃具的设置位置；⑥了解用户施工准备情况。

三、制订工艺和准备材料、机具设备

　　1. 制订工艺

　　在完成现场踏勘后，由该项工程施工负责人制定施工工艺，其内容大致为：①绘制分工草图；②确定干管管位、走向，对明支管还应确定支撑点、固定托架的设置位置等；③确定施工程序，如顺序安装、倒向安装或选点安装等；④确定气密性检验方法，是总段试验还是分段试验；⑤确定阀门、集水器设置位置；⑥确定特定部位的施工方法。此外，还应拟定工程进度计划、劳动组合等。

　　小区施工负责人需制定该小区施工工艺，其内容大致和施工负责人相似。

　　2. 材料

　　材料应在施工前备齐并运送至工地。施工人员应按施工卡核对材料，剔除不合格的材料。对螺纹管件还应检查其螺纹部分是否合格，角度是否准确。对阀门应进行关闭性

能试验。对营业、事业、团体用户的大锅灶安装，则应加工大锅灶供气管，按灶位间距钻孔、焊接内螺纹接头等。

3. 施工前检查

企业用焊接钢管则应按焊接钢管要求检查，由用户自制自备的管材、用气设备均应按规定进行检查，不符合要求的则不能施工。对用户砌筑的灶、炉、窑均应按规定要求进行检查，切不可马虎了事。

4. 机具设备

地上管施工常用的机具设备主要有：铰螺纹机、切割机、打眼工具、冲击钻、弯管机等，常用工具有管子钳、链条钳、活扳手、手锤、凿子等。

在选用机具时，应根据工程项目要求配套使用，不应过大或过小，以免造成操作困难或损坏机具。

第三节　地上管施工的基本操作

地上管施工的基本操作是管道铰制螺纹与切割、调直与弯曲、装接、管道安装、嵌装三通管与镶接设置管卡与管架等。

一、铰制螺纹与切割

1. 铰制螺纹

地上管施工中，采用螺纹连接的金属管其公称直径为 $\phi6\sim150mm$。

（1）$\phi6mm$、$\phi8mm$、$\phi10mm$ 金属管的螺纹　采用圆板牙加工，其铰削方法和一般钳工铰螺纹相同，铰削时应加机油润滑，螺纹应一次铰成，螺纹牙数为 $8\sim10$ 牙，锥度应与板牙的标准锥度相同。

（2）$\phi15\sim50mm$ 金属管的螺纹　一般采用管子铰板铰制。铰制前应调整好铰板与螺纹部分的直径，丝板牙应与所需切削量相符，并应将管子固定在龙门式台钳内。操作时应注意以下几点。

① $\phi50mm$ 以下管子铰削次数为 $2\sim3$ 次，每次切削量不宜过多，以免发生烂牙或管牙留有毛刺。

② 每次铰削时，应调整刻线，不宜采用放松机柄来代替调整刻线。

③ 调整板牙时，不能用铁器直接敲击板牙，应用柔性物（如木枕）抵出板牙。

④ 板牙、铰板要经常揩清上油，铰削时应加油润滑。

⑤ 管螺纹要求完整、光滑、并有锥度，与管子轴心垂直，发现偏牙、细牙、烂牙等情况时，必须重新铰制。

⑥ 若要求管牙锥度大一点，则可采用松紧扳手调节。

⑦ 铰螺纹时，铰板手柄不应加套管接长，以免损坏铰板与板牙。

⑧ 由于管件有公差，铰好的螺纹应进行试装，以手旋 $3\sim4$ 牙为宜，不应过多或过少，过多宜重新铰制，过少应再进行铰削。

（3）大口径管螺纹的铰削　管径为 $\phi75\sim150mm$ 管螺纹的铰削，需用各种规格的铰板，铰削一只接口需铰 $4\sim5$ 次，操作方法同上。由于手工操作繁重、工效低，已逐渐采用机械铰削，在厂内则用车床或专用机床加工，在工地则采用铰螺纹机械。

2. 切割

管子切割工具较多，适用于施工现场手工操作的工具有管子割刀和钢锯。适用于厂内、工场使用的有砂轮割管机、电锯、机械割管机等。

（1）管子割刀　管子割刀是一种使用方便、工效较高的手工工具，切割时将管子夹紧在龙门台钳上，按管径调节手柄丝杆，使滚轮、刀片压紧管子，并使刀片对准切割部位，推动割刀沿管子旋转 1～2 周后再收紧丝杆，使滚轮、刀片再次压紧后推动割刀旋转，如此往复数次即能将管子割断。为了使断口表面平整易于铰螺纹，一般采用两只滚轮一把刀片，但在割刀无法旋转 360°时，可采用三只刀片割管。

切割好的管子断口应齐整并垂直轴心，采用管子割刀时由于滚轮、刀片紧压，内径会有所收缩，应用刮刀将收缩部分刮除，以保持口径不变。

（2）钢锯　目前尚没有专用截管管锯，截管通常使用钢锯。由于钢锯间距较小，对管径 $\phi75mm$ 以上的钢管锯割甚为不便。

锯割操作常将管子固定在台虎钳上进行，由于锯割易发生歪斜，可能造成局部泄漏，所以在施工中钢锯应用较少。

（3）其他切割法　工地使用的切割机械有砂轮割管机及铰制螺纹割管两用机。采用砂轮切割时，砂轮下压速度不能过快，以防止砂轮破碎发生事故。

在厂内、工场内使用的各种切割机械工效高，但需专人操作，要有一定的熟练技术。

在工地施工中，大口径焊接钢管可采用火焰切割，或用自爬式割刀切割。

二、调直与弯曲

1. 调直

管子接装前，应检查管子是否平直，如有弯曲，应调直后再接装。

施工中常用的调直法为杠杆调直法（图 6-8），将管的弯曲部作支点，加力于力点进行手工调直。调直时要不断变换支点部位，使弯曲管均匀调直而不变形损坏。小口径管（$\phi13\sim$32mm）的调直，也可用锤击法将弯曲管的凸部用锤敲打使其平直。

图 6-8　杠杆调直法

直径为以 $\phi40\sim50mm$ 管子的调直，也可采用杠杆法，但需有牢固的支承点及多人共同操作。若管子较短无法调直时，应采用锤击法或机械校直。

为了防止损坏防护层，镀锌管的调直与弯曲不采用热弯。大口径的焊接钢管、无缝钢管则可以采用热煨校正，利用热胀冷缩原理，进行不均匀加热、冷却，使凸出部位收缩。

2. 弯曲

管道施工中，为了施工方便、敷设美观，在管道变换部位或跨越障碍时经常采用弯管，其弯曲种类一般分为单曲、双曲、元宝曲三种（见图 6-9）。

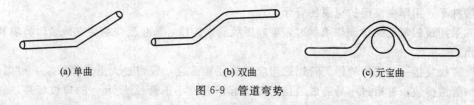

(a) 单曲　　　　　　　　(b) 双曲　　　　　　　　(c) 元宝曲

图 6-9　管道弯势

（1）单曲　一般用于管道变换角度处，如 $6m^3/h$ 的表与用气管连接时，需将用气管端部弯一单曲，使之与燃气表铅管连接。

（2）双曲　一般用于变换管道位置或跨越障碍物，其变动位置的大小为弯曲度的大小。

（3）元宝曲　主要用于在同一墙面上跨越其他管道。弯制元宝曲要求其高度 h 比实际超越物大 $3\sim6mm$，并使凸部位于跨越物最高点。

镀锌管弯曲采用冷弯，在工地施工中采用杠杆法弯曲。各种弯势的弯制均由其高度 h 确定，弯制双曲时管长应增加弯曲部分高度 h 的 0.4 倍左右（根据不同弯曲角度计算），元宝曲则应增加高度 h 的 0.8 倍左右。

在大型工地或工场进行弯管，通常采用弯管机。弯管机有油泵式及螺杆式两种。适用于较小口径弯管设备的有手动弯管机（见图 6-10），它由两个大小滚轮及手柄等组成。其操作程序为：把需弯曲的管子插入两轮槽之间，然后推动转轮手柄将管弯曲到所需度数。

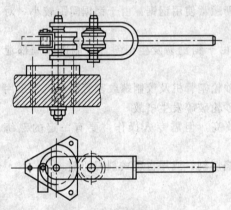

图 6-10　手动弯管机

对特殊角度、形状的弯管，应预先用铁丝弯制成样板，再根据样板弯管。

小口径管（$\phi3\sim13mm$）的弯曲，其角度小于 $90°$ 时，采用手工冷弯。若需盘弯成 $90°\sim360°$ 时，应灌沙热弯。

铅管弯曲时不能一次成型，应在铅管各部逐步均匀施力，使其弯曲圆润。若弯曲后发生椭圆，则应用木锤轻轻拍打凸部，使其圆润。

弯曲管道时的质量要求：

① 管子弯曲部位应保持圆润，不得有皱折。

② 弯曲的角度一般不超过 $45°$。

③ 弯曲部分应保持原管径，不得凹瘪。

④ 有缝管的焊缝应放在弯曲部分的外侧，以便于检查弯曲后可能产生的裂纹。

⑤ 弯曲部分盘绕障碍物的位置，应对称于被跨越物的中心，不得影响美观。

⑥ 弯曲的部分与直管应在同一轴线上。

三、装接

1. 螺纹装接

螺纹装接是地上管的基本操作，螺纹部分的填料采用厚白漆。厚白漆在螺纹间隙中起充填密封作用，又能防止螺纹的锈蚀。涂抹厚白漆应均匀，装接完成后应将挤出的厚白漆抹平，用厚白漆保护裸露的管牙。

采用聚四氟乙烯薄膜作填料时，要顺螺纹旋向缠绕，防止反向缠绕在旋紧时将填料挤出。

螺纹装接一般采用管钳。管钳选用应和管径相适应，管钳过大造成螺纹旋入过紧，影响管道拆装；管钳过小易造成装接松动引起泄漏。小于管径 $\phi75mm$ 的螺纹装接，通常采用管钳；大于 φ75mm 的螺纹装接则采用链条钳。管钳、链条钳的规格和适用范围见表 6-5。

表 6-5　管钳、链条钳的规格和应用范围/mm

名　　称	规　　格	使　用　范　围
管钳（长度）	300	φ13～20
	350	φ20～25
	450	φ32～50
	600	φ50～75
	900	φ75～100
链条钳	900	φ75～125
	1000	φ75～150
	1200	φ75～200

若使用的管钳大于上表规格，在装接时用力部位应向前移，缩短力臂，防止力矩过大损坏管件。若管径大而管钳小，则更换管钳，不宜加接套管。

在管件装接时应注意：

① 装接可锻铸铁管件，如三通、弯头、内螺母等，则可装接得稍紧一点。

② 装接铁、铜铸件，如阀门、铜活接头等，则不宜装接得过紧，以防管件胀裂。

2. 长螺纹活接头装接

活接头的长螺纹是没有锥度的，活接头短螺纹有锥度。短螺纹装接时旋紧螺纹即能密封，长螺纹则不能依靠螺纹旋紧来进行密封。长螺纹的长度为短螺纹的 2.5～3 倍。在进行长螺纹装接时，长螺纹的内螺纹部分与连接管螺纹装紧，其长度约占长螺纹长度的 1/3 左右（见图 6-11）。长螺纹装接后口的间隙 S 为 1～5mm，若间隙过大则会造成剩留螺纹过短，易发生漏气、脱落等事故。

当长螺纹活接头的内螺纹与连接管装接达到密封时，在长螺纹的内螺纹连接部位涂上黄油，用油麻绳缠紧，再涂上黄油后，用六角螺母压紧油麻绳，使其充分填于螺纹间隙，达到密封，再在螺纹和螺母之间涂黄油。长螺纹水平设置时，其六角螺母位置为气流进气方向。长螺纹垂直安装时，其六角螺母位置在下端。

3. 活接头装接

活接头通常用于管道分支或需经常拆卸的部位。装接活接头时，应正确量出活接头部位的尺寸（见图 6-12），使两接头密合，不允许间隙过大。

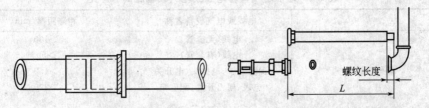

图 6-11　长螺纹活接头装接　　　　图 6-12　管道活接头接口丈量

装接活接头时，首先应将活接头的内螺纹与管道螺纹装紧。在活接头的凸口应加垫圈，可用橡胶石棉板垫圈，或用油麻绳编织垫圈。但均需加涂黄油，并检查活接头两端是否在同一轴线上密合，然后紧固螺母。

4. 垫料接口

垫料接口（图 6-13）常用于地上管伸缩补偿装置接口，及各种管件（如阀门）接口。垫料接口由六角螺母挤压缠绕好的石棉垫料，将其挤压入接口间隙使之密封。

垫料通常采用石棉绳，石棉绳有方形及圆形两种。石棉绳的粗细根据接口的间隙而确定，一般比间隙大 3mm 左右。石棉绳的缠绕方向应与螺纹旋转方向一致，石棉绳缠绕应不少于 5 圈。石棉绳缠绕后应涂黄油，用六角螺母旋紧时不宜过快，应将石棉绳均匀压入缝隙。若采用橡胶圈代替石棉，则胶圈应比间隙大 1/5～1/3。三通与活接头组装见图 6-14。

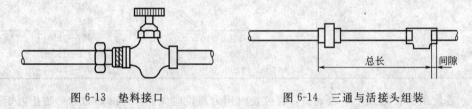

图 6-13　垫料接口　　　　　　　　　图 6-14　三通与活接头组装

四、管道安装

地下燃气管道安装基本要求是：布置合理、美观，管道稳固、安全，保持必要的坡度和良好的气密性四方面。

1. 管位的布置

按图设计要求确定现场的管位时，应与建筑物和相邻管线取得协调，做到合理美观并便于检修。

① 管道应符合"横平、竖直"，即：横向管道要垂直，管道不应弯曲，应尽量贴墙安装。

② 燃气管道不得同方向重复盘回安装，重复管段不应超过 100mm。

③ 燃气管道不得穿越门窗，并保持 150～200mm 距离（上方）。

④ 地下燃气管道与其他管线交叉时，应盘弯（管子弯成曲势或用管件盘弯）穿越，交叉点应保持 5mm 的净距。

⑤ 地下燃气管道与其他管线或电线、电气设备平行安装应保持以下间距：

a. 当与其他管线平行安装时，应保持不少于 100mm 的净距；

b. 与电线和电气设备的间距见表 6-6。

表 6-6　地下燃气管与电线或电气设备距离（净距）

	电线或电气设备名称	相隔距离/mm
燃气管道	电线（无套管）	＞100
	电线（有套管）	＞50
	保险盒子、电插头、电开关	＞150
	电表、闸刀开关、配电箱	＞300
	电线交叉	＞20

⑥ 燃气管道穿越楼板应设套管。套管上端应高于地坪 80～100mm，下端与楼板平齐。套管与燃气管间隙应用麻丝填实并用热沥青封口。

⑦ 下列场所不得安装地上燃气管道。

a. 人防、地下室，密闭的或通风不良、换气次数达不到 6 次/h 以上的半地下室，人员不能站立或不便操作的非密闭半地下室。

b. 卧室、机要室和人员不便或不宜进入的地方。

c. 有易燃或易爆物品的场所和有腐蚀性气、液体或有放射性物超过安全标准的地方。

d. 配电间、变电室。

e. 使用烟道和通风道及不使用燃气的锅炉房。

⑧ 下列场所安装地上燃气管道时，必须采取一定的技术措施。

a. 燃气管道如必须敷设在经常潮湿或有腐蚀性气体、液体的场所应采取防腐蚀措施。

b. 燃气管道需要穿过公共厕所、公共浴室及穿越水斗时，应设置在套管中，套管的长度应超出穿越部位的两端 30～50mm。

c. 引入非密闭半地下室的立管，其口径大于 40mm 的应设置闸阀与活接头。

高层建筑室内立管的底部应设有牢固的支撑。

⑨ 室外引入管安装要求。因地上燃气管道基本上为低压（除个别工业用户）燃气，管道一般不设阀门，必须在室外引入管上设三通为"阻气孔"。要求详见图 6-15。

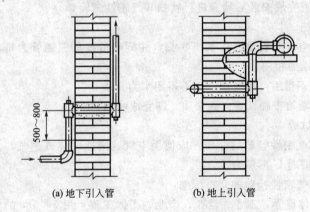

(a) 地下引入管　　　(b) 地上引入管

图 6-15　室外燃气管道引入管安装示意图

2. 管道坡度设置

地上燃气管道应设置必要的坡度和放水口。

① 坡度一般为 1‰～3‰（室外一般为 3‰，室内一般为 1‰～2‰）。

② 管道升高或回低时应在低处设丁字管加管塞为放水口。室外管道或虽然是室内管道但距离超过 20m 以上，管道的最低处应设丁字管加集水管（同口径），集水管长度应为 300mm。

③ 小口径管道坡向应向大口径管道。管道坡度的上坡和下坡之间的过渡管段可设平坡，但不得出现倒坡。

3. 管道固定

① 地上燃气管道应用管卡固定于建筑物上，贴墙管道可用钩钉固定，离墙管道可分别采用夹子钩钉、角铁钉、吊卡等方式固定（见图 6-16）。工业架空管支架有水泥支墩、钢支架或拱形支架等方式固定。

② 固定支点的间距见表 6-7。

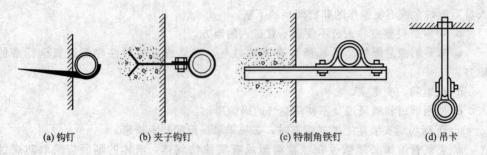

(a) 钩钉   (b) 夹子钩钉   (c) 特制角铁钉   (d) 吊卡

图 6-16   管卡

表 6-7   固定管卡（架）间距

公称直径/mm		15	20	25	32	40	50	80	100	>100
间距/m	横向	2.5	2.5	3.0	3.5	4.0	4.5	5.5	6.5	另行计算
	竖向				适当扩大					

4. 吹扫和气密性试验

地上燃气管道完成安装后均需进行吹扫和气密性试验。

（1）管道吹扫

a. 采用压缩空气对管道进行系统吹扫，并拆除沿线的三通管为排放口。压缩空气的压力应与验泵压力相同。

b. 管道吹扫不得用可燃气体，也不得用水为介质。

c. 在管道末端检查确认管内无杂质，即完成吹扫。

（2）气密性试验

① 燃气管道气密性检验的介质，应使用空气、惰性气体或燃气，严禁用水。测量压力的仪表可用玻璃 U 形压力计。

② 燃气管道气密性检验的合格标准：

a. 工房、集体里弄、工业、营业、事业、团体工程，用 3000Pa 的空气压力进行气密性试验，要求在 10min 内压力不下降。

b. 家庭零星用户装置，可用燃气工作压力直接检验，要求在 3min 内压力不下降。

c. 工业、营业、事业、团体工程，在连接用气设备的情况下，用 3000Pa 压力的空气检验，要求在 10min 内压力下降不大于 100Pa。

d. 工作压力在 1500～5000Pa 的燃气管道，一般以一倍于工作压力的空气进行检验，要求在 10min 内压力下降不大于 100Pa。

e. 工作压力高于 5000Pa，应按中压管道气密性检验标准进行（详见地下燃气管部分）。

（3）检验管道长度

① 不论管道口径大小，其总长度超过 50m 可分段试泵，总长度 50m 以内应一次试泵。

② 管道分段试泵合格后必须将各管连接起来进行总验泵。

（4）工作压力   低于 5000Pa 的燃气管道一般不作强度试验，如工作压力大于 5000Pa 则根据设计要求作强度试验。

五、嵌装三通与镶接

地上管嵌装三通是从原有支管上装接三通接出分支。地上管嵌装三通以螺纹装接为主，在原有外墙明管、室内管中间接装三通分支。

镶接是将已安装好的进户管与地下支管利用柔性接口或长螺纹活接头等进行连接操作。

1. 采用长螺纹活接头嵌接三通（见图 6-17）

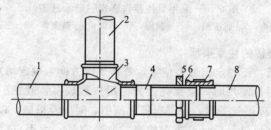

图 6-17　长螺纹嵌接三通示意图
1—原管道；2—新支管；3—三通管；4—双牙长螺丝；5—六角压螺母；
6—麻丝圈；7—套筒；8—原管道

① 按施工图确定嵌装三通位置、寻找可以用于阻塞气源的三通等，然后堵塞气源。若无法堵塞则进行带气操作。

② 外墙明管活接头一般采用长螺纹活接头，将三通与长螺纹活接头组装，量出三通和长螺纹活接头的组装长度。

③ 量出长度定位切割，通常采用三轮割刀。

④ 割管时为便于操作，应松动周围管卡，并用长扁凿加固支撑，以防管子割断时下坠。

⑤ 割刀旋转度数应大于 90°，如发现墙角或其他构筑物有影响时，应进行凿槽或清除。

⑥ 拆除割断管子时，应将管道两端用布塞好，以防空气及杂物混入管内，若带气时则应严密堵住气源。

⑦ 在完成长螺纹活接头和三通嵌接后，应将堵塞物全部取出，螺纹处用皂液验漏。将原有管卡重新固定，并保持原有坡度。

2. 采用柔性接口管中嵌接三通

柔性接口是近年来上海煤气公司开发的新技术，其具有气密性好，施工方便的优点。柔性接口管件是由管体、橡胶密封圈、抗拔圈和压套组成。安装方法是将镀锌钢管套入管体内，依靠压套的旋转压缩橡胶密封圈达到气密性，并压紧抗拔圈（尼龙）达到稳固抗拔，其结构如图 6-18 所示。

此方法可不必将旧管拆下铰丝口，给施工带来方便。施工顺序为：

① 确定嵌接三通位置，堵塞气源后，切断镀锌钢管；

② 先将三通和套筒管件分别套至已切断旧管两端；

③ 然后将中断断管嵌入，并将三通和套筒管件移动合拢；

④ 最后分别填放各接口的密封圈和抗拔圈，旋紧压套即完成嵌接三通施工。

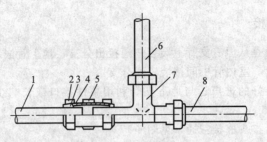

图 6-18　采用柔性接口嵌接三通示意图

1—原管道；2—螺母；3—抗拔圈；4—密封圈；5—套筒；6—新支管；7—三通管；8—原管道

3. 嵌装三通及镶接的注意事项

① 仔细看清图纸，正确定出嵌装位置，查清气源方向，确定堵塞气源的方法。

② 因停气影响用户使用时，应预先通知。用户数较多，或工厂、商店、机关团体等受到影响时，应办理停气手续，拟定出停气范围、时间及措施，以保证用气。

③ 在操作完毕恢复供气后，要挨户检查，放净空气。大用户应取样检查，小用户应点火试烧，确认煤气成分合格后方可通知用户使用。

④ 带气操作时应严格遵守规定，不允许火种进入现场。操作人员应带隔离面罩，防止煤气中毒。

⑤ 室内平顶下或者空气不畅通的地方，带气操作时必须采取排除煤气的措施。可采用排风机或人工排风，以防煤气积聚发生中毒、爆炸事故。

⑥ 外墙管带气嵌装三通时，应注意关闭二楼以上窗户，防止煤气进入室内，发生事故。

⑦ 地下绝缘管带气嵌装三通应由三人以上操作，地上带气作业应由两人以上操作。操作人员应密切监护作业人员动态，并经常进行轮换作业。

⑧ 防止工具碰击产生火花，引起煤气燃烧与爆炸。对易发生火花的工具，如手锤、凿子使用时应浇水，防止明火出现。

六、工厂化施工

由于燃气管道的安装是分散进行的，劳动强度高，施工速度慢。工厂化施工，则由工场预制所需管段，装接好所需管件运至现场，由安装人员现场装接，减少现场割管、铰螺纹工序，加快施工速度，提高安装质量，所以亦称为装配式施工。

地上燃气管道工厂化施工一般使用于定型的建筑物内施工。装接是按定型表灶设计的，对于房屋样式不一的里弄，装配式施工的测估工作有一定的要求，即在测估用户燃气管线时，应正确量出每一管段的长度，对穿越墙壁或楼板的管道，穿越厚度要有比较精确的尺寸。在绘制测估图时，除画出平面图外，还应画出管路透视图，标注出每管段的直径与长度。

上海市常采用旋塞和胶管连接灶具，因此在管道的装接中，可以有较大的公差，这使装配式施工更便于实施。

1. 工厂化施工图

工厂化施工图如图 6-19 所示。

2. 工厂化施工配管

工厂化施工配管见表 6-8。

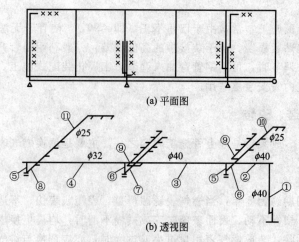

(a) 平面图

(b) 透视图

图 6-19　工厂化施工图

表 6-8　工厂化配管

编号	口径/mm	长度/m	装接	零件	根数	附件
1	φ40	2.00		φ40 弯×1,φ40T×2,φ40 双牙×1,φ40 塞×2	1	
2	φ40	2.50		φ40 弯×1,φ40×25T×1	1	
3	φ40	5.50		φ40×25T×1, φ40 双牙×1,φ40×32 异径管×1		
4	φ32	5.46		φ32×25T×1,φ32 塞×1	1	φ25 双牙×6
5	φ25	0.30		φ25T×1,φ25 塞×1	3	φ25×20T×25 只
6	φ25	0.40		φ25T×1	1	φ20 弯×26
7	φ25	0.30		φ25T×2,φ25 双牙×1	1	φ20 双牙×26
8	φ25	0.35		φ25×20T×1	1	φ25×20 塞×26
9	φ25	0.25		φ25 弯×1	1	φ25×30cm
10	φ25	1.50		φ25 弯×1	1	短管 20 根
11	φ25	1.60		φ25 弯×1	1	

3. 装配施工

按上述顺序装配施工，常常由于墙角不正（即≠90°），使管子无法紧贴墙面，此时须将管子弯曲使之贴紧靠墙。对于装接中的高低误差，一般利用铅管升降调节。横向管的误差如铅管无法调节时，可用钢管弯曲来调节。工厂化装配式施工，对于建筑形式相同的成片工房的室内管安装更适用。

七、老用户的移装、改装

老用户的移装、改装，是地上管施工内容之一。主要是调换燃气表，迁移、变动及改装用气管、燃气灶、表。

1. 燃气表的更换

燃气表的使用期约为 5 年，当燃气表锈蚀严重，表慢或表快、不通气、漏气或压力跳动、封印破损、指针不动、表面玻璃破碎或模糊不清时，均需更换燃气表。此外，由于燃具的添装或拆除，造成燃气表用量过小或过大时，亦应调换与供气能力相称的燃气表。燃气表更换时须注意下列事项：

① 必须确认燃气表的封印、表面等均无异常之处。

② 关闭燃气表开关（或阀门），无法停气的大用户，则打开旁通阀门，拆开与表连接的活接头或法兰接口，将表卸下。

③ 安装新表时，应按照新表安装操作规定进行。

④ 安装完毕后，应进行气密性试验，如发现漏气，应检查修理或更换燃气表。

⑤ 采取停气更换的用户，应进行换气试烧。

⑥ 换表结束后，应会同用户核对燃气表计量指数。

2. 燃气表、灶的移装

（1）移装内容　燃气表、灶、用气管位置移动的主要原因是房屋形状与使用改变，燃具使用地点改变。如厨房移作他用，或燃具需接装上楼使用，或新装用户与老用户之间表位、灶位互有影响需调整等。若灶位与用气管有较大变动时，需征得该用户的同意。

（2）迁移中注意事项　移装前，应先用 U 形压力计检查表、灶是否漏气，如有漏气则应换表，如灶具漏气应予以修理，然后才能进行移装工作。

移装时应对表接头、灶具开关加油保养，清通燃烧器火孔。

3. 燃气装置的更换、改装

原有管道腐蚀或损坏漏气不能修复时，应更换新管，接口等漏气也可予以更换，此外，还应按检修计划进行定期更换。在作用户定期检查过程中，发现有燃气表、灶、管道的场所改在卧室时，应予以改装。如房屋加层，原有管道口径过小时，则需扩大改装。

老用户的移装、改装的施工方法、技术要求，与新装工程要求相同。

第四节　民用燃气表及燃气用具的安装

一、民用燃气表具安装

在装接表具时，如燃气管道与其他管道相遇，水平敷设的净距不小于100mm，竖向平行敷设的净距不小于 50mm，并应装于其他管道外侧。呈交叉敷设的，净距不小于 5mm，并应装于墙面一心侧，或交叉点盘装。

1. 表、灶具安装要求

一般居民用户安装的表及灶具如图 6-20 所示。

各类灶具应水平安装，不得歪斜。二眼灶进口管管径不得小于 15mm。硬镶连接灶具的活接头设置在灶前水平方向，软镶连接的灶具在用气管末端的弯头 ϕ15mm 直管开关，开关出口轴线与墙面呈 22°角朝向灶位，执手向上。若灶位装于楼梯下或斜坡屋顶下时，应使灶面中心与斜坡底的垂直距离保持 1.0m 以上（图 6-21）。

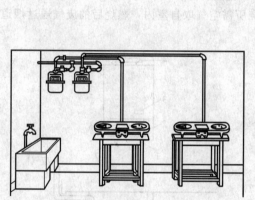

图 6-20　居民燃气表灶安装示意图　　图 6-21　常用表灶安装高度示意图

2. 民用表灶安装程序

① 民用表、灶装接应首先将管道设置好。多表并列于墙面，应用预制定长管段（约 300mm）装接，使各表间隔一致。管道的某一部位，则应嵌接三通分支，再将支管延伸到燃气表部位。

② 若无燃气支管，需从其他支管或地下燃气管嵌装三通管（或钻孔、放夹子）接出时，其操作程序为：从地下管接出处留出镶接位置，安装管道至燃气表，再从表出口接装用气管至各类用具。在上述工程完成后进行质量检验，检验合格后进行镶接通气。

③ 燃气表安装必须端正，进出口管不得歪斜。若燃气表的出口处需向上延伸时，在室内的应在下端装三通，在室外的则在三通下端装集水管，集水管长为 300mm，并以管堵塞。用气管的落水应坡向灶具，或坡向集水管，任何情况下不允许向表内落水，也不允许有"积水"现象。

④ 用气管的装接，一般在燃气表安装定位后进行。用气管安装程序视工程情况而定，简单管线则在丈量后一次装接完成。若管线较长其安装程序以施工方便为原则，如用气管须从底层天井延伸至三楼灶间，一般先将延伸至三楼的长管先装接好，再从长管两端分别向表灶接装，这样做可以减少高空作业。如用气管需盘绕障碍物，也可从盘绕部位先开始制作，再向表灶接装，总之以便利施工为原则。

⑤ 燃气管道与表具连接后，必须做系统的气密性试验，一般可用燃气的工作压力直接检验，采用 U 形压力计测试 3min 内压力不下跌为合格。

二、燃气热水器安装

1. 种类

燃气热水器种类很多，大多是根据使用的气源、供气压力进行设计的。按气源可分为：人工燃气热水器、天然气热水器、液化石油气热水器、沼气热水器和适用于两种以上气源的通用型热水器。

按热水器排气方式可分为：直接排气式热水器、烟道排气式热水器和平衡式热水器。

（1）直接排气式热水器　使用时燃烧所需空气从室内四周取得，燃烧后废气也排放在室内。其热负荷一般不大于 41800kJ/h，见图 6-22。

（2）烟道排气式热水器　使用时燃烧所需空气取自室内，燃烧后的废气通过烟道排至室外，见图 6-23。

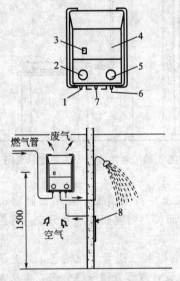

图 6-22　直排式热水器安装示意图

1—燃气入口；2—电子打火旋钮；3—观火孔；

4—外壳；5—水温调节旋钮；6—冷水入口；

7—热水出口；8—自来水开关

（水温调节阀或前置调节阀）

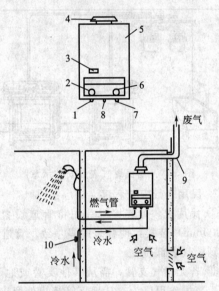

图 6-23　烟道式热水器安装示意图

1—进气口；2—开、关旋钮；3—观火孔；4—烟

道接口；5—主体盖；6—水温调节旋钮；

7—冷水入口；8—热水出口；9—室外

排气管；10—热水调节开关

（3）平衡式热水器　又称对衡式热水器，使用时燃烧所需空气取自室外，燃烧后的废气通过烟道排至室外，整个燃烧系统与室内隔开，室外的进气口与排气口在同一位置上，见图 6-24。

平衡式热水器的控制方法可分为前制式和后制式。前制式热水器的热水由装在冷水进口处的冷水阀门进行控制。后制式热水器的热水是由装在热水出口处的热水阀门进行控制。按供水压力可分为低压热水器、中压热水器和高压热水器。低压热水器供水压力不大于 0.4MPa；中压热水器供水压力不大于 1.0MPa；高压热水器供水压力不大于 1.6MPa。

2. 热水器的构造和工作原理

燃气热水器能在点燃几秒钟后（不超过45s）连续供应热水，适用于用水量少、使用频繁的用户。热水器由水路系统、燃气系统、热交换系统、排烟系统组成。

（1）工作原理　热交换系统由蛇形管及集热片组成，冷水经蛇形管时被底部燃烧器加热，燃烧热量又通过集热片再传给蛇形管，其工作原理如图6-25所示。

（2）构造

① 水供应系统　包括进水阀、水膜阀等，结构见图6-26。其中以水膜阀最为重要，它控制水-气联动阀的动作，当水源切断后便需立即切断燃气，以避免管内存水继续吸热使水温迅速上升，易发生烫伤及损坏事故。

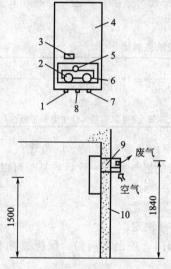

图 6-24　平衡式热水器安装示意图
1—燃气入口；2—电子打火旋钮；3—观火孔；
4—主体外壳；5—火力调节旋钮；6—水温调
节旋钮；7—冷水入口；8—热水出口；
9—排气烟道；10—外墙

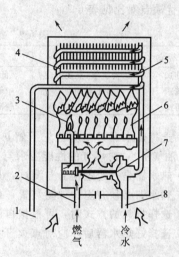

图 6-25　热水器工作原理
1—热水接头；2—燃气接头；3—常明小火；
4—集热片；5—蛇形管；6—主燃烧器；
7—水-气联动阀；8—冷水接头

② 燃气供应系统　包括进气阀、引火嘴、主燃烧器，其中主燃烧器是热水器的主要部件。主燃烧器一般没有调风板，使用时不需调节。

③ 热交换系统　包括热交换器及燃烧空间、蛇形管和集热片。热交换器呈箱形，外壁盘有蛇形管，上部有集热片，热烟气自下而上经箱内流过，冷水经蛇形管加热至所需温度。

④ 排烟系统　包括热水器外壳、排气烟道和排烟口等。燃气燃烧后的烟气，须通过排烟系统排出热水器外。烟道式热水器应设有防风的安全排气罩，以保证烟气顺利排放。

3. 热水器的安全保护装置

根据有关部门规定，生产热水器必须配置熄火安全保护装置，以提高热水器的安全可靠性。当燃烧器因故熄灭时，熄火安全保护装置立即自动切断燃气供应，确保安全。如热电偶熄火保护器，它是利用热电偶遇热时产生电流，使磁控阀吸合气源开启。当燃

烧熄灭时，电流减小，磁控阀关闭，切断气源，有效地防止事故发生，从而起到安全保护作用。

热水器还设有缺氧保护装置和断水保护装置，当室内空气中氧含量降低到17％～19％时，能自动切断燃气供应。断水保护装置在自来水突然中断时，供气阀自动关阀。

有的热水器还设有过热保护装置，当热水器使用时间过长，或因故未能熄火，使热水器温度升高，为防止烧坏热交换器及蛇形管等部件，过热保护装置能带动燃气阀门自动切断燃气供应。

热水器虽有了各种安全保护装置，但仍不能掉以轻心，忽视安全。

4. 热水器的选择

目前我国市场上出售的各类热水器中，以直排式为最多，烟道式、平衡式热水器较少。其优缺点对比见表6-9。

表 6-9 各种热水器优缺点对比

排气方式	特 点	价 格	安 全
直排式	结构简单,安装方便	低	较安全
烟道式	安装较麻烦	中等	安全
平衡式	建筑物应留有孔洞	较高	安全(可以排除 CO 中毒的可能性)

① 选择热水器时，应首先了解热水器所采用的是哪种燃气（城市煤气、天然气、液化石油气等），对燃气的性能要求与自己所使用的燃气是否一致，或是否可以通用。

② 热水器是否经过检验与测试，是否符合有关标准。

③ 热水器必须有熄火保持装置，最好也有报警装置。

④ 选择排气的方式时，可根据自己的使用条件决定。

⑤ 选择好热水器后，应对点火开关、燃气阀门、进出水阀门、保持装置等进行操作试验。

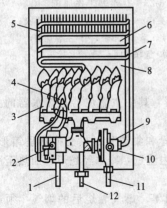

图 6-26　热水器结构图

1—进燃气接头；2—进气阀；3—主燃烧器；4—常明引火嘴；5—聚热片；6—护热壁；7—蛇形管；8—燃烧空间；9—水膜阀；10—进水阀；11—进冷水接头；12—热水出口

5. 热水器的安装

（1）热水器安装地点的选择　热水器应安装在通风良好的厨房或单独的房间里。当条件不允许时也可装在通风良好的过道里（见图 6-26），但不宜装在室外。

直排式热水器严禁安装在浴室里，或安装在厕所兼作浴室的卫生间里。

烟道式和平衡式热水器，可以安装在浴室或卫生间，但浴室和卫生间的容积应不小于额定耗气量的3.5倍，在门的下部应有百叶式进气口，接近房顶处应设排气口。

（2）安装热水器房间的具体要求

① 房间高度应大于 2.5m。

② 房间应为砖结构，耐火等级不低于二级。当达不到此要求时，应在热水器上、下、左、右垫隔热阻燃板，材料的厚度应不小于10mm，每边应超出热水器的外壳。

③ 房间有门并与其他房间隔开，应有直通室外的门窗（见图 6-27）。

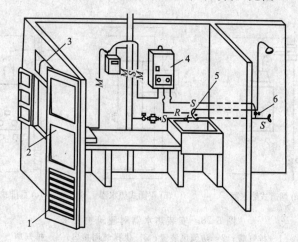

图 6-27　安装热水器的房间要求
1—不小于 0.02m² 的百叶窗；2—向外开的门窗；3—排风扇；4—直排式热水器；
5—三路转心门；6—热水器的前置阀（水量、水温）

（3）热水器安装位置要求

① 热水器不得安装在其他燃具的上方，应错位设置，附近无易燃物及危险品。

② 操作维修方便，不易碰撞，热水器前的空间宽度应大于 0.8m。

③ 安装高度以热水器的观火孔与人眼高度相平为宜，一般离地面 1.5m 左右。

④ 热水器与燃气表、燃气灶和电气设备的水平净距不得小于 300mm，热水器上部不得有电力明线、电器设备和易燃物。

⑤ 热水器的供气、供水管宜采用金属管（包括金属软管）连接，供气管也可采用专用胶管连接，胶管长度不应超过 2m，接头应用金属夹箍固定。

（4）对建筑物的要求

① 安装烟道式热水器的房间应有排烟道 [图 6-28(a)]。

② 安装平衡式热水器的房间外墙应有供排气用接口 [图 6-28(b)]。

③ 安装直接排气式热水器的房间外墙或窗的上部应有排风扇 [图 6-28(c)]。

安装热水器的房间或墙的下部，都应预留有面积不小于 0.02m² 的百叶窗，或在门与地面之间留有高度不小于 30mm 的间隙。

（5）热水器安装要求

① 热水器应用挂钩靠墙安装，外观水平、垂直，不得歪斜。

② 热水器的供水管道在配接管时，应与热水器各接口口径一致，不得任意缩小口径。

③ 热水器的冷热水管如敷设暗管时，其配管应比原口径增大一档，且热水管道不宜过长。

④ 热水器的进、出水接口，应使用活接头连接，活接头位置应接近进、出水口。进水接口处应设置截水阀一只。

⑤ 热水器燃气供气管应根据设备耗气量选择口径，其接口处应设置旋塞阀或球阀。

⑥ 安装烟道（半封闭）式热水器的自然排烟装置应符合下列要求。

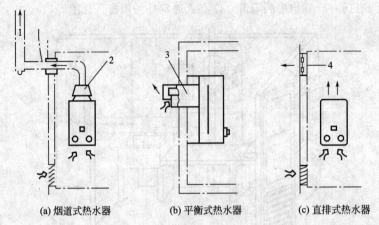

(a) 烟道式热水器　　(b) 平衡式热水器　　(c) 直排式热水器

图 6-28　安装热水器对建筑物要求
1—排气管；2—防倒风装置；3—供排气用接口；4—排气扇

a. 在多层民用建筑中，安装热水器的房间应有单独的烟道，也可使用符合热水器排烟要求的共同烟道。

b. 热水器防风排烟罩上部应有长度不小于 250mm 的垂直上升烟气导管，导管在整个烟道中，其直径不得小于热水器排烟口的直径。

c. 烟道应有足够的抽力和排烟能力，热水器防风排烟罩出口处的抽力真空不得小于 3Pa（0.3mm 水柱）。

d. 水平烟道应有 1% 的倾向热水器的坡度，水平烟道总长不得超过 3m，在烟道的总长中，垂直烟道的长度要大于水平烟道的长度。烟道风帽的高度应高出建筑物的正压区或高出屋顶 600mm。

e. 在整个烟道中，应有安全防风罩和风帽，风帽应符合下列要求：防止外物进入；防止倒灌风；不影响抽力。

f. 烟道材料应采用耐燃防腐材料，在穿越墙壁时，应用阻燃材料充填间隙。

⑦ 安装平衡式热水器的供排气管时应符合下列要求。

a. 供排气管口应全部裸露在墙外，供气口与外墙面应有 10mm 的间距。

b. 供排气口离开上方的窗口或通风口的垂直距离应大于 600mm，左右为 150mm。

c. 供排气口离开两侧和上下面障碍物的距离总和应不小于 1500mm。

d. 供排气管如设置在走廊，应离卧室门窗大于 1500mm。

⑧ 安装热水器的燃气和冷、热水管道均应符合本章第三节要求，水管应预先试压，合格后方可使用。

三、燃气红外线取暖器安装

1. 红外线取暖器工作原理及分类

红外线是一种不可见辐射线，它被物体吸收后转化为热，所以又是热射线。

燃气红外线取暖器是一种无焰燃烧式红外线辐射器，按辐射面材料不同分为多孔陶瓷板式和金属网式两类。

（1）多孔陶瓷板红外线辐射器　这种辐射器发明于 20 世纪 40 年代，其工作原理见

图 6-29。一定压力的燃气经喷嘴喷入引射器，在收缩管处形成一个负压，利用燃气本身动能吸入燃烧所需全部空气，燃气和空气混合气体在引射器中逐步得到均匀的速度和浓度，再进入头部空间，经气流分配板，使混合气体均匀地以 0.10～0.14m/s 的速度从陶瓷细孔逸出，点燃后就在陶瓷板极薄的表面层内燃烧尽，同时达到高温。炽热的陶瓷板和高温火焰都辐射出红外线。

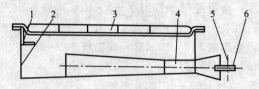

图 6-29　多孔陶瓷板红外线辐射器

1—气流分配板；2—头部壳体；3—多孔陶瓷板；4—引射器；5—调风板；6—喷嘴

多孔陶瓷板的外形尺寸为 65mm×45mm×12mm，其导热系数应小于 2.1kJ/(m·h·K)。常用的多孔陶瓷板规格及适应燃气种类见表 6-10。

表 6-10　常用的多孔陶瓷板规格及适应燃气种类

孔径/mm	孔数/个	适应燃气种类
0.85	1397	焦炉气、水平炉气
0.90	1193	城市煤气
1.10	777	液化石油气、天然气

但多孔陶瓷板红外线辐射器，在受到水珠泼洒或使用久后很易破裂，因此在使用与收藏时都应加以注意。

（2）金属网煤气红外线辐射器　这是 20 世纪 60 年代在国际上发展起来的辐射取暖器（见图 6-30），其工作原理和陶瓷板辐射器相同。

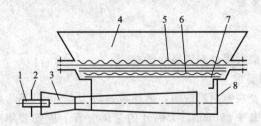

图 6-30　金属网煤气红外线辐射器

1—燃气喷嘴；2—调风板；3—引射器；4—反射罩；5—外网；
6—托网、内网、石棉垫；7—气流分配板；8—壳体

目前我国采用的耐热金属网是由铁铬铝丝编织而成。辐射器各层金属网规格见表 6-11。

表 6-11　金属网规格

名　称	丝径/mm	网目/(目/in)	材　料
内网	0.213～0.315	35～44	0Cr25Al5
外网	0.8～1.0	8～10	0Cr25Al5
托网	2～3	4	普通铁丝

为了防止金属网受热与冷却变形，应将金属网冲压成各种波纹图形或其他凹凸形状，以作为热胀冷缩的补偿作用。

金属内网与外网的间距为 8～12mm，燃烧速度大的燃气（如城市煤气、焦炉气等）间距可小些，燃烧速度小的燃气（如液化石油气、天然气等）间距可大一些。

2. 特性

（1）辐射面热强度：金属网 50～70kJ/(cm² · h)；陶瓷板 46～59kJ/(cm² · h)。

（2）红外线波长：以 2～6μm 的波长为主，其辐射能占全部辐射能的 70%。

（3）辐射面温度：金属网 800～1000℃，陶瓷板 800～900℃。

（4）辐射效率：45%～60%。

（5）一次空气系数：$\alpha = 1.05～1.10$。

（6）废气中 CO 的含量小于 0.01%。

3. 安装要求

① 由于燃气红外线在室内使用，故十分强调安全。燃气管道至用气点室外位置必须安装旋塞阀，引至室内一般采用燃气专用橡胶管（一般应控制在 5m 以内），在与燃具连接处必须再安装控制阀门。

② 燃气红外线使用的房间必须有良好的通风条件以排放燃烧产生的废气。

③ 管道的气密性试验必须包含橡胶管部分。试验要求应符合本章第三节要求。

第五节　商业用户燃气用具的安装

营业、事业、团体用户的燃气主要用于生活方面，如饮食店、食堂采用的大锅灶、炒菜灶、蒸饭灶、烘烤炉等，理发业、医院、学校实验室所用的自动热水器、消毒炉等。采用燃气作燃料不仅减轻了劳动强度，提高了工作效率，而且在节能、改善环境卫生等方面均有明显的效益。

一、大锅灶的安装

大锅灶安装分砖砌大锅灶和成品灶两类。

1. 砖砌大锅灶的要求

砖砌大锅灶应设置在专用厨房中，锅灶数一般为 3～5 只不等，外形结构如图 6-31 所示，其高度一般不高于 800mm。大锅灶的总供应管上应安装闸阀和活接头，一般设置在灶的侧边。灶前横向供气管管底离地净距为 100～150mm，灶前横向供气管上的所有电焊接头或三通中心轴线，都必须垂直于供气管，并在同一垂直面上。

灶前横向供气管上，所有开关的底螺母，不要紧贴灶墙，以便拆装。开关的活接头应朝燃气出口方向。

大锅灶燃烧器的进口开关，应装在灶门左面的横管上，离灶门中心约 210mm，炒菜灶的开关应装在灶下约 150mm。大锅灶的供气管高度，位于炉门和二次进风口的中间。

大锅灶燃烧器必须水平地放在炉膛中心，不得偏斜。安装时应采用重锤吊线定位，测定水平位置、中心位置及吊火高度。燃烧器的支架环孔周围应保持通畅，以保证二次进风。

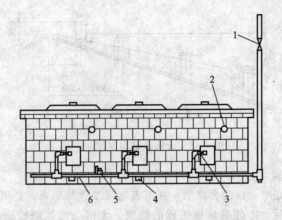

图 6-31　砖砌大锅灶
1—总阀门；2—点火孔；3—旋阀；4—下进风孔；5—引火棒阀门；6—供气管

大锅灶使用的燃烧器中心，与锅底的垂直净距为 55～65mm，在吊火试验时应调节至最佳高度。大锅灶应装置移动式引火棒，并设有点火孔。

砖砌大锅灶内部结构由炉体、烟囱、烟橱、泄爆设施、灶门和二次进风口组成（图6-32）。

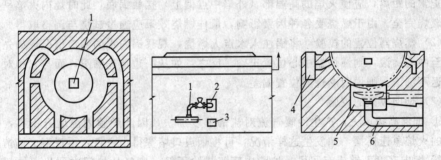

图 6-32　大锅灶内部安装示意图
1—燃气；2—灶门；3—二次进风口；4—防爆口；5—燃具；6—供气管

大锅灶的废气口与烟囱的砌筑安装应符合下列要求。

① 每一炉膛应有 4～6 只废气排出口均匀地布置在炉膛周围；排出口的位置在锅台之下（包括锅台高度）约 90mm，应砌成横向宽度大于高度（一般为 100mm×50mm），并与烟橱连通，其连接处应保持光滑呈圆弧形。

② 烟囱的设置部位要适宜，使各只炉膛的拔风均匀，烟囱的高度必须大于横向烟囱的长度，金属烟囱必须采取隔热措施。

③ 接出室外的烟囱，应采取防止倒回风的措施，并防止废气进入邻屋室内。

④ 接出屋面的烟囱高度，应符合下列要求（见图6-33）：如烟囱和屋脊的水平距离小于 1.5m，应高出屋脊 500mm；如烟囱和屋脊的水平距离在 1.5～3m 之间，可与屋脊等高；烟囱和屋脊的水平距离大于 3m，其高度不得低于由屋脊引出的水平倾角为 10°的直线高度。在任何情况下，烟囱必须高出屋面 500mm 以上。

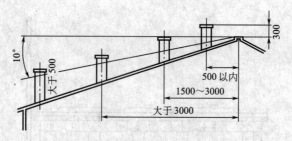

图 6-33　大锅灶烟囱高度示意图

2. 大锅灶的校验

大锅灶在安装完毕、检验合格后，并不表明该工程的结束，必须在进行点火试烧取得良好的燃烧效果后，才能确认该工程的结束。大锅灶的试烧校验，应在质量检验合格、清扫空气工作结束后方可进行。

（1）火焰校验　要使大锅灶取得良好的燃烧效果，必须选择最佳火焰燃烧高度。如果火焰短、不接触锅底，则大量热量没有被锅底吸收，而从烟囱排出，此时燃烧会发出吱吱的声响。如果火焰离锅底太近，就会产生压焰，灶内火焰混浊。发红黄的火焰则是煤气燃烧不完全，大量未烧尽的混合气体从烟道排出，有时也会从炉门排出，同时产生离焰、回火甚至熄灭、爆炸。

正常的距离，应使火焰的高温部（外焰中点偏上）接触锅底，此时灶内火焰呈蓝红色，燃烧完全。由于燃烧受各种因素影响，最佳燃烧效果应通过试烧与调整取得。

（2）燃烧器位置的校验　将锅注入水点火燃烧，观察锅内水的沸滚情况。如先从四周引至中心沸滚，则燃烧器中心位置正确。反之，如从一边首先沸滚，而与它相对部位却迟迟不沸滚，则说明燃烧器位置偏差。

（3）烟囱拔风的校验

① 烟囱高拔风大，产生冷暖气流对流的速度加快，因此炉膛内温度升不高，燃烧器上的火焰急速摇摆。如发生这样情况，可将烟道口堵塞得小一点，再观察火焰情况。

② 烟囱高度不够或有回风，炉膛内废气排除不畅，废气从炉门中回出，炉门口温度升高无法站人，燃烧器上的火焰忽高忽低、忽明忽暗。遇此情况应检查烟道口抽风能力，如废气排出口太小，应放大一点；如有回风，应在烟囱上加风帽；如拔风小，可加高烟囱。

大锅灶安装完毕，经过点火试烧调整到符合要求，但由于新炉膛有潮气，燃烧时有水蒸气产生。再则新管道内空气不可能完全清扫干净，因此在最初试烧时空气含量较高，所以第一次试烧尚不能对大锅灶的安装质量作出鉴定。一般经过使用一些时间后，再进行一次观察和鉴定安装情况，必要时仍需进行调整。

3. 大锅灶的安全操作规程

大锅灶在各种生活用具中，是较有代表性的一种灶具，使用不当极易发生回火、爆炸等事故，因此在使用大锅灶时，应按规程进行。

（1）使用前准备

① 使用前应检查燃气设备的总阀门、燃烧器上所有开关是否完全关闭。

② 如发现燃烧器开关未关闭，应立即关闭，并检查炉膛内有无剩气，必要时应将

锅撬起，使炉膛内燃气散尽后再放置铁锅。

③ 经检查确认剩气排除后，方可开启阀门使用。

④ 新用户、长期停用用户，使用前必须放散管道设备内的混合气体。

（2）点火操作

① 先点燃引火棒，调节引火棒火焰至适当长度。

② 用点燃的引火棒伸入炉膛，使火焰与燃烧器火口接触，开启燃烧器开关，使燃烧器点燃燃烧。禁止先开启燃烧器开关，然后再用引火棒点燃燃烧器。

③ 关闭引火棒开关，退出炉膛。应从燃烧器混合管上方，退出引火棒，切勿在其下方退出，以免引起喷口处发生回火。

④ 点燃煤气时，开关应迅速开大。开关开启太慢太小会引起回火。若用小火时，也待大火燃烧稳定后再逐渐调节开关，以防回火。

⑤ 点火时发生回火，应立即关闭煤气开关，稍等片刻再行点火。

⑥ 点火时应将燃烧器所有出火孔点着，如有部分火孔未点燃时，可用手堵住混合管风门，使火孔全部引燃。

（3）停用操作停用时，先将所有燃烧器上的开关逐只关闭，然后关闭总阀门。

二、其他灶具的安装要求

1. 蒸饭灶

火管式蒸饭灶是食堂蒸饭、蒸馍的必备炊具。蒸饭灶的燃气镶接管管径不得小于25mm，装置同口径的闸阀和活接头，并应设置移动式点火棒（见图 6-34）。

蒸饭灶应设置在通风良好的厨房内，并应设烟囱排除废气。蒸饭灶在使用中，耗水量较大，因此应设置有浮球开关的自动补水装置（图中左边为自动补水装置），保持蒸饭灶正常工作。

2. 炒菜灶

用于炒菜或煮煎的煤气灶具有炒菜灶、炮台灶、二用灶、汤灶等。多种灶具设置在同一灶台上时，可平行设置，也可交叉设置。各灶具边、框净距一般不小于 300mm，炒菜灶与汤灶的净距一般不小于 250mm。间距确定应保证同时操作时互不影响。

砖砌炮台灶的供气管，应装于砖灶内，在露出灶面部分，应用公称直径 15mm 的铁活接头镶接。砖砌炒菜灶、炮台灶应安装固定式引火头，炉框可按使用要求稍倾斜安装，但废气口不得对准操作者。

锅灶烟囱无法接出室外，或通风条件较差的厨房内设置多只炒菜灶时，应采用排气罩（见图 6-35），或排风扇等排除废气措施。

3. 燃气烘箱

燃气烘箱（见图 6-36）是用来烘烤面包、蛋糕、面饼之类食品。燃气烘箱采用ϕ25mm 管形燃烧器 2 支，并设有点火孔。由于烘箱托架采用风车式可以自由转动，因此食品烘制时受热均匀。烘箱还装有温度计，有利于实现自动化生产。

4. 实验室用具

实验室中的管道与用具各不相同，一般均接装直管开关或双管开关。室内总管闸阀安装高度离地不超过 1.8m，沟槽和贴地敷设燃气管末端的三通管应横装。实验室、台的用气管，应采用骑马攀固定，或用特制支架支撑。

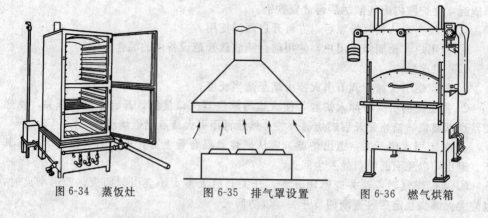

图 6-34 蒸饭灶　　　图 6-35 排气罩设置　　　图 6-36 燃气烘箱

第六节　工业用户燃气表的安装

工业、事业、营业和团体单位的燃气表流量较大，在 $6m^3/h$ 以上，目前常用的 $6m^3/h$、$10m^3/h$、$34m^3/h$、$57m^3/h$、$100m^3/h$、$170m^3/h$ 和 $260m^3/h$ 皮膜式燃气表及 $300m^3/h$ 和 $600m^3/h$ 罗茨式燃气表（均为国产）。

（1）$34m^3/h$ 以下（含 $34m^3/h$）的中型燃气表　采用铅管（或金属软管）连接进出口管道的挂墙式安装，表底离室内地坪为 1.80m（±0.20m）。安装要求与民用煤气表（$4m^3/h$）相同。

（2）$57m^3/h$ 以上的大型燃气表　采用法兰与进出口管道连接的落地式安装，基本安装要求为：

① 均安装旁通管道，作为燃气表检修调换时的临时供气管道。

② 皮膜式燃气表落地安装分为地上燃气管连接和地下燃气管连接两种，地上燃气管连接应离室内地坪 0.10～0.20m（表底），应安装进出口测压管（点）和"积水管"（图 6-37）。地下燃气管连接如图 6-38 所示。

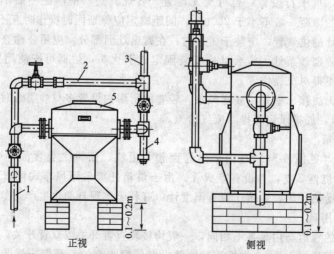

图 6-37　落地式皮膜燃气表（地上燃气管）安装示意图
1—进气管；2—旁通管；3—用气管；4—积水管；5—燃气表

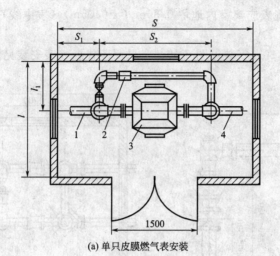

(a) 单只皮膜燃气表安装

单位: mm

规 格	S_1	S_2	S	l_1	l
57m³/h	750	1500	3000	550	1400
100m³/h	750	1650	3200	650	1600
170m³/h	750	1900	3400	800	1900
260m³/h	750	2000	3500	850	2000

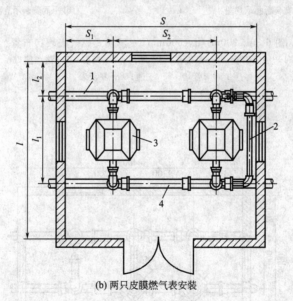

(b) 两只皮膜燃气表安装

单位: mm

规 格	S_1	S_2	S	l_1	l_2	l
100m³/h	950	1700	3400	1650	750	3550
170m³/h	1000	2000	3800	1900	800	3900
260m³/h	1050	2100	4000	2000	800	4000

图 6-38 落地式皮膜燃气表（地下燃气管）安装示意图

1—地下燃气管；2—旁通管；3—燃气表；4—地下用气管

③ 罗茨式燃气表应离室内地坪 0.80m（±0.05m）（表中线），并需安装旁通管（见图 6-39）。

两只罗茨式燃气表安装见图 6-40；三只罗茨式燃气表安装见图 6-41。

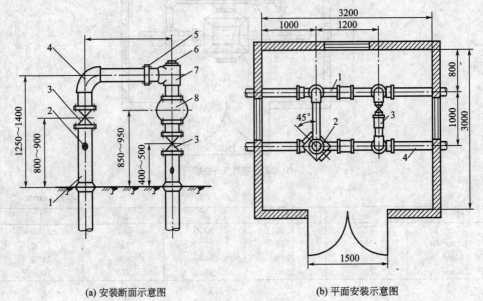

(a) 安装断面示意图　　　　　　　　　　　(b) 平面安装示意图

图 6-39　300m³/h（600m³/h）罗茨式燃气表表房布置

1—法兰钢管；2—阻气孔；3—阀门；4—弯管；5—法兰接口；
6—管堵；7—三通；8—罗茨表

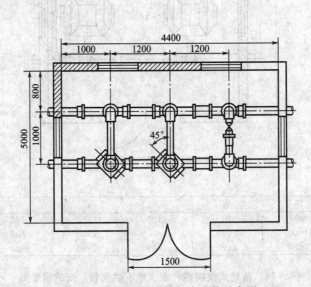

图 6-40　两只罗茨式燃气表安装示意图

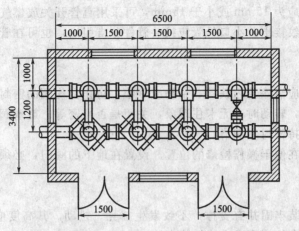

图 6-41　三只罗茨式燃气表安装示意图

第七节　工业用户燃气用具的安装

城市燃气已广泛应用于工业，目前主要用于熔化、烘烤、煅烧、加热物料等。

工业用户使用燃气的压力，大部分和低压管网压力相同。它的优点是直接采用低压管道燃气，调节方便。但也有特殊需要的用户，要求压力高于 1500Pa，目前压力高于 1500Pa 的用户，则需设置专用调压器，按所需压力供应。

1. 燃气烧嘴的安装

工业使用的低压燃气烧嘴有"ΓΗ"形喷嘴、涡流式烧嘴、套管烧嘴等。

烧嘴安装必须符合设计要求，并装接牢固。烧嘴中心线同烧嘴砖中心线重合，不得偏离。

烧嘴出口与烧嘴砖紧密砌筑，其间隙应用耐火泥填实。烧喷侧墙装置时，其上部炉墙上应加砌小拱圈。

每具烧嘴与燃气旋塞、空气阀门之间，都必须用活接头镶接。

2. 架空管道安装

法兰密封面与管子轴线必须垂直。法兰接头按规定装接，管道上的预留接口应装置阀门，并用管塞或盲板堵封。

3. 测压点

测压点应选择在便于观察的部位，通常用装接 $\phi 6 \sim 13\text{mm}$（$\frac{1''}{4} \sim \frac{1''}{2}$）的直管开关引出。在车间和各用气设备的燃气总阀后，均须装置测压点，并备有玻璃 U 形压力计与测点连接，随时了解燃气输送压力。

在每具烧嘴的燃气旋塞阀或空气阀门后，各装一个测压点，并备有玻璃 U 形压力计，以掌握燃气与空气的压力供应情况。

鼓风机出口阀门后应安装一个测压点，并备有 500～1000mm 长或相应的玻璃 U 形压力计。

测压点直径应为 15mm 或小于 15mm，可采用直管开关或燃气开关。大口径管可采用钻孔攻螺纹接出，小口径管应接装管件分支引出，也可在管道上预先焊接螺纹口接出。

4. 阀门

阀门安装前应清除管内铁屑、杂物或砂粒，防止刮伤阀的密封面，并检查闸阀的阀杆是否歪斜，转动时有无卡住现象，关闭是否严密等。旋塞阀应拆卸清理，加涂润滑油脂，保持密封和润滑。

阀门应安装在便于操作检修的位置。设置在地下的阀门，必须砌筑天窗，并加天窗盖。

5. 放散管

放散管应安装牢固并有支撑，不致发生摇晃、松动。其高度应超出厂房屋面，以保证放散的混合气体不进入建筑物内。

厂房建筑物较高或周围有更高的建筑物，放散管的高度可低于周围建筑物，但出口应采取加装金属丝网的安全措施。

第八节　地上管与用气设备的质量检验与试运转

一、地上管的质量检验

地上管工程竣工后的检验，应按施工图纸规定和安装要求进行。施工部门在工程施工结束时，应先对燃气管道和设备进行外观检验和气密性预试，合格后由有关部门正式验收。对大工程的竣工验收，应由使用单位、设计单位、安装单位、供气单位等共同进行。

检验包括下列内容。

① 管道和设备符合设计要求的情况。

② 管道和设备的外观检验，包括坡度、稳固性、合理性、美观。

③ 管道和设备的气密性试验。

④ 其他附属工程符合技术要求的情况。

1. 管道和设备符合设计要求的检验

管道位置按图施工，尺寸、部位正确，设备安装符合设计要求。若要更动管道管位，应征得设计人员同意。对不合理设计的更改，应征得设计人员及使用单位同意方能更改。

对任何设备、管道的必要变动，应符合安全要求，遵守有关规定。

2. 管道设备的外观检验

(1) 坡度　地上燃气管的横向坡度规定为 1‰～3‰，暗管横向坡度为 3‰～5‰，室外管坡度不小于 3‰，室内管坡度不小于 1‰。室外明管与室内管的坡度也不宜过大，若有明显倾斜则影响美观，暗管坡度则可略大。地上燃气管的竖管要求与水平垂直，允许 1‰ 的偏斜。

(2) 稳固性　燃气地上管要求固定在墙、支架等牢固的建筑物上，卡件与支架应与管径相配合，其间距符合要求，并设置稳固。

在设置卡、支架时，应先将管道弯曲部分调直。未经调直靠支、卡强行固定是不允许的。对采用橡胶管连接的软镶灶，应检查夹头紧固情况。采用耐压胶管的点火棒，应检查胶管接口的稳固情况。

设备与灶具采用硬镶连接的应检查其支承部位是否配合良好，连接是否稳固，其附属设备的牢固情况等。采用软镶连接的灶具、设备，应检查其支承、灶具、台桌是否牢固、平稳，不允许设备、灶具倾斜放置。

（3）合理性　合理性主要指管线走向选择是否合理，即管线最短、使用管件最少。但在某些特殊情况下，则应以管线的安全、美观等因素作为合理性来衡量。

若管线设置对门、窗开闭，对安全等有不利影响，均应视为管线设置不合理。

除管位的合理性外，还应考虑卡件、支架设置的合理性，如位置与距离选择是否合理，选用的支架、卡件是否合适，集水管、放散管、测点等设置是否合理等。

（4）美观　美观也是安装工艺中的一个重要环节，管道、设备安置恰当、美观，这将成为建筑装饰的一种补充。

燃气表安装端正、不歪斜，铅条弯曲圆顺无凹瘪；管子靠墙，管位适当，走向合理；弯势大小恰当，位置正确；支架、卡件设置整齐，管道设备整齐清洁有舒适感等，均属于美观范畴。

3. 管道和设备的气密性检验

燃气管道气密性检验的介质，允许使用空气、惰性气体，严禁用水。测量压力仪表可用玻璃 U 形压力计。

地上燃气管道的气密性检验要求如下：

① 工房、里弄、工业、营业、事业、团体的低压管道工程，用表压力为 3000Pa（300mm 水柱）的空气检验，要求在 10min 内压力无下降。

② 零星用户装置的用气管，要求煤气工作压力在 10min 内不下降。

③ 工业、营业、事业、团体工程，在连接用气设备的情况下，用表压力为 3000Pa（300mm 水柱）的空气检验，要求在 10min 内压力下降不大于 100Pa（10mm 水柱）。

④ 燃气使用压力高于 2000Pa（200mm 水柱）的燃气管道，一般以一倍于使用压力的空气进行检验，要求 10min 内压力下降不大于 100Pa（10mm 水柱）。

二、地上管验漏

1. 接口检查

地上管漏气以接口泄漏占多数，由于螺纹连接不严密，或"烂牙"、"歪牙"造成漏气。在管道内保持一定的正压力（1500Pa 以上）情况下，用皂液涂抹接口逐只进行检验，如皂沫迅速膨胀成气泡，该点即为漏点。当螺纹部位有微弱渗漏时，皂液则呈现细密的泡沫堆，俗称蟹沫。

在检查螺纹部分同时，也应对其他接口进行检查。如活接头、铅管、法兰接口、填料接口等也采用皂液验漏。活接头接口泄漏一般为活接头垫圈未放平伏、黄油涂抹不均或遗漏、活接头连接螺纹较松或不在同一轴线上等。铅管应检查铅管活

接头锥口是否密合，铅管是否有针孔泄漏。法兰接口应检查接口垫料敷设、涂油情况，各部螺纹紧固情况。填料接口应检查填料缠绕情况、涂油情况以及压盖压入松紧情况等。

接口检查完毕后，应对阀门、直管开关、表开关、盲板、补偿器等进行皂液验漏。

2. 燃气表和设备的检查

在完成上述检查内容后，则应对燃气表和用气设备进行检查。燃气表应检查进出口活接头及表具螺纹处的焊缝，表上接头螺母处是否由于用力过大脱焊，门框密封圈是否失效，上壳下壳箍圈夹子处是否漏气，胶木三通是否旋紧，三通橡胶圈是否垫好等。设备应检查各部分开关的气密性是否完好，点火棒橡胶管接口处是否泄漏等。

3. 分段验泵查漏

在完成上述查漏工作后，如仍未找到主要的漏气部位，则应对管道逐段采用皂液查漏。若管线较长，采用逐段查漏耗费工时过多，则采用分段查漏。其分段方法一般先将用气设备的活接头、表活接头卸开使管道与设备分离进行管道验漏。若确定为管道漏气，则可选择适当部位将管线分成两部分或三部分，分别查漏。对验出泄漏的管段的接口、管材逐段用皂液验漏，直到找出漏点、补漏、检验合格为止。

地上管的查漏是一项复杂而又仔细的工作，必须认真对待，不能疏忽大意。

三、地上管及用气设备的通气试运转

燃气管道和用气设备，经检验合格在准备投入使用前，必须将管道设备内剩留的空气进行置换。管道和设备置换空气的方法有两种：一是利用惰性气体置换，二是利用燃气置换。地上管和设备工程规模较小，一般采用燃气置换。但采用燃气置换空气过程中，在管道设备内构成具有爆炸性的混合气体，因此必须严格按规定进行。

换气过程中应有专人负责置换工作，其内容为通气、放散、取样、检验，还应有专人负责安全、保卫工作。

管道设备的换气工作不允许在夜间进行，放散管应装接在管道末端，并应高出周围建筑物，以防混合气体被吹入室内。燃气进入管内置换空气时，不能进入过快。

通气试运转的操作程序如下：

① 在通气前应检查整个管道及附属设备，如表、灶、燃具、开关、阀门、水井等，通气前应将开关或阀门关闭。

② 通气工作分两次进行，先通燃气干管及支管，后通燃气表、用气设备。

③ 通气前应将所有水井内的积水抽尽。

④ 由专业人员打开支管阀门。

⑤ 逐步打开支管末端的放散管或支管上的管塞、水井、阀门，逐步放散混合气体。

⑥ 在规定的取样点，用橡皮袋充气取样，然后到规定的试燃点试燃。观察火

焰，当火焰发黄无内焰时（即扩散式燃烧），就可确定燃气内已不含有空气，可以停止放散，关闭所有的放散点。如火焰发蓝，内外焰分明，燃烧声大（呈大气式燃烧），则应继续吹扫、放散，直至达到要求为止。

⑦ 开启燃气表进出口开关或阀门。

a. 家庭用户开启燃气表进口开关和燃气灶开关，顺次吹扫换气，直至可点燃煤气为止。

b. 营业、事业、团体用户开启燃气表进出口开关或阀门，有旁通管者则应适当开启旁通阀门。开启距表最远、最高的燃具开关，如剩余混合气体多，则可临时接出放散管，将混合气体放散到室外，直到燃气可点燃为止。

[第7章]

燃气储存、加压及高压装置的安装

第一节　球型燃气储罐的安装

一、球形罐的构造与规格

球形罐是由球罐本体、接管、人孔、支柱、梯子及走廊平台等组成，如图 7-1 所示。球形罐的基本参数见表 7-1。

表 7-1　球形罐的基本参数

序　号	公称容积 /m³	几何容积 /m³	外径 /mm	工作压力 /MPa	材　　料	单质量 /t
1	1000	974	12396	2.2	16MnR	195
2	1500	1499	14296	1.85	16MnR	255
3	2000	2026	15796	1.65	16MnR	310
				2	15MnVNR	330
4	3000	3054	18096	1.5	16MnR	405
			18100	1.7	15MnVNR	435
5	4000	4003	19776	1.35	15MnVNR	390
6	5000	4989	21276	1.29	15MnVNR	475
7	6000	6044	22676	1.2	15MnVNR	540
8	8000	7989	24876	1.08	15MnVNR	635
9	10000	10079	26876	1.01	15MnVNR	765

球罐在相同的储气容积下，球形罐的表面积小，与圆柱形罐比较节省钢材 30% 左右。但球罐的制作及安装都比圆柱形罐复杂，一般采用较大容积的球形罐时，经济上才是适宜的。

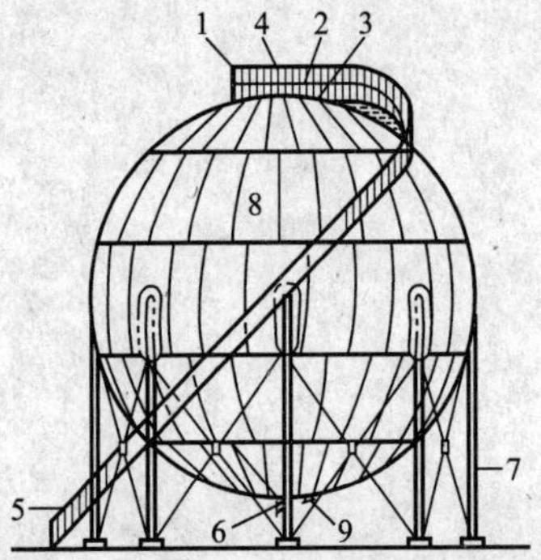

图 7-1　高压球形储气柜

1—人孔；2—液体或气体进口；3—压力计；
4—安全阀；5—梯子；6—液体或气体出口；
7—支柱；8—球体；9—排冷凝水出口

1. 球罐本体

球形罐通常是由分瓣制的壳板拼焊组装而成。罐的瓣片分布颇似地球仪，球壳由数个环带组对而成。国产球壳板供应情况将球罐分为三带和五带，各环带按地球纬度的气温分布情况取名，五带取名为上极带（北极带）、上温带（北温带）、赤道带、下温带（南温带）、下极带（南极带），如图 7-1 所示。每一环带由一定数量的球壳板组对而成。组对时球壳板的分布以"T"形为主，也可以呈"Y"形或"＋"形。

2. 接管与人孔

接管是根据储气工艺的需求在球壳板上开孔焊接管道，如进出气管、底部冷凝水管、排水管、排污管、回流管、放散管、各种压力表和阀件的接管等。球形罐的接管一般都设在上下极板上。

接管开孔处是应力集中的部位，壳体上开孔后，在壳体与接管连接处周围应进行补强。对于钢板厚度≤25mm 的开孔，当材质为低碳钢时，由于其缺口韧性及抗裂缝性良好，可采用补强板形式，如图 7-2 所示。当钢板厚度＞25mm，或采用高强度钢板时，为避免钢板厚度急剧变化所带来的应力分布不均匀，以及使焊接部位易于检查，多采用厚壁管插入型式，如图 7-3 所示。亦可采用锻件型式，如图 7-4 所示。补强板制作简单，造价低。但缺点是结构形式覆盖焊缝，其焊接部件无法检查，内部缺陷很难发现，开孔补强施工应避开球壳焊缝。球壳开孔需补强的面积、补强型式，应严格按设计图纸施工，补强件的材质一般应与球壳相同。

为了便于球罐的检查与修理，一般在上下极的中心线上设置两个人孔，人孔直径一般不小于 500mm，人孔补强可采用整体锻件补强，如图 7-4 所示。

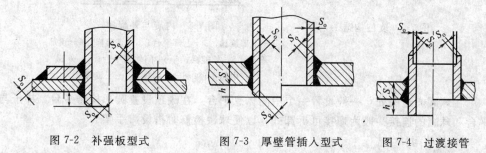

图 7-2　补强板型式　　　图 7-3　厚壁管插入型式　　　图 7-4　过渡接管

3. 支承

球形罐的支承一般采用赤道正切式支柱、拉杆支撑体系，以便把水平方向的外力传到基础上。设计支承时应考虑到罐体的自重、风荷载、地震力及试压时充水的重量，并应有足够的安全系数。

球罐的总重量是由等距离布置的多根支柱支承，支柱正切于赤道圈，故赤道圈上的支承力与球壳体相切，受力情况良好。支柱间设有拉杆，拉杆的作用主要是为了承受地震力及风力等所产生的水平荷载。

赤道正切柱式支承能较好地承受热膨胀和各类荷载产生的变形，便于组装和检修，缺点是稳定性不够理想。赤道正切柱式支承是国内外广泛采用的支承形式。

赤道正切支柱构造如图 7-5 所示，一般由上下两段钢管组成，现场焊接组装。上段带有一块赤道带球壳板，上端管口用支柱帽焊接封堵。下段带有底板，底板上开有地脚螺栓孔。用地脚螺栓与支柱基础连接。支柱焊接在赤道带上，焊缝承受全部荷载，因此焊缝必须有足够的长度和强度。当球罐直径较大，而球壳较薄时，为使地震力或风荷载的水平力能很好地传递到支柱上，应在赤道带设置加强圈。

4. 梯子及走廊平台

为了定期检查和经常维修以及生产操作的需要，球形罐内外均应设梯子和平台。常见的外梯有直梯、斜梯、圆形梯、螺旋梯和盘旋梯等。小型球罐一般可设置直梯。由地

面到达球罐赤道圈，然后改圆形梯到达球罐顶面平台。对于大型球罐，由地面到赤道圈一般设置斜梯，赤道圈以上则用盘旋梯到达顶面平台。

常见内梯多为沿内壁的旋转梯。这种旋转梯是由球顶人孔至赤道圈，以及赤道圈至球底的圆弧形梯子。球罐内外梯子见图7-6。

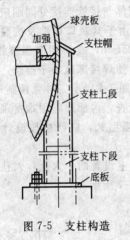

图 7-5　支柱构造

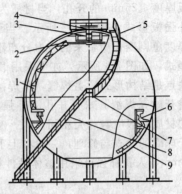

图 7-6　内旋与外旋梯

1—上部旋梯；2—上部平台；3—直爬梯；4—顶部平台；5—外旋梯；6—中间轨道平台；7—外梯中间平台；8—外斜梯；9—下旋梯

在球罐赤道圈处，一般设置一个中间休息平台，在罐顶设置圆形检修平台。梯子与平台和球罐的连接一般为螺接可拆卸式，以便球罐检修时搭设脚手架。

5. 其他附件

常见球罐上的附件有液位计、温度计、安全阀、消防喷射装置、压力表以及静电接地、放射管及安全放散管、避雷装置等。应根据燃气介质、储存压力及输送工艺要求选定，严格按图纸要求施工。

二、球壳板的预制

1. 施工前的准备

球壳板预制前应做好下列准备工作。

（1）技术准备

① 施工前设计图纸和其他技术文件必须齐备，分瓣图已会审，施工方案已批准，技术交底已完成。

② 预制用的胎具、工装夹具已齐备完好。

③ 劳动工种齐全，预制设备可保证连续施工。

④ 检验工器具、仪器仪表齐全并符合检查精度要求。

（2）材料准备

球壳板材料应按《球形罐施工及验收规范》(GB 50094—98)的规定，对钢板进行检查和验收合格后方可使用。

① 预制钢板必须具备产品质量合格证和质量复验合格报告。

② 钢板外观应进行检查，表面不得有气孔、裂纹、夹渣、折痕、夹层，边缘不得

有重皮，表面腐蚀深度不得超过板材厚度的负偏差，且不大于 0.5mm。

③ 钢板应按《压力容器用钢板超声波探伤》进行抽查，其抽查率不应小于 15%。

2. 球壳板的下料

(1) 球壳板的几何形状和尺寸　球罐的环带尺寸是按其对应的球心角（分带角）来确定。环带球心角分为规则型和不规则型两类。规则型环带球心角一般按 90°、45°或 30°划分，不规则型环带球心角则没有规律性。球壳板的尺寸则由各种环带截面圆所划分的中心角度（或称分瓣角）来确定。截面圆所划分的中心角一般均相等，即各环带每块球壳的尺寸一般均相同。

确定球心角和截面圆中心角的大小时，主要应考虑球壳板加工工艺是否可行，球罐直径和钢板尺寸。在加工工艺可行的基础上，应使组成球罐的球壳板块数达到最少的程度，而且球壳板尺寸应尽量一致，以利加工。球壳板的几何形状和尺寸一般在球罐设计的零部件图纸中已确定。

(2) 球壳板近似的锥面展开法　这种方法的基本原理是把每一环带看成近似锥面，因球面是不可展开曲面，而锥面是可展开曲面，这样就可按锥面展开方法来近似展开球面。现以上温带一块球壳板为例，来说明近似锥面展开法，如图 7-7 所示。

① 在平、立面图上画出上温带板并分瓣。将上温带弧长根据球形罐直径大小分成若干等分（图中为 5 等分），等分点越多，展开精度相应提高。但弧长的分段应便于量取和计算。

② 通过各等分点作球面的切线，与球中心线相交，分别得 R_1、R_2、…，过各等分点作水平截面，并与相应的各切线形成一个正圆锥，圆锥底圆直径分别为 d_1、d_2、…，可按锥体展开法展开正圆锥。

③ 把立面图上各点投影到平面图上，得 $1'$、$2'$、…各点，并按分瓣得到平面弧长 a_1、a_2、…。

④ 作放样中心线，分成若干等分，分别与立面图上各等分弧长相等。在中心线上分别以 R_1、R_2、…为半径，过各等分点 $1'$、$2'$、…画弧。以 $1''$、$2''$、…为中心，用盘尺量出弧长 a'_1、a'_2、…，分别与平面图上的 a_1、a_2、…弧长相等。

⑤ 以圆滑曲线连接各截取点即得到所求的下料图形。

展开图的各部分尺寸可以用计算法求出。如图 7-7 所示。

各分段弧长 b 为

$$b=\frac{\pi D\beta}{360}$$

则各分段弧长所对应的圆心角 β 为

$$\beta=\frac{\pi Db}{360}$$

各等分点作的切线长度，即展开图中任意一段圆弧的半径为

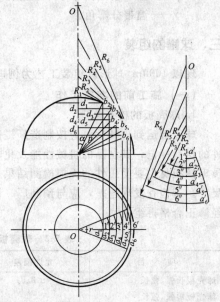

图 7-7　球壳板放样的近似锥面展开法

$$R_1 = Rtg\alpha$$
$$R_2 = Rtg(\alpha+\beta)$$
$$R_2 = Rtg(\alpha+2\beta)$$
$$\cdots$$
$$R_n = Rtg[\alpha+(n-1)\beta]$$

任意截圆锥底圆直径为

$$d_1 = D\sin\alpha$$
$$d_2 = D\sin(\alpha+\beta)$$
$$d_3 = D\sin(\alpha+2\beta)$$
$$\cdots$$
$$d_n = D\sin[\alpha+(n-1)\beta]$$

展开图上的任意平面弧长为

$$a_1 = \frac{\pi d_1 \gamma}{360} = \frac{\pi D\gamma}{360}\sin\alpha$$

$$a_2 = \frac{\pi D\gamma}{360}\sin(\alpha+\beta)$$

$$\cdots\cdots$$

$$a_n = \frac{\pi D\gamma}{360}\sin[\alpha+(n-1)\beta]$$

式中　　D——球罐直径；

R——球罐半径；

n——等分点数；

α——极板球心角之半；

β——温带板弧长等分时对应的等分球心角；

γ——温带分瓣角。

三、球罐的组装

现以 $1000m^3$ 球形罐组装工艺为例进行说明。

（一）施工前的准备工作

1. 球壳板的检查修理

球壳板运到现场后，应按制造厂提供的预制品质量证书，检查球壳板及主要受压元件的材料标记，其制品的机械性能及化学成分是否符合设计要求。无损检测及现场质检员审核板材主要受压件的无损检测结果是否齐全合格，并按表 7-2 要求检查球壳板几何尺寸。若检查发现超差，应与预制厂、设计单位及有关部门协商处理意见，并办理手续经修正合格再组装。

表 7-2　球壳板几何尺寸允许偏差/mm

项　目	允许偏差	项　目	允许偏差
球壳板长弧、弦长	±2.5	两条对角线间的距离	5
球壳板短弧、弦长	±2	球壳板曲率(用2m样板)	≤3
对角弦线长	3		

2. 基础验收

球罐组装前应对基础进行复测验收，如图 7-8 所示。复测结果必须符合表 7-2、表 7-3 的规定。

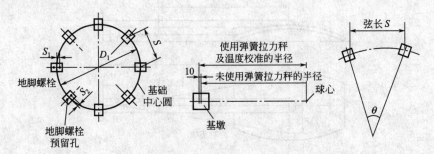

图 7-8　基础测量示意图

表 7-3　基础各部尺寸允许偏差/mm

项　目		允许偏差
基础中心圆直径 D_1		±6
基础方位		1°
相邻支柱中心距 S		±2
基础标高	各支柱基础上表面标高	−12
	相邻支柱的基础标高差	≤4
单个支柱基础上表面的钢板表面平整度		≤2

检测工具应保证获得精确的测量结果，例如基础标高可采用水准仪或连通管，基础中心可采用钢尺和弹簧拉力秤。

（二）球罐体组装工艺方法

球罐常用组装方法有三种：即半球法（适应公称容积 $V_g \geqslant 400\text{m}^3$），环带组装法（适应公称容积 $400\text{m}^3 \leqslant V_g < 1000\text{m}^3$）和拼板散装法（适应公称容积 $V_g \geqslant 1000\text{m}^3$）。这里重点介绍拼板散装法。

拼板散装法就是直接在球罐基础上，逐块地将球壳板组装成球。也可以在地面将各环带上相邻的两块、三块或四块拼对组装成大块球壳板，然后将大块球壳板逐块组装成球。采用以赤道带为基础的拼板散装法，其组装程序为：球壳板地面拼对→支柱组对安装→搭设内脚手架→赤道带组装→搭设外脚手架→下温带板组装→上温带板组装→下寒带板组装→上寒带板组装→下极板组装→上极板组装→组装质量检查→搭设防护棚→各环带焊接→内旋梯安装→外旋梯安装→附件安装。

1. 球壳板地面拼对

在地面拼对组装时，注意对口错边及角变形。在点焊前应反复检查，严格控制几何尺寸变化。所有与球壳板焊接的定位块，焊接应按焊接工艺完成。用完拆除时禁止用锤强力击落，以免拉裂母材。

（1）支柱与赤道板地面拼对　首先在支柱、赤道板上划出纵向中心线（板上还须画出赤道线）。把赤道板放在规定平台的垫板上，支柱上部弧线与赤道板贴合，应使其自然吻合，否则应进行修整。赤道板与支柱相切线应满足（符合）基础中心直径，同时用等腰三角形原理调整支柱与赤道带板赤道线的垂直度，再用水准仪找平。拼对尺寸符合要求后再点焊，如图 7-9 所示。

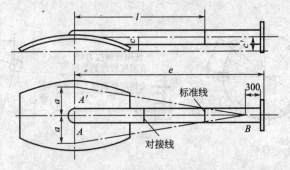

图 7-9　支柱对接找正

（2）上下温带板、寒带板及极板地面拼对　按制造厂的编号顺序把相邻的 2～3 块球壳板拼成一大块，拼对须在胎具上进行，在球壳板上按 800mm 左右的间距焊接定位块，用卡码连接两块球壳板并调整间隙。错边及角变形应符合以下要求：①间隙（3±2）mm。②错边≤3mm（用 1m 样板测量）。③角变形≤7mm，每条焊缝上、中、下各测一点（用 1m 样板测量），并记录最大偏差处。

（3）极板地面拼对工艺　按上述工艺进行，极板上的人孔及焊接管的开口方位，应按施工图的开孔方位进行。在地面组对焊接检测符合要求后预装组对。开孔焊接应符合以下要求：

① 接管中心线平行于球罐主轴线，接管最大倾斜度不得大于 3mm，接管端部打磨圆滑，圆角 R 为 3～5mm。

② 法兰面应平整，焊后倾斜度不得大于法兰直径的 1%，且不得大于 3mm。

③ 人孔、接管及其附件的焊接材料，其焊接工艺与球罐本体焊接材料、工艺相同。

④ 极板上组焊完的接管、附件在预装及存放时注意不准撞击损坏。

2. 吊装组对

球罐组对是以赤道带为基础的，一般用吊机吊装作业。

（1）支柱赤道带吊装组对　支柱对焊后，对焊缝进行着色检查，测量从赤道线到支柱底的长度，并在距支柱底板一定距离处画出标准线，作为组装赤道带时找水平，以及水压试验前后观测基础沉降的标准线。基础复测合格后，摆上垫铁，找平后放上滑板，在滑板上画出支柱安装中心线。

按支柱编号顺序，把焊好的赤道板、支柱吊装就位，找正支柱垂直度后，固定预先捆好的四根揽风绳，使其稳定，然后调整预先垫好的平垫铁，使其垂直后，用斜楔卡子使之固定。两根支柱之间插装一块赤道板，用卡具连接相邻的两块板，并调整间隙错边及角变形使其符合要求，再吊下一根支柱直至一圈吊完，并安装柱间拉杆。支柱吊装如图 7-10(a) 所示。

赤道带是球罐的基准带，其组装精度直接影响其他各环带甚至整个球罐的安装质量，所以吊装完的赤道带应校正调圆间隙，错边角变形等应符合以下要求：①间隙（3±2）mm。②错边＜3mm。③角变形≤7mm。④支柱垂直度允差≤12mm。⑤椭圆度不得大于 80mm。

检查以上尺寸合格后方可允许点焊，赤道带合围吊装如图 7-10（b）所示。

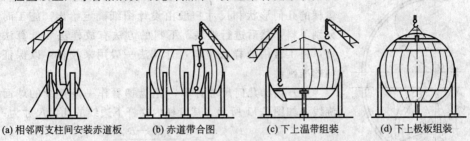

| (a) 相邻两支柱间安装赤道板 | (b) 赤道带合图 | (c) 下上温带组装 | (d) 下上极板组装 |

图 7-10　以赤道带为基准的逐块组装过程示意图

（2）上下温带吊装组对　拼接好的上下温带，在吊装前应将挂架、跳板、卡具带上并捆扎牢固，吊装按以下工艺进行。

先吊装下温带板，吊点布置为大头两个吊点、小头两相近的吊点成等腰三角形，用钢丝绳和倒链连接吊点，并调整就位角度。就位后用预先带在块板上的卡码连接下温带板与赤道带板的环缝，使其稳固，并用弧度与球罐内弧度相同的龙门板作连接支撑（大头龙门板 9 块，小头龙门板 3 块），再用方楔圆销调整焊缝使其符合要求。

用同样的方法吊装第二块温带板，就位后紧固第一块温带板的竖缝与赤道带板的环缝的连接卡具，并调整各部位的尺寸间隙，后带上五块连接龙门板。依次把该环吊装组对完，再按上述工艺吊装上温带。

上、下温带组装点焊后，对组装的球罐进行一次总体检查，其错边、间隙、角变形、椭圆度等均应符合要求后，方可进行主体焊接。

上、下极板吊装组对与上、下温带组对工艺基本相同。

（3）上下极板吊装组对　赤道带、温带等所有对接焊缝焊完并经外观和无损检测合格后，吊装组对极板。先吊装放置于基础内的下极板，后吊装上极板。吊装前检测温带径口及极板径口尺寸，尺寸相符再组对焊接。极板就位后应检查接管方位符合图纸要求并调整环口间隙，错边及角变形均符合要求，方可进行点焊。

（三）梯子平台及附件制作安装

球罐上梯子、平台及附件的所有连接板在球罐整体热处理前焊完。其焊接工艺、焊接材料应与球罐焊接相同。下面重点讨论弧形盘梯的组对与安装。

1. 球罐盘梯的特点

连接中间平台和顶部平台的盘梯，多用近似球面螺旋线型，或称之为球面盘梯。盘梯由内外侧扶手和栏杆（或侧板）、踏步板及支架组成。球面盘梯具有如下特点。

① 盘梯上端连接顶部平台，下端连接赤道线处的中间平台（或称休息平台），中间不需增加平台，行走安全舒适。

② 盘梯内侧栏杆的下边线与球罐外壁距离始终保持不变。梯子旋转曲率与球面一致，外栏杆下边线与球面的距离自中间平台开始逐渐变小，在盘梯与顶部平台连接处，内外栏杆下边线与球面等距离。

③ 踏步板保持水平，并指向盘梯的旋转中心轴，盘梯一般采用右旋式。

④ 盘梯与顶部平台正交，且栏杆下边线与顶部平台齐平。

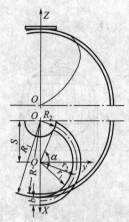

图 7-11　盘梯栏杆计算图

2. 球罐盘梯的计算和放样

球罐盘梯主要由内外侧栏杆、踏步板及盘梯支架所组成。盘梯的几何形状和尺寸一般由设计图纸确定给出。施工时应分别下料，然后进行组装。下料的方法有放样法和计算法两种，施工常用放样法下料，计算法一般用来校核，以保证下料的准确性。

（1）盘梯几何尺寸计算　把盘梯看作一条连续的球面螺旋线，如图 7-11 所示。其盘梯内栏杆下边线的几何尺寸为：

$$r_1 = \frac{R_1^2 - R_2^2 - b^2/4}{2R_1 + b}$$

$$S = \frac{(R_1 + b/2)^2 + R_2^2}{2R_1 + b}$$

$$\alpha = 180° - \cos^{-1} r_2/S$$

式中　r_1——盘梯内栏杆下边线水平投影半径；

S——盘梯内栏杆下边线水平投影的圆心 O_1 到球心的距离；

α——盘梯水平投影回转角；

R_1——假想球半径；

R_2——顶部平台半径；

b——盘梯宽度。

（2）盘梯的下料

① 内侧栏杆的放样下料如图 7-12 所示，以放样平台左侧一条垂线为轴，以假想半径 R_1 画一个半圆。以此半圆的上半部（1/4 圆）为立面图，下半部（1/4 圆）为平面图，并画出顶部平台的平、立面投影，按照以上公式分别计算出 r_1 和 S 值。在平面图上确定内栏杆下边线的投影轴心，然后画出内栏杆下边线的投影弧线。等分内栏杆下边线

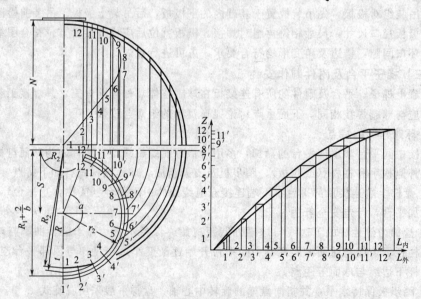

图 7-12　盘梯内外栏杆放样展开图

的投影弧线（一般可按 15°等分角），将各等分点投影到立面图上，得到各相应的投影点。将投影点的光滑曲线连接即为内栏杆下边线的球面螺旋线。

在放样平台右侧画出纵（Z）、横（L）坐标，将平面图上各等分弧线展开长度抄录在 $L_内$坐标上，将立面图上各投影点标高抄录在 Z 轴上，画出直角坐标上各对应点。并以光滑曲线连接各对应点，所得的曲线即为内栏杆下边线的展开曲线。

在展开曲线上方，画出一条与之曲率相同且距离为盘梯高度的曲线，上下曲线围成的图形即为盘梯内侧栏杆展开图。

② 外侧栏杆的放样下料与内侧栏杆的区别仅在于外侧栏杆平面投影弧线的半径为 (r_1+6)，将其各等分弧线展开长度抄录在另外坐标上，立面图上各投影点的标高仍可用内栏杆的投影标高。

③ 计算各等分角所对应的内外栏杆水平投影的弧长 $L_外$ 和 $L_内$。

$$L_内 = 2\alpha\pi r_1/360$$
$$L_外 = 2\alpha\pi r_3/360$$

式中 $r_3 = r_1 + b$。

以 L 值为横坐标，Z 值为纵坐标，将上述计算值分别标在 $Z\text{-}L_内$、$Z\text{-}L_外$各对应坐标图上，画出对应坐标点，并以光滑曲线连接，即得内外栏杆下边线的展开图。

3. 盘梯的组对与安装

盘梯内外侧栏杆放出实样后，应在下边线上画出踏步板的位置线，然后将踏步板对号安装，逐块点焊牢固。

盘梯安装一般采用两种方法。一种方法是先把支架焊在球罐上再整体吊装盘梯。这种方法要求支架在球罐上的安装位置必须准确。另一种方法是把支架焊在盘梯上，连同支架一起将盘梯吊起，在球罐上找正就位。盘梯吊装时，应注意防止变形。

四、球形储罐的试验与验收

球罐的试验和验收应符合国家现行标准《球形储罐施工及验收规范》（GB 50094—1998）规定。

（一）球罐检查（以公称容积 1000m^3 为例）

球罐试验前应对焊后的几何尺寸进行检查。椭圆度不得大于 80mm；内径偏差应小于 43mm；对口错边量应小于 3mm；棱角度应小于 10mm；支柱垂直度应小于 12mm。

（二）压力试验

球罐压力试验应在球罐整体热处理后进行。球罐的压力试验主要是水压强度试验和气密性试验。

1. 水压试验

水压试验目的是检查球罐是否有渗漏和明显的塑性变形，以及检验各种焊缝和连接件的强度是否达到设计要求。同时也起到消除球体内残余应力的作用，其试验装置见图 7-13。

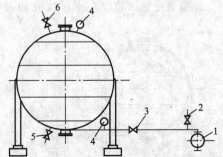

图 7-13　球罐水压试验装置
1—水泵；2—进水阀；3—关断阀；4—压力表；
5—泄水阀；6—放气阀

（1）水压试验前应具备的条件　水压试验前球罐焊接及热处理工作全部完成并经检验合格。装水前清除罐内杂物，并将外表面焊缝区域打扫干净，将球罐人孔、安全阀及其他接管孔用盲板封堵严密。罐顶和底部各装一块量程相同并经计量校验合格的压力表。压力表精度不低于1.5级，量程不小于试验压力的1.5倍。

（2）试压用水　试压一般采用清洁的工业用水，应避免使用含氯离子的水，要求水温高于5℃。

（3）试压工艺方法　首先从球罐底部进水管处将水放入罐内，待水装满后，据水溢出的顺序关闭上部阀、盲板及人孔盖。球罐水压试验装置如图7-13所示，电动试压水泵与球罐底部之间用钢管连接。

试压步骤如下。球罐灌满水后，启动电动试压水泵，使罐压力缓慢上升，升压速度一般不超过每小时0.3MPa。升压过程中严禁碰撞和敲击罐壁，压力升至0.2～0.3MPa时可停止升压，检查法兰焊缝有无渗漏现象。如发现渗漏应及时处理，允许在压力低于0.5MPa情况下拧紧螺栓。

① 当升至试验压力的50%时，保持15min，然后对球罐的所有焊缝和连接部位做检查，确认无渗漏后，继续升压。

② 压力升至试验压力90%时，保持15min，再次作渗漏检查。

③ 压力升至试验压力时，保持30min，然后将压力降至试验压力的80%进行检查，以无渗漏、无异常变形为合格。

④ 开启下人孔盖上接管的阀门泄压。待压力为零时，关闭阀门，打开上罐顶放空阀和人孔盖，然后从下部接管将水排放掉。排水降压速度以每小时1.0～1.5MPa为宜。排水时，不应就地排放，以免浸蚀基础。

⑤ 水放完后，打开球罐下部人孔，接管的盲板，让球罐内表面自然干燥。

球罐进行水压试验时支柱基础沉降观测分五个阶段进行并做好记录。即充水前、充水至1/3球罐本体高度、充水至2/3球罐本体高度、充满水24h后、放水后。

基础沉降观测可使用水准仪和1m钢板尺。其步骤为：在球罐周围选点安放并调整好水准仪；在球罐附近一立杆上选一观测点作基准，按上述五个阶段充水观测记录，支柱基础沉降应均匀；放水后，不均匀沉降量应小于$D_1/1000$（D_1为基础中心圆直径），相邻支柱基础沉降差应小于2mm。

2. 气密性试验

球罐气密性试验应在水压试验和磁粉探伤合格后进行。气密性试验装置如图7-14所示。

（1）试验前的准备工作

① 试验前，安全阀须经过检查校核后按图纸要求装好，压力表与水压试验相同。

② 试压前拆除球罐内部脚手架，清除一切杂物，球罐周围不得有易燃易爆物品。

③ 试验介质为压缩空气，试验压力一般不低于设计压力。

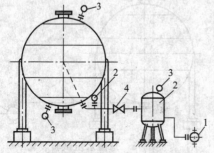

图7-14　球罐的气密性试验装置
1—空压机；2—储气罐；3—压力表；4—关断阀

（2）试验工艺方法 空气压缩机压送空气经贮气罐后送入球罐，达到试验压力后，关闭阀门，通过球罐顶部和底部的压力表观测球罐内压力的变化。

① 压力升至试验压力的 10% 时，宜保持 5～10min，对球罐的所有焊缝和连接部位作初次泄漏检查，确认无泄漏后继续升压。

② 压力升至试验压力的 50% 时，保持 10min，对球罐所有焊缝和连接处涂刷肥皂水，进行检查。确认无渗漏方可继续升压，升压应以 10% 的试验压力为级差逐级升至试验压力。

③ 压力升至试验压力后，保持 10～30min 后，降至设计压力进行检查，以无渗漏为合格。如有渗漏，应分析原因，处理后重新进行气密性试验。

④ 试验完后，从放散管缓慢卸压。

升压和卸压均应平稳缓慢进行，升压速度以每小时 0.1～0.2MPa 为宜，降压速度以每小时 1.0～1.5MPa 为宜。

（三）置换

置换的目的是将罐内的空气排出到最低限度，以防止燃气进入罐后与空气混合达到着火（或爆炸）浓度极限。置换介质可采用水和氮气，置换工艺方法和步骤如下。

① 置换前，校验调整安全阀的开启压力，按图纸要求安装压力表并记录，关闭上部人孔、放散管以外的所有接管阀门。

② 从水压试验进水管缓慢充水入球罐，待水充到距气相管上部 10mm 时停止充水。

③ 关闭上部人孔，然后从液相进口管缓慢充氮气进入球罐，氮气与空气混合气体从放散管排出。当取样分析氧气含量达到安全限度的 6%～14%（容积比）即可停止充氮，封闭放散管阀门。

若质量技术监督部门此时同意球罐投入使用，则可充气相液化石油气入球罐。

（四）球罐验收

球罐验收包括球罐安装过程中的质量验收和总体竣工验收。

1. 球罐安装过程中的质量验收

质量验收应采用国家标准和行业标准。施工过程中每一项验收内容，在验收后都必须提供证明书、验收报告和其他书面资料。

（1）球壳零部件验收 在组装前应清查数量，检查各零部件、组对件的材质，球壳板的几何尺寸和坡口是否与设计图相符。

（2）现场组装质量验收 包括组装前的基础验收、支柱的垂直度、焊缝对口间隙、错边量和角变形、环带组装后的椭圆度以及组装后球体的几何尺寸等。

（3）焊缝的质量验收 验收内容包括：焊接工艺评定报告、焊接材料质量、焊工资格、焊缝机械性能试验、裂纹、预热及后热状况记录、缺陷修补状态以及各种无损探伤检验报告。

每项无损检验必须有两名具有质量技术监督部门颁发的Ⅱ级以上考试合格的无损检验人员参加并签字，其报告方有效，球罐对接焊缝有 100% 的射线检验报告和所有底片，100% 的超声波检验报告，渗透检验报告，水压试验前内外表面磁粉检验报告和水压试验后 20% 的磁粉抽检报告。

（4）现场焊后整体热处理验收 对热处理工艺、保温条件、测温系统及柱脚处理等逐项验收。

2. 球罐总体竣工验收

球罐安装竣工后，施工单位将竣工图纸、质量验收报告及其他技术资料移交给建设单位。建设单位应会同设计、监理、运行管理、建设行政主管部门、消防和质量技术监督部门等有关单位按《球形储罐施工及验收规范》(GB 50094—98)的规定进行全面的检查验收。

交工验收时，施工单位应提交下列交工文件。

① 球罐交工验收证书。

② 监检证书。

③ 竣工图。

④ 制造厂的球罐产品质量合格证明书。

⑤ 球壳板、支柱到货检验报告。

⑥ 球罐基础检验记录。

⑦ 产品焊接试板试验报告。

⑧ 焊缝及焊工布置图。

⑨ 焊接材料质量证明书及复验报告。

⑩ 球罐焊后几何尺寸检验报告。

⑪ 球罐支柱检验记录。

⑫ 焊缝返修记录。

⑬ 焊缝射线检测报告（附检测位置图）。

⑭ 焊缝超声波检测报告（附检测位置图）。

⑮ 焊缝磁粉检测报告（附检测位置图）。

⑯ 焊缝渗透检测报告（附检测位置图）。

⑰ 焊后整体热处理报告、测温点布置图及自动记录温度曲线。

⑱ 压力试验记录。

⑲ 气密性试验记录。

⑳ 基础沉降观测记录。

㉑ 设计变更通知单。

第二节　燃气压缩机的安装

压缩机的安装分为安装和试车两个阶段，只有试车无故障后方能交付验收。

一、解体压缩机的安装

燃气压送站或储配站常用的 L 形压缩机和对置式压缩机由于机体高大笨重，整体出厂时运输及安装都很困难，因此，通常是分部件制造、运输，在施工现场把各部件组装成压缩机整体。

由部件组装成压缩机整体，基本可按如下步骤进行：机身→（主）曲轴和轴承→中体→机身二次灌浆→气缸→十字头和连杆→活塞杆和活塞环→密封填料函→气缸进排气阀。

1. 机身与气缸的找正对中

机身、中体（对置式压缩机）和气缸的找正对中是指三者的纵横轴线应与设计吻合，三者的中心轴线具有同轴度。

对于中小型压缩机常依靠机身与气缸的定位止口来保证对中。当活塞装入气缸后，再测量活塞环与气缸内表面的径向间隙的均匀性来复查对中程度，然后整体吊装到基础上。在气缸端面或曲轴颈处测定水平度，以调整机座垫铁来确保纵横方向的水平度达到要求。

对于多列及一列中有多个气缸的压缩机，常采用拉中心钢丝法进行找正，找正工作可按四个步骤进行。

（1）本列机身找正　例如对置式压缩机可将曲轴箱看作本列机身，气缸看作另一列机身。曲轴箱找正时，纵向水平在十字头滑道处用水平仪测量，横向水平在主轴承瓦窝处测量，通过调整机座垫铁确保其水平度。

（2）两列机身之间找正　以第一列为基准，在曲轴处拉中心钢丝线进行找正，如图 7-15 所示。架设钢丝后，在第一列机身主轴承瓦窝两端的左、右、下三处取点测定，用千分尺测量，通过调整钢丝位移使两端 a_1、b_1、c_1 和 a'_1、b'_1、c'_1 六点数值对应相等。然后以此钢丝为准，同样在第二列机身主轴承瓦窝两端的左、右、下三处六点进行测定，以调整机身位置，使 a_2、b_2、c_2 和 a'_2、b'_2、c'_2 六点数值对应相等，则两列机身可为已找正。

在找正时应同时使两列机身的标高及前后中心位置相同，并同时用特制样尺测定两列机身的跨距。曲轴安装后还应进行复测。

（3）两列机身之间找平行　可用特制样尺，在机身前后测量，每列的测点均在以十字头滑道为中心的钢丝线处。

（4）机身与气缸的对中　大型压缩机的机身与气缸对中就是使气缸与滑道同轴。若不同轴则需测量同轴度并进行调整，测同轴度（同心度）可采用声光法。

如图 7-16 所示，钢丝穿过机身和滑道，由两个绝缘滚轮托住，两端用重锤拉紧，滚轮固定在线架上，线架固定在基础上，钢丝不得和机身接触，线架构造应能调整绝缘滚轮上下左右的位置。

按图中虚线位置所示的电路安装耳机和小灯泡。耳机可用 800Ω 或 1500Ω，小灯泡可用 $3V$ 手电筒灯泡，电源可采用数节特大号干电池串联而成。钢丝绳与机身不接触，

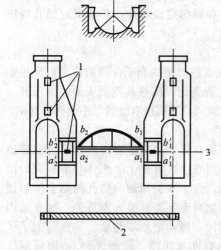

图 7-15　两列机身找正示意图

1—水平仪；2—平行样尺；3—钢丝中心线

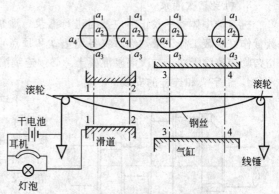

图 7-16　声光法测同心度

故不构成回路。

测量时，用千分尺把钢丝和机身接触（见图7-17），电路就闭合了，灯泡会亮，耳机中有声响。这时，千分尺所指的长度就是机身（滑道或气缸内表面）与钢丝之间的距离。

用小灯泡可判断钢丝与千分尺接触情况，灯泡愈亮，接触愈好，似亮非亮说明稍有接触，耳机即发出声响。操作时应以耳机为准，灯泡为辅。实际距离应为千分尺的测定值与钢丝自重而产生的挠度之和（见图7-18）。钢丝的挠度可按下式计算

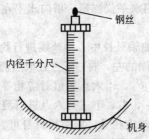

图 7-17　用千分尺测钢丝与机身的距离

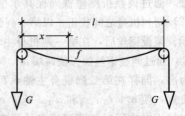

图 7-18　钢丝的挠度

$$f=\frac{X(L-X)}{2G}P$$

式中　f——钢丝上任一点的挠度，mm；

　　　P——钢丝的重力，N/m；

　　　G——重锤的重力，N；

　　　L——两个滚轮的中心距，m；

　　　X——滚轮中心至被测点的距离，m。

2. 曲轴和轴承的安装

曲轴和轴承在安装前应检查油路是否畅通，瓦座与瓦背和轴颈与轴瓦的贴合接触情况，必要时应进行研刮。然后将主轴承上、下瓦放入主轴承瓦窝内，装上瓦盖拧紧螺栓。装上后，将曲柄置于四个互相垂直的位置上，测量两曲拐臂间距离之差（见图7-19）、主轴瓦的间隙、曲轴颈对主轴颈的不平行度和轴向定位间隙，各项测定偏差均应在允许范围内。

3. 机身二次灌浆

机身与中体找平找正后应及时进行灌浆。灌浆前应对垫铁和千斤顶的位置、大小和数量作好隐蔽工程记录，然后将各组垫铁和顶点点焊固定。灌浆前基础表面的油污及一切杂物应清除干净。二次灌浆混凝土，必须连续灌满机身下部所有空间，不允许有缝隙。

4. 十字头和连杆的安装

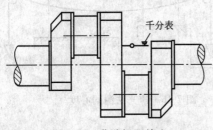

图 7-19　曲臂间距检查

十字头在安装前应检查铸造质量及油道通畅情况。用着色法检查十字头体与滑板背、滑板与滑道以及十字头销轴与销孔的吻合接触情况。然后组对十字头并放入滑道内，放入后用角尺及塞尺在滑动前后端测量十字头与上、下滑道的垂直度及间隙（见图7-20），用研刮法调整合格后安装连杆。

连杆大头瓦背与瓦座的接触程度，十字头销

轴与连杆小头瓦座的接触程度也需用着色法检查。连杆与曲柄及十字头连接后，应检查大头瓦与曲颈轴的间隙（见图 7-21），并通过盘车进行十字头上、下滑板的精研。与活塞杆连接后应测量活塞杆的跳动度、同心度及水平度。

5. 活塞杆及活塞环的安装

活塞组合件在安装前应认真检查无缺陷后方可安装。活塞环应无翘曲，内外边缘应有倒角，必须能自由沉入活塞槽内，用塞尺检查轴间隙（见图 7-21）应符合规定，各锁口位置应互相错开，所有锁口位置应能与阀口错开。

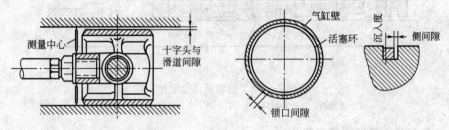

图 7-20　十字头组装间隙　　　　　图 7-21　活塞环各部间隙

将活塞装入气缸时，为避免撞断活塞环，可采用斜面导管 4～6 个拧紧在气缸螺栓上，然后将活塞推入气缸，如图 7-22 所示。活塞环应在气缸内作漏光检查，漏光处不得多于两处，每处弧长不超过 45mm，且与活塞环锁口的距离应大于 30mm。活塞与气缸镜面的间隙应符合要求。

活塞组合件装入气缸后应与曲轴、连杆、十字头连接起来，并进行总的检查和调整。调整气缸余隙容积时，可用四根铅条，分别从气缸的进排气阀处同时对称放入气缸（铅条曝度分别为各级气缸余隙值的 1.5 倍），手动盘车使活塞位于前后死点，铅条被压扁厚度即为气缸余隙。气缸余隙调整可根据具体情况采用增减十字头与活塞杆连接处的垫片厚度、调接连接处的双螺母或在气缸与缸盖之间加减垫片等方法。

6. 密封填料函的安装

（1）平填料函　填料函在安装前应检查各组填料盒的密封面贴合程度，金属平密封环和闭锁环内圆与活塞杆的接触面积 A，填料函径向间隙 B 和轴向间隙 C（见图 7-23）。检查完毕，将活塞推至气缸后部，装入密封铅垫，再按顺序成组安装填料盒，安装时应检查活塞杆的同心度。

安装在中体滑槽前部的刮油器由密封环和闭锁环组成，其检查内容及安装要求与平填料函相同。

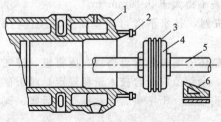

图 7-22　用斜面导管安装活塞

1—气缸；2—螺栓；3—活塞环；4—活塞；
5—活塞杆；6—斜面导管

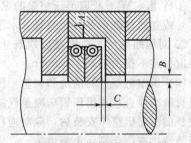

图 7-23　平填料函间隙

（2）T形填料函　T形填料函在装入填料箱之前应进行检查和成套预装配。各组密封环之间在装入定位销时，其开口应互相错开。密封环的锥面斜度（压紧角）由填料箱底部向外逐渐减小，如图7-24所示。将填料盒组合件装入活塞杆上，各部分间隙应满足规范要求。

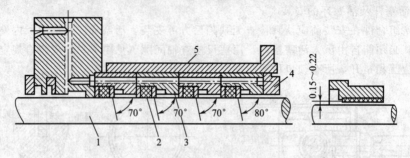

图 7-24　T形填料函组装图

1—活塞杆；2—密封环；3—T形环；4—压紧环；5—锥形环

7. 气缸进、排气阀的安装

安装前应清洗并检查阀座与阀片接触的严密性，并进行煤油试漏。安装时，防止进、排气阀装错，阀片升起高度按设计要求，锁紧销一定要锁紧，以免运行时失灵或脱落。阀盖拧紧后，用顶丝把阀门压套压紧，然后拧紧气封帽。

二、整体压缩机的安装

对于中小型活塞式压缩机，已由制造厂组装成整体压缩机，并经试运行合格，在运输和保管期间保证完好的前提下，可进行整体安装，不必进行解体拆卸。整体压缩机的安装可按以下顺序进行：基础检查验收→机器的清洗检查→垫铁的选用→机器就位、找正找平→二次灌浆→调整→试运行。

（1）压缩机的基础检查验收及机器的清洗检查等，按本章第一节内容进行。

（2）压缩机的找正找平

① 卧式压缩机的列向水平度可在滑道上测量，水平度允差不得大于 0.10mm/m；轴向水平度可在主轴外伸部分上测量，水平度偏差不得大于 0.10mm/m。

② 立式压缩机的纵横向水平度可在气缸止口面上测量，水平度允差 0.10mm/m。

③ L形及倒T形压缩机，水平列水平度测量部位及水平度允许偏差值与卧式压缩机相同。垂直列水平测量部位及水平度允差与立式压缩机相同。

④ V形、W形及扇形压缩机的纵横向水平度可在机座地脚螺栓孔旁的水平测量凸台上，或立式气缸顶平面上测量，水平度偏差不得大于 0.10mm/m。

⑤ 对压缩机与电动机在公用底座上的机器，其水平度可在基座上直接进行测量，水平度偏差不得大于 0.10mm/m。

（3）压缩机零件的清洗和调整　压缩机整体安装并检验合格后，应将进、排气阀拆卸进行清洗检查，并用压铅法测量气缸余隙，余隙值应符合技术资料规定。对于存放时间较长的压缩机整体安装后，应对连杆大小头轴瓦、十字头、气缸镜面、活塞、气阀等进行清洗检查，合格后重新组装。

整体压缩机安装并检验合格后，可进行无负荷试运行和有负荷试运行。

整体压缩机的电动机及附属设备安装应按相关技术要求进行。

第三节 燃气调压装置的安装

一、准备工作

① 设备、阀件的检查与清理包括以下内容。

a. 调压器、安全阀、阀门、过滤器、检测仪表及其他设备，均应具有产品合格证，安装前应按照设计所要求的型号、规格与数量，逐项逐个进行检查，检查是否齐全、有无损坏、零部件是否完整，法兰盘、螺栓与法兰垫是否符合要求，与阀件是否匹配，法兰盘应清洗干净。阀门在清洗检查后，应逐个进行强度与严密性试验，应仔细检查调压器上的导压管、指挥器、压力表等是否有损坏和松动。

b. 调压站的汇气管是压力容器，除有产品合格证外，应按压力容器的要求进行全面检查。特别是两台汇气管连接管道的法兰孔与法兰中心距离必须匹配，否则无法安装，在施工时必须将一台汇气管上法兰割掉，重新焊接。

② 调压站管道上有许多弯管、异径管、三通、支架等，应提前采购或绘制样板，现场预制。

③ 露天调压计量站应在所有的设备基础完成后才能安装，室内调压站应在调压室建筑物竣工后进行。安装前，应根据设计检查汇气管、过滤器与阀门等基础的坐标与标高以及管道穿过墙与基础留孔是否符合要求。

④ 根据材料单对现场的施工用料进行核对，对缺少部分尽快解决。

⑤ 组织技术水平较高的管工、焊工进行技术交底。

二、管道安装的要求

① 对于干燃气，站内管道应横平竖直；对于湿燃气进、出口管道应分别坡向室外，仪表管座全部坡向干管。

② 焊缝、法兰和螺纹等接口，均不得嵌入墙壁与基础中。管道穿墙或基础时，应设置在套管内。焊缝与套管的一端间距不应小于 30mm。

③ 箱式调压器的安装应在进出口管道吹扫、试压合格后进行，并应牢固平正，严禁强力连接。

④ 阀门在安装前应进行清洗和强度与严密性试验。否则，在试运行中发现阀门内漏，必须停气维修，拖延工期。

⑤ 调压器的进出口应按箭头指示方向与气流方向一致进行安装。

⑥ 调压器前后的直管段长度应严格按设计要求施工。

⑦ 调压站管道采用焊接，管道与设备、阀件、检测仪表之间的连接应根据结构的不同，采用法兰连接或螺纹连接。

⑧ 地下直埋钢管防腐应与燃气干、支线防腐绝缘要求相同，地沟内或地面上的管道除锈防腐以及用何种颜色油漆按设计要求进行。

⑨ 对放散管安装的位置和高度均应取得城市消防部门的同意。当调压室与周围建筑物之间的净距达到安全距离时，放散管一般高出调压站屋顶 1.5～2m 即可。当达不到安全距离要求，则放散管应高出调压站最近最高的建筑物屋顶 0.3～0.5m。放散管应安装牢固，不同压力级制的放散管不允许相互连接。

⑩ 对柜式调压装置应组织业主、设计、施工与监理单位联合进行开箱检验，根据设备清单进行仔细检查。

⑪ 调压器和调压箱柜的安装，还要符合设备说明书中的有关安装要求。

三、调压站管道与设备安装

门站、区域调压站与配气站安装，见图7-25。门站与配分站常露天设置，区域调压站常设于调压室内。

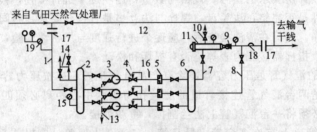

(a) 输气干线起点调压计量站流程

1—进气管；2,6—汇气管；3—分离器；4—压力调节器；5—锐孔板计量装置；7—清管用旁通管；8—正常外输气管线；9—球阀；10—放空管；11—清管球发送装置；12—越站旁通管；13—分离器挤污总管；14—安全阀；15—压力表；16—温度计；17—绝缘法兰；18—清管球通过指示器；19—电接点压力表（带声光信号）

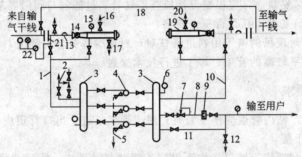

(b) 输气干线中间调压计量站流程

1—进气管；2—安全阀；3—汇气管；4—分离器；5—分离器排污总管；6—压力表；7—压力调节器；8—温度计；9—节流装置；10—正常外输气管；11—用户旁通管；12—用户支线放空管；13—清管球通过指示器；14—球阀；15—清管球接收装置；16,20—放空管；17—排污管；18—越站旁通管；19—清管球发送装置；21—绝缘法兰；22—电接点压力表

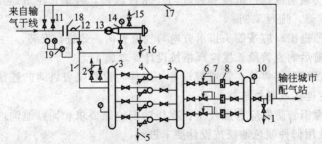

(c) 输气干线终点调压计量站流程

1—进气管；2—安全阀；3、9—汇气管；4—除尘器；5—除尘器排污管；6—压力调节器；7—温度计；8—节流装置；10—压力表；11—干线放空管；12—清管球通过指示器；13—球阀；14—清管球接收装置；15—放空管；16—排污管；17—越站旁通管；18—绝缘法兰；19—电接点压力表

图 7-25 调压计量站和配气站流程

如图 7-25 所示，两汇气管之间需并联 3～4 根管道，管道上需安装过滤器、调压器、计量装置与阀门等。这就要求必须精确测量出两台汇气管就位后法兰之间的距离以及过滤器、调压器、计量装置与阀门等的安装尺寸，然后根据设计要求确定各连接短管的尺寸（包括法兰盘）。应同时下料切割，保证并联的几条管道的各类短管（包括法兰盘）尺寸相同。

在汇气管、过滤器、调压器与阀门的基础达到强度并检查其标高、坐标及地脚螺栓位置合格后，先将汇气管吊装在基础上，在设备就位后，将两台汇气管连接管道的法兰盘对正，再将一台汇气管找平并将其地脚螺栓上紧，然后依次安装阀门、过滤器、调压器、计量装置等以及它们之间的短管，剩下与另一汇气管法兰连接的短管。用同样方法将并联的几根管道安装起来。安装最后与另一汇气管法兰连接的短管时，可将汇气管稍稍后移，将最后的连接短管一侧与管道连接，在短管法兰与汇气管法兰之间放好垫片套上螺栓，再将汇气管前移，再上紧法兰盘上的螺栓。否则，当距离正好时，短管与垫片放不进去；距离稍大时，就要强行组对，使管道与阀件承受不应有的应力，最后将汇气管整平上紧地脚螺栓。

阀件与管道下的支架应垫平，使其都受力。

1. 地下管道安装

地下管道的安装方法、防腐绝缘与室外地下燃气管道相同。管道穿出地面时应加套管，穿地面套管应高出地面 50mm，穿基础墙套管两侧与墙面平。钢套管应比燃气管道大一号，燃气管道与钢套管之间用沥青油麻填实。

2. 地上管道安装

安装地上管道之前要找出室内地平线，作为管道标高的标准。根据设计要求预制管道支架，根据设计要求位置与标高埋设支架。管道安装要美观，对于干燃气应横平竖直，与墙的距离一致；对于湿燃气应坡度准确。焊缝也应美观，管道除锈、防腐与用何种油漆应按设计施工。

3. 设备安装

（1）加臭设备　一般安装在门站内，设在主导风向的下风侧，常安装在无围墙的棚内。将加臭设备安放在基础上找平即可。

（2）调压器　安装时应注意按阀体上箭头所指示的进出口气流方向安装，不得将调压器装反。安装时将调压器放在支墩或支架上，装上法兰垫片。螺栓方向在同一法兰上要相同，对称旋紧，螺栓露出螺母 2～3 扣。安装在调压器前后的管道应保持水平，连接调压器的管道法兰要垂直于管道的中心线。安装后的调压器、过滤器、阀门等应在一条直线上。

（3）过滤器　通常过滤器安装在混凝土排水沟内，在过滤器找平找正后将过滤器支架固定在地脚螺栓上。过滤器的填料要经常清洗，清洗后的水流到排水沟内，再经过管道流入排水系统。

（4）阀门安装　阀门安放在支墩或支架上，螺栓对称旋紧，螺栓方向应一致。

（5）差压式流量计和孔板的安装　差压式流量计是根据压力差的原理测量燃气在管道的流量，而压力差靠孔板的节流孔产生。孔板所产生的压力差如图 7-26 所示。

当充满圆管的燃气流经安装在管道中的节流装置时，流束在节流件入口侧即形成局部收缩，流速增大而流过节流孔，出口后流束则转变为扩散，流速减小，使出口侧静压

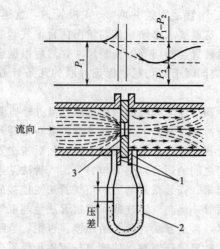

图 7-26 差压流量计原理图

1—取压孔；2—差压计；3—孔板

降低，在节流件前后产生压力差。

节流件前后的压力通过取压孔与差压计连接，流体流量大小与差压计所测得的压差的平方根成正比。

孔板所产生的压差经过导压管传至流量计的高压室和低压室，如图 7-27 所示。为了不使燃气中的冷凝液流入流量计，流量计的位置应高于孔板，而且导压管的坡度应坡向孔板，导压管长度不得超过 50m。安装时要注意高低压导管不要接错，一般流量计上的导压阀应成套供应，导压管标有"＋"为高压导出管（针形阀为红色手轮），标有"－"为低压导出管（针形阀为黑色手轮）。

孔板环室装配图，如图 7-28 所示。安装时，应当满足以下要求。

① 孔板端面应与管道中心线垂直，不垂直度不大于 1°。

② 孔板板口不得碰损，严格按进出口方向指示的箭头安装。若无箭头，则坡口一面为出口，直口一面为进口。但安装锥形入口孔板时则正好相反。锥形入口孔板的形状与标准孔板相似，相当于一块倒装的孔板。

③ 孔板与管道的偏心度不得超过 $0.015 (D-d)$。

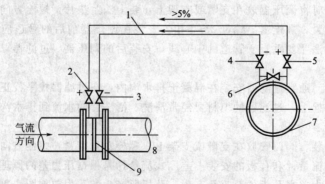

图 7-27 孔板与流量计的连接

1—导压管；2—高压线；3—低压线；4—针形阀（黑手轮）；5—针形阀（红手轮）；
6—平衡阀；7—流量计；8—燃气管；9—活塞孔板

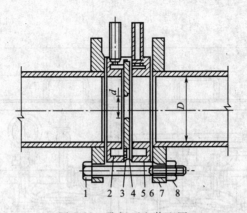

图 7-28 孔板环室装配图

1—螺栓；2—高压环室；3—石棉橡胶垫片；4—孔板；5—低压环室；

6—石棉橡胶垫片；7—平焊法兰；8—螺母

④ 由于孔板上游流束的扰乱，会严重影响流量计的准确性，孔板下游流束扰乱也有一定影响。为保证流量计的准确，孔板安装时，其前后要保持一定长度的光直管，其间不得有弯管、阀门、支管、异径等。

孔板前的直管段长度根据孔口直径和管道直径之比的平方值来确定，该平方值与直管段长度之间关系可查流量计使用说明书或手册。

孔板后的直管段长度不小于 5 倍管道直径。

目前，流量计品种较多，各有不同的安装要求，具体安装还应参照其使用说明书与有关资料施工。

4. 强度与严密性试验

调压器的管道、设备和仪表管道安装完毕后，要进行强度与严密性试验，试压介质为压缩空气。

调压站的管道工作压力不同，应分别进行强度与严密性试验。

在试压前应按照试压方案检查应该关闭的阀门是否关好，应该开启的阀门是否已开启，应加装堵板之处是否已堵好。

强度试验与严密性试验方法与要求，与燃气管道相同。

四、调压柜安装

图 7-29 是燃气调压柜，采用带 KH-2 型指挥器的 РДуК-2-50 型调压器调压。调压柜可将高压和中压燃气调到低压和中压。入口最大压力为 1.2MPa；出口的被调压力为 0.5～50kPa。当调压柜的出口压力为 0.5～10kPa、入口压力为 100kPa 和燃气密度为 0.73kg/m³ 时，其流量为 450m³/h。调压柜设有安全阀、网状过滤器和旁通管，入口压力用压力表测量，测量出口压力利用带堵的三通阀，在其上连接压力表。调压柜是否应设采暖设备，取决于气候条件与燃气的含湿量。

调压柜是整体安装，放置在设备基础上找平。地下燃气管道以及与调压柜进出口连接管道，应先吹扫、试压合格后，方可与调压柜的进出口连接。连接用的法兰盘与垫片的要求，与燃气管道相同。

调压柜安全阀的放散管应按设计要求安装，并应符合安全、消防的有关规定。

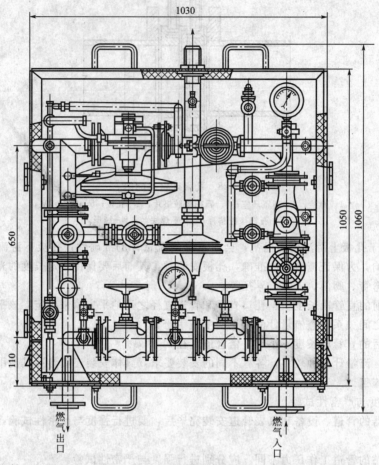

1030

1050

1060

650

110

燃气出口

燃气入口

(a) 正视图 (去盖)

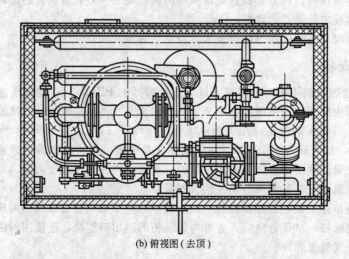

(b) 俯视图 (去顶)

图 7-29　装有 РДуК-2-50 型调压器的柜式调压装置

五、调压箱安装

当燃气直接由中压管网（或次高压管网）经用户调压器降至燃具正常工作所需的额定压力时，常将用户调压器装在金属箱内挂在墙上，称为调压箱。

采用调压箱对用户供气，其特点是只有一段中压管道（或次高压管道）在市区沿街布置，各幢楼房的室内低压管道通过调压箱直接与市内管网连接，因而提高了管网输气压力，节省管材与基建投资，且占地省，便于施工，运行费低，使用灵活。此外，由于用户调压器出口直接与户内管道连接，故用户的灶前压力一般比由低压管网供气时稳定，有利于燃具正常使用。

由于调压箱供气系统较为经济合理，故欧美各国已将其作为一种通用的供气方式推广使用。近几年来，国内一些城市，如成都、重庆、西安等以天然气为主的城市，这种供气方式也广泛应用，并取得了一定的经验。

调压箱结构简单，如图 7-30 所示。调压箱内设一台直接作用式调压器，弹簧式安全放散阀和进出口阀门、压力表、过滤器、测压取样口等附件，全部装在铁箱内。

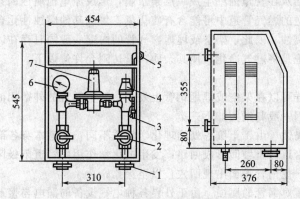

图 7-30　箱式调压器的构造

1—法兰；2—球阀；3—测压旋塞；4—安全阀；5—安全阀放散口；6—压力表；7—调压器

调压箱安装应在燃气管道以及与调压箱进、出口法兰连接的管道吹扫并进行强度与严密试验合格后进行，连接用的法兰盘与垫片的要求与燃气管道相同。

调压箱通常挂在建筑物的外墙上，安装位置按照设计或与用户协商确定，可以预埋支架，也可用膨胀螺栓将支架固定在墙上。调压箱安装应牢固平正，调压箱进、出口法兰与管道连接时，严禁强力连接。

[第**8**章]

钢制管道的防腐与保温处理

第一节　钢制管道的防腐

一、燃气管道腐蚀的原因

钢质燃气管道按其腐蚀部位的不同，分为内壁腐蚀和外壁腐蚀。

1. 内壁腐蚀

燃气中的凝结水在管道内壁生成一层亲水膜，形成原电池腐蚀的条件，产生电化学腐蚀。还由于输送的燃气管道中可能含有硫化氢、氧或其他腐蚀性化合物直接和金属起作用，引起化学腐蚀。因此，架空或埋地燃气管的内壁一般同时存在以上两种腐蚀。内壁防腐的根本措施是将燃气净化，使其杂质含量达到允许值以下。

2. 外壁腐蚀

外壁腐蚀同样可以在架空或埋地钢管上发生，架空钢管的外壁用油漆覆盖防腐，埋地钢管的腐蚀原因一般归纳为如下三类。

（1）电化学腐蚀　由于土壤各处物理化学性质不同，管道本身各部分的金属组织结构不同，最终在管道与土壤间形成回路，发生电化学作用，管道阳极区的金属离子不断电离而受到腐蚀，使钢管表面出现凹穴，以至穿孔。

（2）杂散电流对钢管的腐蚀　由于外界各种电气设备的漏电与接地，在土壤中形成杂散电流，同样会和埋地钢管、土壤构成回路，在电流离开钢管流入土壤处，管壁产生腐蚀。

（3）土壤化学腐蚀　由于土壤中含有某种腐蚀性物质或细菌等，同样会对埋地钢管造成腐蚀。

二、防腐前钢管表面处理

（一）防腐前钢材表面除锈质量等级标准

1. 钢材表面原始锈蚀等级

钢材表面原始锈蚀程度决定了除锈所需的工作量、时间和费用。在做表面处理时，应考虑到钢表面上氧化皮、锈、孔蚀、旧涂层和污物的数量。为此，根据钢材表面上氧化皮、锈和蚀坑的状态和数量，划分了锈蚀等级。

目前我国石油工业部标准 SYJ4007—86，将钢材表面原始锈蚀程度分成 A、B、C、D 四级，见表 8-1。一般说，C 级和 D 级钢材表面需要做较彻底的表面处理。

2. 钢材表面除锈质量等级

在钢材表面除锈质量等级标准上，国内外都趋向采用 SIS 055900。美国钢结构涂装委员会制定的《表面处理规定》，在除锈的质量等级划分上也参照采用了 SIS 055900。

我国石油工业部标准 SYJ 4007—86 规定的除锈质量等级标准采用的是该委员会的标准，见表8-2。

表 8-1　钢材表面原始锈蚀等级

锈蚀等级	锈 蚀 状 况
A 级	覆盖着完整的氧化皮或只有极少量锈的钢材表面
B 级	部分氧化皮已松动、翘起或脱落，已有一定锈的钢材表面
C 级	氧化皮大部分翘起或脱落，大量生锈，但用目测还看不到锈蚀的钢材表面
D 级	氧化皮几乎全部翘起或脱落，大量生锈，目测时能见到孔蚀的钢材表面

表 8-2　除锈质量等量

质量等级	质 量 标 准
手动工具除锈 （St2 级）	用手工工具（铲刀、钢丝刷等）除掉钢表面上松动或翘起的氧化皮、疏松的锈、疏松的旧涂层及其他污物，可保留黏附在钢表面且不能被钝油灰刀剥掉的氧化皮、锈和旧涂层
动力工具除锈 （St3 级）	用动力工具（如动力旋转钢丝刷等）彻底地除掉钢表面上所有松动或翘起的氧化皮、疏松的锈、疏松的旧涂层和其他污物，可保留黏附在钢表面上且不能被钝油灰刀剥掉的氧化皮、锈和旧涂层
清扫级喷射除锈 （Sa1 级）	用喷（抛）射磨料的方式除去松动或翘起的氧化皮、疏松的锈、疏松的旧涂层及其他污物，清理后钢表面上几乎没有肉眼可见的油、油脂、灰土、松动的氧化皮、疏松的锈和疏松的旧涂层，允许在表面上留有牢固黏附着的氧化皮、锈和旧涂层
工业级喷射除锈 （Sa2 级）	用喷（抛）射磨料的方式除去大部分氧化皮、锈、旧涂层及其他污物。经清理后，钢表面上几乎没有肉眼可看见的油、油脂和灰土，允许在表面上留有均匀分布的、牢固黏附着的氧化皮、锈和旧涂层，其总面积不得超过总除锈面积的1/3
近白级喷射除锈 （Sa2 $\frac{1}{2}$ 级）	用喷（抛）射磨料的方式除去几乎所有的氧化皮、锈、旧涂层及其他污物。经清理后，钢表面上几乎没有肉眼可看见的油、油脂、灰土、氧化皮、锈和旧涂层。允许在表面上留有均匀分布的氧化皮和锈迹，其总面积不得超过总除锈面积的5%
白级喷射除锈 （Sa3 级）	用喷（抛射）磨料的方法彻底地清除氧化皮、锈、旧涂层及其他污物。经清理后，钢表面上没有肉眼可见的油、油脂、灰土、氧化皮、锈和旧涂层，仅留有均匀分布的锈斑、氧化皮斑点或旧涂层斑点造成的轻微的痕迹

注：1. 上述各喷（抛）射除锈质量等级所达到的表面粗糙度应适合规定的涂装要求。

2. 喷射除锈后的钢表面，在颜色的均匀性上允许受钢材的钢号、原始锈蚀程度、轧制或加工纹路以及喷射除锈余痕所产生的变色作用的影响。

（二）除锈

为了使防腐绝缘层牢固地黏附在钢管表面，就必须仔细地清除管子表面的氧化皮、铁锈、油脂与污物。除锈的方法，常用工具除锈、喷（抛）射除锈与化学除锈。

1. 工具除锈

除锈前应用清洗的方法除掉可见的油、油脂、可溶的焊接残留物和盐类。

清洗的方法：先刮掉附着在钢管表面上的浓厚的油或油脂，然后用抹布或刷子沾溶剂擦洗，最后一遍擦洗时，应用干净的刷子、抹布与溶剂。各种清洗方法的适用范围可参照表8-3。

表 8-3　各种清洗方法的适用范围

清洗方法	适用范围	注意事项
溶剂(如工业汽油、溶剂汽油、过氯乙烯、三氯乙烯等)清洗	除油、油脂、可溶污物和可溶涂层	若需保留旧涂层,应使用对该涂层无损的溶剂,溶剂与抹布应经常更换
碱清洗剂	除掉可皂化的涂层、油、油脂和其他污物	清洗后要充分清洗,并作钝化处理
乳剂	除油、油脂和其他污物	清洗后应将残留物从钢表面上冲洗干净

(1) 手工工具除锈　一般使用榔头、钢丝刷、砂布和废砂轮片等。先用榔头敲击钢表面的厚锈和焊接飞溅,然后用钢丝刷、铲刀、砂布等刮或打磨,直至露出金属光泽。这种方法劳动强度大,劳动环境差,效率低,质量差。

(2) 动力机具除锈

① 手提式动力工具　是由动力驱动的旋转式或冲击式除锈工具,常用手提式电动钢丝刷除锈工具。如用冲击式工具除锈时,不应造成钢表面损伤;用旋转式工具除锈时,不应将钢表面磨得过光。

② 电动除锈机

a. 固定工作式除锈机　适用于 $\phi200\sim1400$mm 管子除锈,如图 8-1 所示。将钢管放在托轮 3、10 上,开动电动机 1,通过减速器带动主动托轮 3 旋转,管子也随着转动。再启动除锈小车上的两台电动机 2,带动钢丝刷 5 高速旋转,并通过卷扬机 15 拖动除锈小车沿导轨 13 缓慢移动,即可从钢管一端除到另一端。除锈中,为使钢丝刷 5 与钢管表面保持接触,靠电动机 2 的重力通过铰轴 7 实现。为防止钢管在除锈时产生纵向移动,两端用可转动的挡筒 8 挡住,当钢管长度与直径改变时,可调整托轮小车 9 与主动托轮的距离及托轮与托轮间的距离(皮带轮 6)。

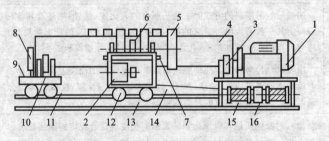

图 8-1　电动除锈机

1,2—电动机;3,10—托轮;4,5—钢丝刷;6—皮带轮;7—铰轴;8—挡筒;9—托轮小车;
11—卡块;12—车轮;13—导轨;14—钢丝绳;15—卷扬机;16—离合器

这种除锈机每分钟可除锈 800mm 左右。一般钢管锈蚀,除锈小车走两遍即可。对于比较严重的锈蚀,除锈小车可走 3～4 次。

b. 移动工作式除锈机　是将除锈机套在钢管上除锈的机具,每种管径就需要一种规格。除锈时,将除锈机套在钢管上后,开动刷环。刷环有前后两个,旋转方向相反,可避免管子倾斜,保持管子稳定。刷环中的钢丝刷用弹簧紧压在钢管表面上以后,再开动行走轮,则一面前进一面除锈。如果除锈不干净,可使整机倒退,重复除锈,这种除锈机行走速度可达 300m/h 左右。

2. 喷（抛）射除锈

此法能使管子表面变得粗糙而均匀，增强防腐层对金属表面的附着力，并且能将钢管表面凹处的锈污除掉，除锈速度快，故实际施工中应用较广。

（1）敞开式干喷射 用压缩空气通过喷嘴喷射清洁干燥的金属或非金属磨料。

常用的敞开式喷砂方法是用压缩空气把干燥的石英砂通过喷枪嘴喷射到管子表面，靠砂子对钢管表面的撞击去掉锈污。喷砂流程如图 8-2 所示。

喷砂用的压缩空气的压力为 $0.35\sim0.5$MPa，采用 $1\sim4$mm 的石英砂或 $1.2\sim1.5$mm 的铁砂。吸砂管的吸砂端完全插入砂堆时，要在末端锯一小口，使空气进入，便于吸砂；或者把吸砂端对着砂堆斜放，但不必锯小口。现场喷砂方向尽量与风向一致，喷嘴与钢管表面呈 $70°$ 夹角，并距离管子表面约 $10\sim15$cm。

敞开式干喷射，污染环境，劳动强度大，效率不高，故不多用，有时用于钢板除锈。

（2）封闭式循环喷射 采用封闭式循环磨料系统，用压缩空气通过喷嘴喷射金属或非金属磨料。

将 n 个喷嘴套在钢管上，外套封闭罩，钢管由机械带动管子自转并在喷嘴中缓慢移动。开动空气压缩机喷砂，钢管一边前进，一边除锈。如锈除不干净可倒车再除锈。用此法除锈效率较高，应用广泛，多为自制设备。

（3）封闭式循环抛射 用离心式叶轮抛射金属磨料与非金属磨料。图 8-3 为抛砂除锈机示意。砂子存于储砂斗中，经送砂机构送入抛砂装置。抛砂装置内有一叶轮经电动机带动作高速旋转，叶轮旋转的离心力把砂子抛向位于除锈机箱内的管段（管段由送管机构不断向前送进），落至除锈箱底的砂子，经出砂口送至斗式提升机的底部，经提升机至高处后再由回砂管送回储砂斗，便完成砂子流程的一个循环。

喷（抛）射除锈后的钢表面，应擦去尘土后立即进行防腐。若涂装前钢表面已受污染，应重新进行清理。

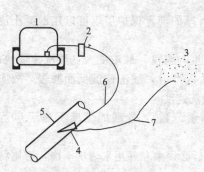

图 8-2 喷砂流程图
1—空气压缩机；2—分离器；3—砂堆；
4—喷嘴；5—钢管；6—压缩空气胶管；
7—吸砂管

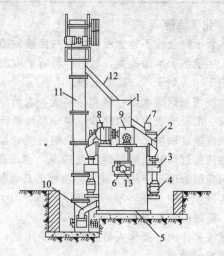

图 8-3 抛砂除锈机
1—砂斗；2，6—送砂机构；3—抛砂装置；4，8—电动机；
5—除锈箱；7—检查孔；9—传动机构；10—出砂口；
11—斗式提升机；12—回砂管；13—砂子进出口

（4）喷（抛）射除锈用腐料

① 金属磨料　常用的金属磨料有铸钢丸、铸铁丸、铸钢砂、铸铁砂和钢丝段。这些磨料的硬度、化学成分、粒度和显微结构应符合国家标准。表 8-4 为铸钢砂的尺寸表。

表 8-4　国产铸钢砂尺寸表

钢砂号	所在号筛目区/目	相对应筛孔尺寸/mm	钢砂号	所在号筛目区/目	相对应筛孔尺寸/mm
2.3	+10-9	2.09～2.27	1.2	+20-16	0.97～1.24
2.1	+12-10	1.67～2.09	1.0	+26-20	0.73～0.97
1.7	+14-12	1.46～1.67	0.7	+42-26	0.40～0.73
1.5	+16-14	1.24～1.46	0.4	+50-24	0.31～0.40

② 非金属磨料　包括天然矿物磨料（如石英砂、燧石等）和人造矿物磨料（如溶渣、炉渣等）。天然矿物磨料使用前必须净化，清除其中的盐类和杂质。人造矿物磨料必须清洁干净，不含夹渣、砂子、碎石、有机物和其他杂质。

（5）喷（抛）射除锈等级的选择　应根据钢材的使用环境、钢材所用的防腐层和除锈的工艺，选择喷（抛）射除锈质量等级。表 8-5 列出了各种喷（抛）射除锈质量等级的典型用途。

表 8-5　各种喷（抛）射除锈质量等级的典型用途

除锈质量等级	典型用途
白级	使用环境腐蚀性强，要求钢材具有极洁净的表面，以延长涂层使用寿命
近白级	使用环境腐蚀性较强，钢材用常规涂料能够达到最佳防腐效果
工业级	钢材暴露在轻度腐蚀环境中，使用常规涂料能够达到防腐效果
清扫级	钢材暴露在常规环境中，使用常规涂料能够达到防腐效果

3. 化学除锈

将管子完全或不完全浸入盛有酸溶液的槽中，钢管表面的铁锈便和酸溶液发生化学反应，生成溶于水的盐类。然后，将管子取出，置于碱性溶液中中和，再用水把管子表面洗刷干净并烘干，立即涂底漆。

酸洗槽用耐酸水泥砂浆和砖砌成，表面涂 2mm 厚的沥青保护层也可以用混凝土浇筑而成。混凝土表面用耐酸砂浆砌一层釉面砖。

酸洗速度取决于锈蚀程度、酸的种类、酸的浓度与温度。酸浓度大，酸洗速度快，但硫酸浓度过高易造成侵蚀过度现象。当浓度超过 25％时，酸洗速度反而减慢。故实际使用硫酸浓度不应超过 20％，温度升高可加快酸洗速度。

实际操作中，酸溶液的浓度为 5％～10％（质量分数），盐酸的温度不高于 30～40℃，硫酸的温度不高于 50～60℃。

酸洗操作时，操作人员应戴好防护用品，酸洗后必须中和并用水清洗干净，否则将产生相反的效果。

三、绝缘层防腐法

埋地钢燃气管道更容易受到土壤等介质的化学腐蚀和电化学腐蚀，一般油漆防腐涂料已不能满足使用要求。管道外包扎绝缘层可以将管道与作为电解质的土壤隔开，并增大管道与土壤间的电阻，从而减小腐蚀电流，达到防腐目的。

（一）对绝缘防腐层的基本要求

① 应有良好的电绝缘性，耐击穿电压强度不得低于电火花检测仪检测的电压标准。

② 应有良好的防水性和化学稳定性。

③ 应有一定的机械强度。

④ 绝缘防腐层与管道应有良好的粘接性，保持连续完整。

⑤ 材料来源丰富，价格低廉，便于机械化施工。

⑥ 涂层应易于修补。

目前，国内外埋地钢管所采用的防腐绝缘层种类很多，可根据土壤的腐蚀性能决定防腐绝缘层等级，选用石油沥青、环氧煤沥青、煤焦油磁漆、聚乙烯防腐胶带、聚乙烯热塑涂层等防腐绝缘材料。

（二）石油沥青防腐绝缘层

1. 防腐绝缘层等级与结构

根据土壤腐蚀性的强弱程度和燃气管道敷设地段的环境条件来选择防腐绝缘层的等级及相应结构。根据《城镇燃气输配工程施工及验收规范》（CJJ33—89），绝缘层等级和结构如表 8-6 所示。

表 8-6　绝缘层等级和结构

等　级	石油沥青防腐绝缘涂层		环氧煤沥青防腐绝缘涂层	
	结　构	总厚度/mm	结　构	总厚度/mm
普通	沥青底漆—沥青—玻璃布—沥青—玻璃布—沥青—外保护层	≥4.0	底漆—面漆—玻璃布—两层面漆	≥0.4
加强	沥青底漆—沥青—玻璃布—沥青—玻璃布—沥青—玻璃布—沥青—外保护层	≥5.5	底漆—面漆—玻璃布—面漆—玻璃布—两层面漆	≥0.6
特加强	沥青底漆—沥青—玻璃布—沥青—玻璃布—沥青—玻璃布—沥青—玻璃布—沥青—外保护层	≥7.0	底漆—面漆—玻璃布—面漆—玻璃布—面漆—玻璃布—两层面漆	≥0.8

（1）沥青底漆　其作用是为了加强沥青涂料与钢管表面的附着力。往往在施工现场配制，配制重量比一般为沥青∶工业汽油＝1∶2.5。最好采用与沥青涂料相同牌号的沥青配制底漆。

（2）沥青涂料　是沥青和适量粉状矿质填充料的均匀混合物。填充料可采用高岭土、石棉粉或废橡胶粉等，严禁使用可溶性盐类的材料作填充料。在沥青完全熔化后掺入完全干燥的填充料。沥青组分强烈吸附于填充料颗粒表面，形成一层"结构沥青"，使沥青涂料的附着力、耐热性和耐候性等得到提高，填充料愈细，影响愈大。涂料的性质取决于沥青和填充料的性质及其配合比。常温下沥青涂料的软化点应比管道表面最高温度高 45℃以上才有可靠的热稳定性。当改变填充料的掺量不能满足使用要求时，可以采用相同产源的不同牌号沥青进行掺配，掺配量可按下式估算

$$A_1 = \frac{T_2 - T}{T_2 - T_1} \times 100 \tag{8-1}$$

式中　A_1——低软化点沥青的掺量，%；

T_1——低软化点,℃;

T_2——高软化点,℃;

T——符合要求的软化点,℃。

掺配后的沥青仍然应是均匀的胶体结构,通过试配,绘制"掺配比-软化点"曲线。涂抹时,采用刮涂方法,涂料温度应保持在150~180℃为好。

(3)玻璃布 为沥青涂层之间的包扎材料,在防腐绝缘层内起骨架作用,增加绝缘层强度,避免脱落。使用时,玻璃布应浸沾沥青底漆,并晾干后使用。玻璃布为中碱性网状平纹布,经纬密度 8×8 根/cm^2,厚约0.1mm,包扎时应保持一定的搭接宽度。

(4)保护层 沟边防腐施工可不作保护层,若是在工厂作绝缘层则应作保护层,保护层常用防腐专用的聚氯乙烯塑料布或牛皮纸。保护层的作用是提高防腐层的强度和热稳定性,减少或缓和防腐层的机械损伤和受热变形。用牛皮纸作保护层时应趁热包扎于沥青涂层上。聚氯乙烯塑料布应待沥青涂层冷却到40~60℃时包扎。

2. 防腐绝缘层机械作业线

图8-4为设在工厂内的钢管沥青防腐机械作业线。这种作业线由一套传送装置、表面清除装置、涂底漆机和沥青防腐机等机械装置组成,按照流水作业进行工作。

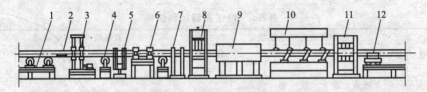

图8-4 钢管防腐机械作业线

1—辊道;2—联管轴;3—传动台;4—滚轮;5—氧化皮疏松机;6—清管机;7—除尘机;8—涂底漆机;9—烘干机;10—沥青防腐机;11—水冷机;12—小车

在传送装置上用传动台使管子旋转向前移动,管子传送连续进行,相邻两管子用特制的联管轴联结,完成全部防腐工序后取出联管轴。为了使锈蚀严重或表面有积垢的管子以规定的速度通过清管机,清管机前设有专用的氧化皮或铁锈疏松机。

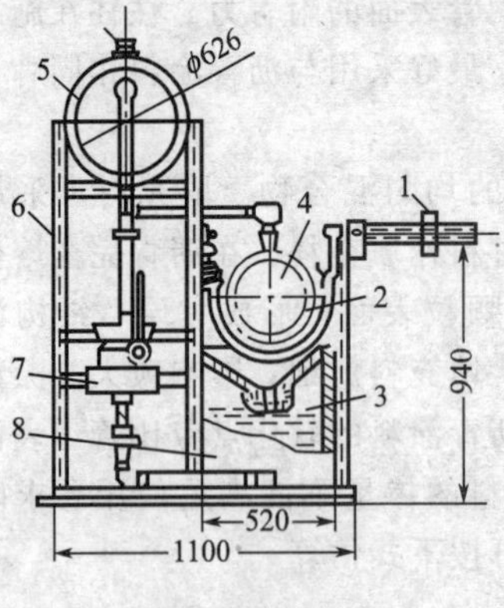

作业线既可单独完成全部防腐作业,又可以和管道卷制、焊接工序联合在一起,组成一条工序齐全的作业线。

图8-5所示为涂底漆机。使用时,底漆储存于储槽5内,经输油管送至管子表面,用拉紧装置1和涂抹装置2均匀地涂在管子表面,流入油箱的底漆用油泵7送回储槽5。

图8-6所示为沥青防腐机构造图,该机械只要调整卷筒,就可以涂敷普通、加强和特加强级防腐层,并在防腐层表面缠卷保护层。操作时管子旋转向前移动,沥青储槽1中的熔化沥青通过喷头2喷向管子9表面,

图8-5 涂底漆机

1—拉紧装置;2—涂抹软带;3—余漆;4—管子;5—底漆储槽;6—机架;7—油泵;8—余漆油箱

向前移动时可将卷筒 6、7、8 等的玻璃布或牛皮纸缠绕在管子上，卷筒与喷头交错布置，即可完成各种等级防腐层的涂敷。防腐所用的沥青涂料在沥青池 4 内用煤气燃烧器 5 或其他方法将沥青加热熔化，并通过沥青泵 3 送至沥青储槽 1。

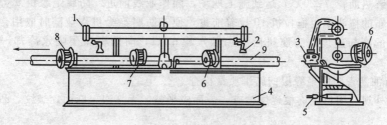

图 8-6　沥青防腐机

1—沥青储槽；2—沥青喷头；3—沥青泵；4—沥青池；5—煤气燃烧器；

6，7—玻璃布卷筒；8—牛皮纸卷筒；9—管子

3. 施工现场沥青防腐机械化联合作业

工厂的钢管防腐绝缘层机械作业线虽然工效高，劳动条件改善，但预制的防腐管段经过拉运、装卸、排管、对口和焊接安装等工序，极容易损伤防腐层，其暗伤又不易被发现，严重影响工程质量。因此，距工厂较远、直径较大的长距离钢燃气管道，其沥青防腐层施工易采用现场沥青防腐机械化联合作业。

（1）联合作业组织　联合作业可由一条线、一个站和两个台组成。

一条线是指由推土机、吊管机、除锈机、防腐绝缘机、柴油发电机组、沥青车、水罐车等十四台设备和车辆组成的现场沥青防腐机械化行走作业线，如图 8-7 所示。

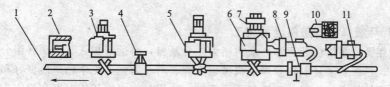

图 8-7　施工现场沥青防腐机械行走作业线

1—管道；2—推土机；3,5,6—吊管机；4—除锈机；7—发电机组；8—沥青车；

9—防腐绝缘机；10—拖拉机，拖斗车；11—水罐车

一个站是指简易沥青熬制站，站的位置和熔化沥青日供应量可根据管线位置、管径大小、管线长度和运输方式而确定。

两个台是指施工现场和沥青熬制站各设一个通信台，彼此通信联络。

（2）现场防腐施工作业　管道试压完毕随即防腐，以免日久锈蚀严重除锈困难。

推土机 2 用来平整地面和处理障碍，保证施工机械和车辆能顺利通过。三台吊管机吊起管道，并沿管道行走，为除锈、防腐作业创造条件。吊管机 3 后跟一台除锈机，除锈机套在管道上，靠汽车发动机作为自身行走和工作的动力，除锈机在管道上行走的同时，一次完成除锈和涂底漆两道工序，作业行驶速度为 4～15m/min。除锈机后面隔一定距离跟着吊管机 5，其作用主要是分担和平衡其前后两台吊管机的荷重，尤其在大管道防腐时，中间这台吊管机是不可缺少的。吊管机 5 与除锈机相距一定距离，以使涂在管道上的底漆有足够的风干时间。吊管机 5 后面 2～4m 跟着一台防腐绝

缘机9，它也是套在管道上，靠电动机作为自身行走和工作的动力。防腐绝缘机套在管道上行走的同时，可以一次完成涂敷沥青和缠绕玻璃布的防腐作业。柴油发电机组是防腐绝缘机的动力，它也可以装在吊管机6的配重位置上代替配重。沥青车8从沥青熬制站灌装热沥青（220℃）运到施工现场，随作业线前进。防腐绝缘机9旁边有一台装运玻璃布的拖斗车由拖拉机10拉着前进，便于防腐绝缘机作业随时取用。为了加快沥青涂层的冷却速度，防腐机后有一辆水罐车11，向沥青涂层喷水冷却，随后管道落地。

4. 石油沥青防腐绝缘层的施工质量检查

（1）外观 用目视逐根逐层检查，表面应平整，无气泡、麻面、皱纹、凸瘤和包杂物等缺陷。

（2）厚度 用针刺法或测厚仪检查，最薄处应不小于表8-5的规定。

（3）附着力 在防腐层上切一夹角为45～60°的切口，从角尖撕开漆层，撕开面积30～50cm² 时感到费力，撕开后第一层沥青仍然黏附在钢管表面为合格。

（4）绝缘性 用电火花检验仪进行检测，以不闪现火花为合格。最低检漏电压按下式计算。

$$u = 7810\sqrt{\delta} \qquad (8-2)$$

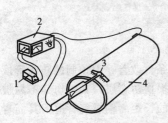

图8-8 电火花检验接线图
1—电池组；2—检漏仪；
3—探头；4—防腐钢管

式中 u——检漏电压，V；
δ——防腐层厚度，取实际厚度的平均值，mm。

电火花检漏仪由电池组、检漏仪和探头组成，按图8-8接线，探头金属丝距绝缘层表面3～4mm移动，移动缺陷处，金属丝产生火花，探头发出鸣声。

（三）环氧煤沥青防腐涂层施工

环氧煤沥青是以煤沥青和环氧树脂为主要基料，再适量加入其他颜料组分所构成的防腐涂料。它综合了环氧树脂膜层机械强度大、附着力强、化学稳定性良好和煤沥青的耐水、防霉等优点。涂料分底漆和面漆两种，使用时应根据环境温度和涂刷方法加入适量的稀释剂（如正丁醇液）和固化剂（如聚酰胺），充分搅拌均匀并熟化后即可涂刷。每次配料一般在8h内用完，否则施工黏度增加，影响涂层质量。

防腐涂层分普通、加强和特加强三种等级，其构造见表8-6。

（四）聚乙烯涂层

挤压聚乙烯防腐层分二层结构和三层结构两种。二层结构的底层为胶黏剂，外层为聚乙烯；三层结构的底层为环氧粉末涂料，中间层为胶黏剂，外层为聚乙烯。

将聚乙烯粒料放入专用的塑料挤出机内，加热熔融，然后挤向经过清除并被加热至160～180℃的钢管表面，涂层冷却后聚乙烯膜则牢固地黏附在管壁上。

根据塑料熔液被挤出的方法，聚乙烯涂层的施工可采用三种工艺方法，即横头挤出法、斜头挤出法和挤出缠绕法。

（1）横头挤出法 其工艺过程如图8-9所示，首先将钢管经喷砂处理后进行预热，接着涂底层（聚乙烯涂层和钢管表面之间的黏合剂），然后聚乙烯液通过环行的横头模被挤出，挤出的聚乙烯液成喇叭状薄膜，缩套在穿过模头前移的钢管上，水冷后即成连续无缝的外套。最后经漏涂检验、厚度检验，切去管端包覆层。

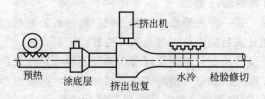

图 8-9　横头挤出法工艺示意图

　　底层黏合剂一般为沥青-丁基橡胶涂料，厚约 0.25mm。黏合剂在面层下一直处于活性状态，一旦面层被割破，底层即可溢出而填满破口，并在空气中硬化，故涂层有"自痊愈"性能。

　　面层为中、高密度聚乙烯，厚约 0.56～1.4mm，质地坚韧。

　　（2）斜头挤出法　如图 8-10 所示，经过清理并预热的管子连续通过专用斜头模的中心孔，斜头由两台挤出机同时供料。黏合剂和面层同时连续地被挤到管子上，形成无缝的套子，然后进行水冷、质量检验和管端修切。

　　（3）挤出缠绕法　如图 8-11 所示，黏合剂底层和聚乙烯面层像一条连续的膜带从两个挤出机的模缝中同时挤出，螺旋地缠绕在预热的管子上，管子缓慢旋转并向前移动。黏合剂覆盖在钢管表面上，聚乙烯面层则借助于压力辊与底层及其他各层熔合在一起，形成坚韧的覆盖层。

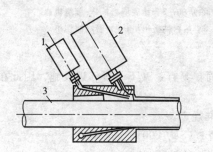

图 8-10　斜头挤出去
1—黏合剂挤出机；2—聚乙烯挤出机；
3—管道；

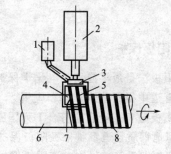

图 8-11　挤出缠绕法
1—黏合剂挤出机；2—聚乙烯挤出机；3—薄膜切条器；4—黏合剂薄膜；5—聚乙烯薄膜；6—管道；
7—压力辊；8—聚乙烯涂层

（五）塑料喷涂法

　　其原理是将表面清除过的管子预热到 200～250℃，再将粉末状塑料喷向管子表面，管子本身的热量将塑料熔化，冷却后形成坚韧的薄膜。

　　粉末状塑料可采用聚乙烯粉末、环氧粉末、酚醛树脂粉末或苯乙烯-丁二烯共聚物粉末等。

　　管子的加热方法可使用反射炉、循环热风炉、红外线辐射、火焰喷头和中频感应加热器等。

　　常用的喷涂方法有空气喷涂法和火焰喷涂法。空气喷涂法是靠压缩空气的气流引射作用，将塑料粉末喷涂到被加热的管子表面，火焰喷涂法是用火焰将喷出的塑料粉末熔化后，涂至管表面，如图 8-12 所示。

（六）聚乙烯防腐绝缘胶黏带

简称聚乙烯胶带，是一种在聚乙烯薄膜上涂以特殊的胶黏剂而制成的防腐材料。有压敏黏结性能，温度升高后能固化而与金属有很好的附着力。

防腐层结构以一层底漆、三至四层胶带、最外面包一层外保护层为宜。首先在经过除锈的钢管表面上先涂一层胶带专用底漆，以增加胶带对钢管表面的瞬间附着力，提高防腐效果，刷底漆后1h内缠绕胶带三至四层，最后包外保护层。缠绕工艺简单，在施工现场和预制工厂均可采用流水作业线，如图 8-13 所示。

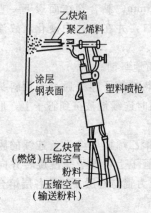

图 8-12　塑料粉末的火焰

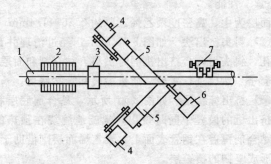

图 8-13　聚乙烯胶带缠绕工艺

1—钢管；2—除锈机；3—涂底层机；4—缠绕机；
5—胶黏带；6—热封粘挤出机；7—管端修切机

四、牺牲阳极保护

牺牲阳极法是最早应用的电化学保护法，它简单易行，又不干扰邻近设施。因此在埋地燃气管道中得到普遍推广和应用。

牺牲阳极施工及验收应符合下列国家现行标准规定。

①《埋地钢质管道牺牲阳极阴极保护设计规范》（SY/T0019）。

②《埋地钢质管道强制电流阴极保护设计规范》（SY/T0036）。

（一）牺牲阳极种类的选择

牺牲阳极种类的选择主要根据土壤电阻率、土壤含盐类型及被保护管道外防腐绝缘层的状况来选取。一般来说，镁阳极适用于各种土壤环境，锌阳极适用于土壤电阻率较低且比较潮湿的土壤环境。对铝阳极的认识，国内外尚不统一。表 8-7 列出牺牲阳极选用的推荐意见。

表 8-7　土壤中牺牲阳极使用的选择

土壤电阻率/(Ω·m)	推荐使用的牺牲阳极
>100	不宜采用牺牲阳极
60~100	高电位的纯镁系或镁锰系阳极
15~60	镁铝锌锰系镁阳极
10~15	镁铝锌锰系镁阳极或锌合金阳极
<10(含 Cl^-)	锌合金或铝锌铟系合金阳极

（二）牺牲阳极的计算

牺牲阳极沿管道分布的电位和电流可引用有限长保护管道公式来计算，两牺牲阳极间的保护长度可通过公式（8-3）计算。

$$L = \alpha^{-1} \mathrm{arch} EA / E_{\min} \tag{8-3}$$

式中　L——两牺牲阳极间的保护长度；

$\quad\quad\alpha$——衰减因素，$\alpha = \sqrt{rt/(Rt)}$，当管材和防腐层取定后 rt 和 Rt 分别为常数；

arch——曲函数余弦；

$\quad EA$——牺牲阳极工作电位；

$E_{\min}$——被保护管道所要求的最小保护电位与管道自然电位的偏差。

实际埋地牺牲阳极的输出电流也可根据欧姆定律计算出来。然后，根据被保护管道所需要的总的保护电流量，求得所需阳极的根数。因此牺牲阳极的计算均按下列步骤进行。

1. 确定被保护管道所需要的总的保护电流强度

$$I = SJ = \pi DLJ \tag{8-4}$$

式中　I——被保护管道所需要的保护电流，A；

$\quad\quad S$——被保护管道的总表面积，m^2；

$\quad\quad J$——管道所需的最小保护电流密度，A/m^2；

$\quad\quad D$——管道直径，m；

$\quad\quad L$——管道长度，m。

式中 J 值的选择是阳极保护设计的关键，由于此值的变化很大，随管道防腐绝缘层的材质、施工质量、土壤的参数变化而变化。因此，理论计算往往误差较大，实际工程中，常根据经验选取。

2. 计算每根阳极的发生电流

计算单支阳极发生电流可通过经验公式（美国 HARCO 防腐公司）来计算，它省去了一系列电阻值的计算。

（1）镁阳极的输出电流：

$$I_{Mg} = 150000 fY / \rho \tag{8-5}$$

（2）锌阳极的输出电流：

$$I_{Zn} = 50000 fY / \rho \tag{8-6}$$

式中　$I_{Mg}(I_{Zn})$——镁（锌）阳极的输出电流，mA；

$\quad\quad\quad\rho$——土壤电阻率，$\Omega \cdot cm$；

$\quad\quad\quad f$——系数，按表 8-8 选取；

$\quad\quad\quad Y$——修正系数，按表 8-9 选取。

当管道防腐层质量良好，阳极输出电流小于裸管所需的输出电流，式（8-5）和式（8-6）的系数可分别减少 20%，故常数 150000 和 50000 可分别改用 120000 和 40000。

如果阳极成组埋设，可将式（8-5）和式（8-6）的计算值乘以表 8-10 中的相应系数，即可求得阳极组的总输出电流。

表 8-8　f 系数

阳极质量/kg	1.4	2.3	4.1	7.7	9	14.5	23	23
系数	0.53	0.60	0.71	1.00	1.60	1.06	1.09	1.29

表 8-9　修正系数 Y

管地电位/V	镁（Mg）	锌（Zn）	管地电位/V	镁（Mg）	锌（Zn）
−0.70	1.14	1.60	−1.00	0.79	0.40
−0.80	1.07	1.20	−1.10	0.64	0.00
−0.85	1.00	1.00	−1.20	0.50	0.00
−0.90	0.93	0.80			

表 8-10　并联阳极修正系数

阳极间距/m	1.5	3	4.5	6	阳极间距/m	1.5	3	4.5	6
阳极并联支数	修正系数				阳极并联支数	修正系数			
2	1.0857	1.0416	1.0277	1.0183	7	1.5048	1.2504	1.1667	1.1232
3	1.2220	1.1090	1.0733	1.0543	8	1.5527	1.2745	1.1820	1.1370
4	1.3175	1.1576	1.1033	1.0770	9	1.5578	1.2923	1.1943	1.1428
5	1.3931	1.1938	1.1289	1.0957	10	1.6231	1.3083	1.2042	1.1522
6	1.4545	1.2239	1.1487	1.1089					

3. 确定所需阳极的数量

$$N = 2I/I_0 \tag{8-7}$$

式中　N——所需阳极支数；

I——所需总保护电流，A；

I_0——单支阳极输出电流，A。

4. 阳极的使用年限

牺牲阳极的使用年限要根据被保护管道的情况而定。对于永久性的管道，其使用年限不应低于 20～30 年。对海底管道，则应与管道的设计寿命相对应，一般 30～40 年。最好是一次埋设满足要求。

牺牲阳极的使用年限根据法拉第电解定律计算求得：

$$T = 0.85W/(Ig) \tag{8-8}$$

式中　T——阳极工作寿命，年；

W——阳极重量，ks；

I——阳极输出电流，A；

g——阳极实际消耗率，kg/（A·年）；

0.85——阳极利用率。

（三）牺牲阳极的施工

牺牲阳极的施工包括埋设前的组装、阳极的填充和埋设。

1. 阳极的检验与组装前的准备

① 牺牲阳极在使用前，必须对其质量进行认真检验，由厂方提供的牺牲阳极应具有质量保证书。质量保证书上应标有厂名、化学成分分析结果、阳极型号及规格、批号、制造日期等。

镁阳极、锌阳极或铝阳极在验收时，均应对外观、重量进行检查。对钢芯与阳极的接触电阻、化学成分及电化学性能按比例抽查，抽查率为 3%。

② 牺牲阳极钢芯应打磨干净，再与电缆引出头焊接，可采用钢焊或锡焊焊接，焊缝长度不得小于 50mm。

将电缆与阳极钢芯的搭接部分，用细钢丝扎紧，捆扎长度不小于 20mm。

用热收缩套管将此接头绝缘密封，再用环氧树脂或类似绝缘材料将此接头作加强绝缘密封处理，以防埋地后土壤溶液的浸入。

阳极连接电缆需耐压 550V，并应带有绝缘护套，推荐采用的型号为 VV20-500/1×10；XV29-500/1×10。

2. 袋装牺牲阳极的制作

（1）阳极填包料　由于牺牲阳极是靠自身的消耗来提供给被保护体以阴极电流，因此，牺牲阳极必须溶解均匀，才能保持稳定的电流输出。为了保证阳极这一性能，需要在阳极周围填加化学填包料。这些化学填包料由不同的易溶无机盐与膨润土组成，应具备的作用如下。

① 降低阳极周围介质的电阻率，增大阳极的输出电流。

② 活化阳极表面，防止阳极的腐蚀产物结瘤。

③ 吸收周围土壤中的水分，维持阳极周围的长久潮湿。

④ 改善阳极周围环境，保证阳极有良好的电流效率，延长阳极使用寿命。

不同的阳极需采用不同的填包料，各种阳极使用填包料的配方见表 8-11。

表 8-11　牺牲阳极化学填包料推荐配方

阳极类型	填料成分质量百分比/%						适应环境 /(ρΩ·m)	备 注
	石膏粉	硫酸钠	硫酸镁	生石灰	氯化钠	膨润土		
镁阳极	5					50	≤20	SYJ 19—86
	25		25			50	≤20	
	75	5				20	>20	
	15	15	20			50	<20	
	15		35			50	>20	
锌阳极	50	5				45	潮湿土壤	SYJ 20—86
	75	5				20	饱和土壤	
铝阳极				20	60	20	—	—
				30	40	30	—	—

注：表中的膨润土系一种特殊的硅酸盐土壤，具有强的吸水性，并能形成半透膜，阻止土壤中阴离子（在填包料中）的流失。因此，膨润土不可用黏土来代替。

（2）装填　填包料宜采用棉布袋或麻袋预包装，不可采用纤维织物布袋。也可在现场包封，填包料厚度不应小于 50mm。应保证阳极四周的填包料厚度一致、密实，填包料应调拌均匀，并不得混入石块、泥土和杂草等。

在将装好的阳极电缆的阳极块放入填包料之前，注意先将阳极表面用砂布打磨干净，除去氧化皮和油污。对铝合金阳极亦可用 10% 的 NaOH 溶液浸泡数分钟，以除去阳极表面氧化膜，然后用清水冲洗干净。

在装填袋装阳极时应注意以下 4 点。

① 防止阳极钢芯与电缆引出头焊接处的折断。

② 阳极所有裸露的表面均需除净油污等杂物。

③ 擦洗干净后的阳极表面，严禁用手直接拿放，并应及时装入填包袋中。

④ 袋装阳极引出电缆与袋口绑扎要结实，防止散口。

3. 阳极的埋设

（1）埋设方式

① 立式或水平埋设　阳极的埋设可采取立式或水平式。埋设方向分轴向和径向，牺牲阳极的埋设深度一般与被保护管道深度相当，埋设在冰冻线下。在地下水位低于3m的干燥地带，镁阳极应适当加深埋设。在河流中阳极则应埋设在河床的安全部位，以防洪水冲刷或挖淤泥时牺牲阳极受到损坏。阳极的埋设深度也可以阳极顶部距地面不小于1m为宜来定。

② 牺牲阳极的分布　牺牲阳极的分布可采用单支或集中成组两种形式。成组分布时，阳极间距以2～3m为宜。阳极埋设位置一般距管道外壁3～5m，最小不宜小于0.3m。

③ 保护电流的分布　阳极可在管道一侧，也可分在管道的两侧。可根据管径的大小、土壤电阻率的高低、土壤中金属构筑物的分布来确定阳极放在管道的一侧、两侧或交错排布，目的是为了保护电流分布均匀。

④ 牺牲阳极的安装　牺牲阳极多支使用时，可十几支并联安装，也可使用连续地床，水平串联在一起。棒形阳极一般水平埋设，两支阳极以上时，阳极间距离在1.5m以上。

⑤ 牺牲阳极与管道连接　牺牲阳极与管道的连接，宜采用直接相连，或经过测试桩相连。直接相连时，从阳极到管道的电缆全部埋于地下，但不能监测阳极的工作状况及管道的保护状况。

（2）袋装牺牲阳极的埋设

① 按设计进行检查　设计在埋设点挖好阳极坑和电缆沟；检查袋装阳极电缆接头的导电功能；袋装阳极就位，放入阳极坑内。

② 对电缆的要求　将每支阳极电缆引出头与阳极电缆连接、密封、绝缘；阳极电缆与管道的连接也要采用铝热焊剂焊牢，然后做绝缘防腐处理。要严格保证每个接头的密封可靠。

③ 对焊点的要求　确认各焊点、连接点符合要求后，回填土壤。在回填土将阳极布袋埋住之后，向阳极坑内灌水，使阳极填包料饱和吸满水后，将回填土夯实，恢复地貌。

阳极连接电缆的埋设深度不应小于0.7m，四周应垫有5～10cm厚度的细砂，砂的上部应覆盖水泥或红砖。电缆在敷设时，要留有一定的余量，以防止土壤沉降变形，造成接头处受力。

在没有测试桩的部位，应从管道的预定位置上引出测量电缆，将管道测量电缆与阳极电缆引出头共同穿入保护钢套管内，引到测试桩里固定，以备测量取值。

（3）测量　当牺牲阳极填充固定好之后，需进行测量。

① 在开路状态下测取参数　包括：管道自然电位，V；牺牲阳极的自然电位，V；管道接地电阻，Ω；牺牲阳极的接地电阻，Ω；土壤电阻率，Ω·m；牺牲阳极与管道的初始回路电流，A。

② 测取保护参数　测完上述参数后，立即将保护电路接通，待管道极化过程完成后2～3天，测取以下保护参数：管道保护电位，V；阳极工作电位，V；管道与阳极间电位，V；两组阳极间的最小保护电位，V；阳极的输出电流，A。

4. 燃气工程中牺牲阳极的应用

（1）埋地燃气管道采用镁阳极保护实例　某市区域中压输送燃气管道，全长约 20km，管径为 DN150～250mm，钢管外壁采用聚乙烯胶带特加强级防腐处理。安装镁阳极牺牲阳极保护，测定参数如下：土壤电阻率 80～100Ω·m 之间；镁阳极埋设方式为水平安装，牺牲阳极单支质量 4～11kg，填包质量 80～160kg；管道自然电位 -0.5～0.8V；阳极开路电位 -1.5～1.68V；阳极输出电流 6.1～27.6mA；管道保护电位 -0.8～-1.28V。

（2）露天燃气储罐的牺牲阳极保护　储罐底板基础砂是产生各种腐蚀的主要原因。这是由于底板各部的压力差使基础砂产生不同的压实度，形成氧浓差电池。

储罐底板的腐蚀形态一般以孔蚀为主，也会由于焊接应力等造成局部的应力腐蚀或焊缝部位的腐蚀。

罐底保护一般采用牺牲阳极法和沥青砂并用，在基础砂中埋设线状镁阳极，如图 8-14 所示。图中 24 支镁阳极在罐底板下均匀分布，通过聚乙烯电线在连接箱处与底板相连，标准电极设在中心。

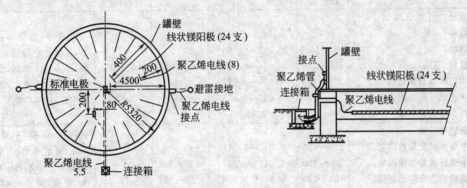

图 8-14　储罐保护线状镁阳极施工案例

保护对象为直径 106.4m 的露天储罐；保护电流密度为 2mA/m²；基础砂电阻为 200Ω·m；防蚀面积为 88 m²；阳极耐用年限为 25 年；防蚀设计所需电流为 178mA。

阳极接地电阻：
$$Ra = K/L$$

式中　Ra——土壤电阻（Ω·cm）；
　　　K——间隔、支数、长度系数，K 取 1.3；
　　　L——阳极长度（cm）。

阳极产生的电流为
$$I = e/Ra$$

式中　e——有效电位差（V）。e 取 0.7；
所需阳极长度 L 则为：
$$L = KI\rho/e$$
$$L = 1.3 \times 0.178 \times 20000/0.7 = 6611 \text{(cm)}$$

第二节　管道的保温处理

一、保温的目的和保温材料

1. 保温的目的

采暖管道及其配件都应加以保温，保温的目的是减少热量损失，使热媒能维持一定的参数（温度、压力），以满足生产和生活用热要求，节约燃料、改善操作环境、防止热媒冻结并保护管道不受外界影响。有时地沟内的凝结水管道不保温，但应注意在冬季不使之冻结。

保温材料应具备以下条件：导热系数小，最好小于 0.1kcal/(m·h·℃)，至少不能大于 0.2kcal/(m·h·℃)；重量轻，密度最好不大于 450kg/m³；有一定的强度，在受到外力和温度变化时不致损坏；受潮湿不变质；不腐蚀金属；原料来源广，制造方便。

2. 保温材料及其制品

常用的保温材料及其制品有：膨胀珍珠岩类、普通玻璃棉类、超细玻璃棉类、蛭石类、硅藻土类、矿渣棉类、石棉类、岩棉类、泡沫塑料类、泡沫混凝土类、硅酸铝纤维类等。其主要技术性能见表8-12。

表 8-12　保温材料及其制品的主要技术性能

材料名称	密度 /(kg/m³)	热导率 /[W/(m·h)]	适用温度 /℃	抗压强度 /kPa	备　注
膨胀珍珠岩类					密度小，热导率值小，化学稳定性强，不燃、不腐蚀，无毒、无味、价廉，产量大，资源丰富，适用广泛
散料(一级)	<80	<0.052			
散料(二级)	80~150	0.052~0.064	约200		
散料(三级)	150~250	0.064~0.076	约800	500~1000	
水泥珍珠岩板管壳	250~400	0.058~0.087	≤600	600~1200	
水玻璃珍珠岩板管壳	200~300	0.056~0.065	<650	>500	
憎水珍珠岩制品	200~300	0.058			
普通玻璃棉类					耐酸、抗腐，不烂、不蛀，吸水率小，化学稳定性好，无毒、无味、价廉，寿命长，热导率值小，施工方便，但刺激皮肤
中级纤维淀粉黏结制品	100~130	0.040~0.047	−35~300		
中级纤维酚醛树脂制品	120~150	0.041~0.047	−35~350		
玻璃棉沥青黏结制品	100~170	0.041~0.058	−20~250		
超细玻璃棉类					密度小，热导率值小，特点同普通玻璃棉
超细棉(原棉)	18~30	≤0.035	−100~450		
超细棉无脂毡和缝合垫	60~80	<0.041	−120~400		
超细棉树脂制品	60~80	<0.041	−120~400		
无碱超细棉	60~80	≤0.035	−120~600		
微孔硅酸钙(管壳)	200~250	0.059~0.060	600	500~1000	耐高温
蛭石类					适用高温，强度大，价廉，施工方便
膨胀蛭石	80~280	0.052~0.070	−20~1000		
水泥蛭石管壳	430~500	$0.093+0.00025t_p$	<600	250	
硅藻土类					密度大，强度高，耐高温，施工方便，但尘土大
硅藻土保温管及板	<550	$0.063+0.00014t_p$	<900	500	
石棉硅藻土胶泥	<600	$0.151+0.00014t_p$			
矿渣棉类					密度小，热导率值小，耐高温，价廉，货源广，填充后易沉陷。施工时刺激皮肤，且尘土大
普通矿渣棉	110~130	0.043~0.052	<650		
沥青矿渣棉毡	100~125	0.037~0.049	<250		
酚醛树脂矿渣棉管壳	150~180	0.042~0.049	<300		
泡沫混凝土类					密度大，热导率值高，可现场自行制作
水泥泡沫混凝土	<500	$0.127+0.0003t_p$	<300	≥300	
粉煤灰泡沫混凝土	300~700	0.015~0.163	<300		

续表

材料名称	密度 /(kg/m³)	热导率 /[W/(m·h)]	适用温度 /℃	抗压强度 /kPa	备　注
石棉类					耐火,耐酸碱,热导率值较小
石棉绳	590～730	0.070～0.209	＜500		
石棉碳酸镁管	360～450	$0.064+0.00033t_p$	＜300		
硅藻土石棉灰	280～380	$0.066+0.00015t_p$	＜900		
泡沫石棉	40～50	$0.038+0.00023t_p$	500		
岩棉类					密度小,热导率值小,适用温度范围广、施工简便,但刺激皮肤
岩棉保温板(半硬质)	80～200	0.047～0.058	−268～500		
岩棉保温毡(垫)	90～150	0.047～0.052	−268～400		
岩棉保温带	100		200		
岩棉保温管壳	100～200	0.052～0.058	−268～350		
硅酸铝纤维类					密度小,热导率值小,耐高温,但价格贵
硅酸铝纤维板	150～200	$0.047+0.00012t_p$	≤1000		
硅酸铝纤维毡	180		≤1000		
硅酸铝纤维管壳	300～380	$0.047+0.00012t_p$	≤1000		
泡沫塑料类					密度小,热导率值小,施工方便;不耐高温,适用于 60℃ 以下的低温水管道保温聚氨酯可现场发泡浇注成形,强度高,但成本也高;此类材料可燃,防火性差,分自熄型与非自熄型两种,应用时须注意
可发性聚苯乙烯塑料板	20～50	0.031～0.047	−80～75	＞150	
可发性聚苯乙烯塑料管壳	20～50	0.031～0.047	−80～75	＞150	
硬质聚氨酯泡沫塑料制品	30～50	0.023～0.029	−80～100	≥250～500	
软质聚氨酯泡沫塑料制品	30～42	0.023	−50～100		
硬质聚氯乙烯泡沫塑料制品	40～50	≤0.043	−35～80	≥180	
软质聚氯乙烯泡沫塑料制品	27	0.052	−60～60	500～1500	

二、常用的保温结构形式

管道保温层由绝热层、防潮层、保护层三部分组成。其保温方法有涂抹式、预制块式、绑扎式和填充式四种。

1. 涂抹式

涂抹式保温的结构如图 8-15 所示。涂抹前,先将管子刷两道防锈漆,把硅藻土石棉粉用水调成胶泥,可在管子上涂抹。

2. 预制块式

预制块式是将保温材料由专门工厂预制成梯形、扁形或半圆形瓦块,其结构如图 8-16 所示。

3. 绑扎式

绑扎式保温的结构如图 8-17 所示。采用矿渣棉毡或玻璃棉毡作保温材料时,可把棉毡剪成适当的条块,直接卷在管子上。

4. 填充式

填充式是将松散的保温材料填充在管子周围的特殊套子或铁丝网中,其结构如图 8-18 所示。

图 8-15　涂抹式保温结 　　图 8-16　预制块式保温结 　　图 8-17　绑扎式保温结
　　构示意图 　　　　　　　　　构示意图 　　　　　　　　　构示意图
　　　　　　　　　　　　　1—保护壳或保护层；2—预制件 　　1—保护层；2—保温层

　　弯管处理的方法是：在直线管道上保温，每隔 5～7m 应留一条膨胀缝，间隙为 5mm，在弯管处也应留一条膨胀缝；管径小于或等于 200mm 时，留一条膨胀缝，间隙为 30mm，中间填导热系数相近的软质材料。如图 8-19 所示。

　　采用金属作保护层，弯头处应做成虾壳弯形式，如图 8-20 所示。

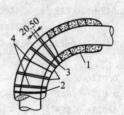
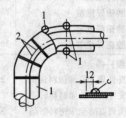

图 8-18　填充式保温结 　　图 8-19　弯管膨胀缝位 　　图 8-20　金属虾壳弯保
　　构示意图 　　　　　　　　　置示意图 　　　　　　　　　护层结构图
1—保护壳；2—保温材料； 　1—梯形预制瓦短节；2—石棉绳； 　1—铁皮保护层；2—自攻螺钉
　3—支撑环 　　　　　　　　　3—拼花缝；4—绑扎铁丝

三、保温结构图

　　常用的保温结构图包括阀门、法兰、弯管、三通、支架、吊架等保温结构图。

　　1. 阀门保温结构图

　　阀门保温结构见表 8-13。

表 8-13　阀门保温结构

名　称	结构形式图
预制管壳保温法	1—管道保温层 2—绑扎钢带 3—填充保温材料 4—保护层 5—镀锌铁丝网
铁皮壳保温法	腐蚀开裂

续表

名　　称	结构形式图
铁皮壳作法	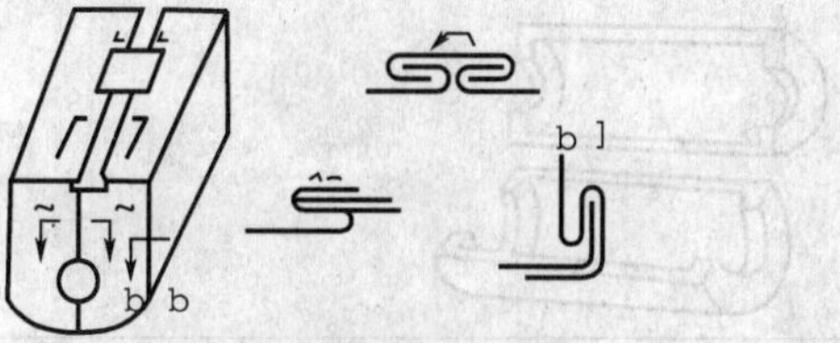
棉毡包扎方法	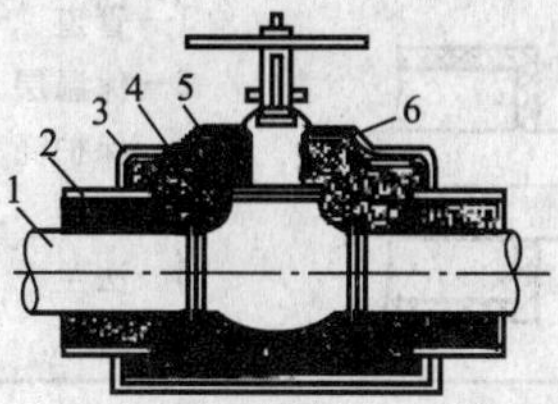 1—管道 2—管道保温层 3—阀门 4—保温棉毡 5—镀锌铁丝网 6—保护层
要求	阀门需经常开关和检修,所以要考虑保温结构便于拆卸

2. 法兰保温结构图

法兰保温结构见表 8-14。

表 8-14　法兰保温结构

名　　称	结构形式图
预制管壳的保温法	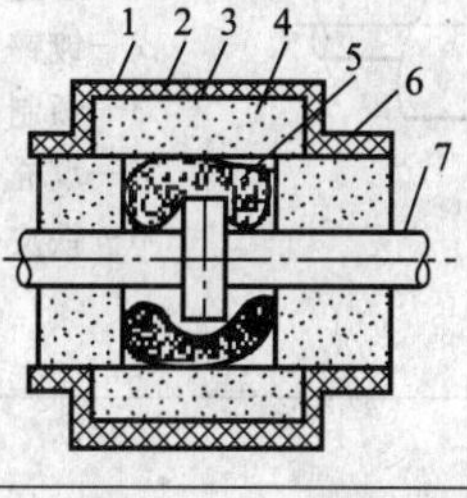 1—管道 2—管道保温层 3—法兰 4—法兰保温层 5—散状保温材料 6—镀锌铁丝 7—保护层
缠绕式保温法	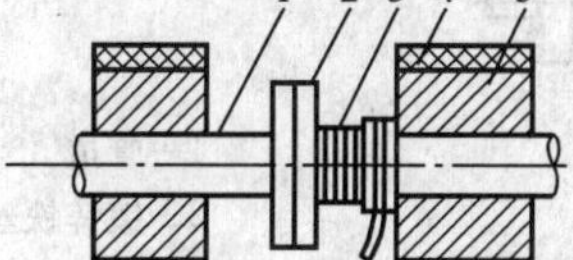 1—管道 2—法兰 3—石棉绳 4—石棉水泥保温层 5—管道保温层
包扎式保温法	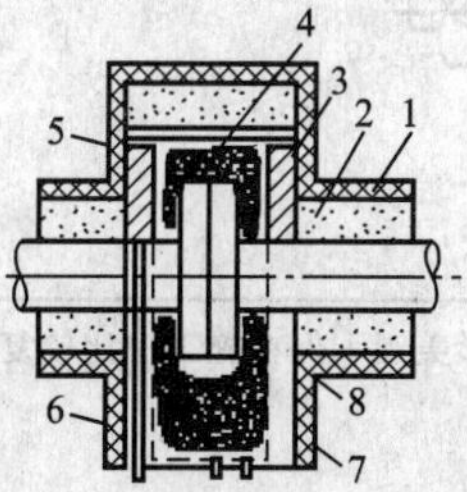 1—管道 2—保温材料(布或毡等) 3—保护层 4—填充散状保温材料 5—支撑环(用预制保温管壳) 6—镀锌铁丝网或钢带 7—石棉布 8—法兰

续表

名　　称	结构形式图
铁皮壳作法	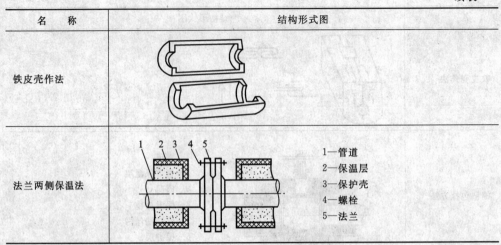
法兰两侧保温法	1—管道 2—保温层 3—保护壳 4—螺栓 5—法兰

3. 弯管保温结构图

弯管保温结构见表 8-15。

表 8-15　弯管保温结构

名　　称	结构形式图
管 径 小 于 80mm 的保温法	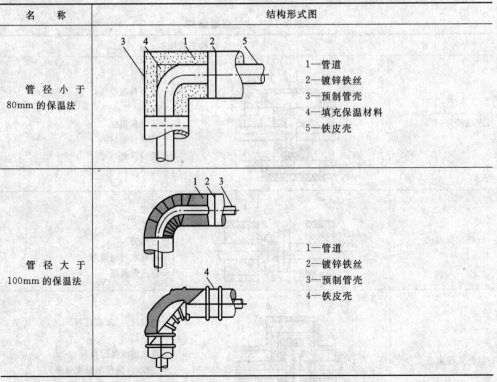 1—管道 2—镀锌铁丝 3—预制管壳 4—填充保温材料 5—铁皮壳
管 径 大 于 100mm 的保温法	1—管道 2—镀锌铁丝 3—预制管壳 4—铁皮壳

注：管径大于 100mm 以上的保温作法，其外形美观，但在施工中比较复杂。

4. 三通保温结构图

三通保温结构见表 8-16。

表 8-16　三通保温结构

名　　称	结构形式图
预制管壳保温法	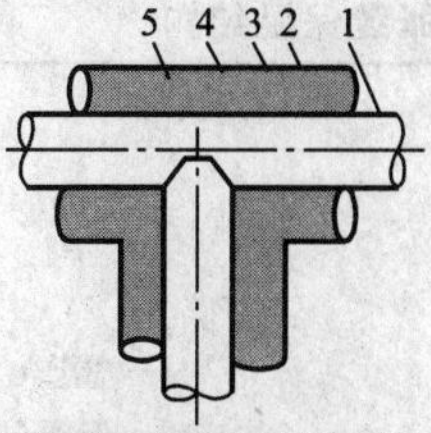 5 4 3 2 1 1—管道 2—保温层 3—镀锌铁丝 4—镀锌铁丝网 5—保护层
预制管壳结构形式	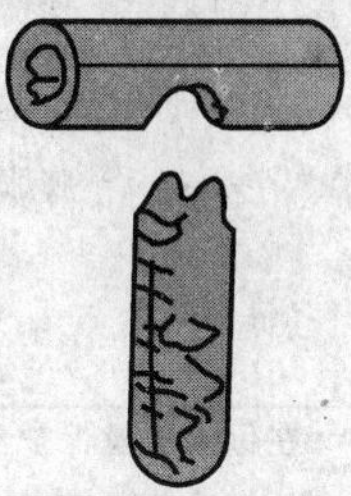

5. 支架、吊架保温结构图

支架、吊架保温结构见表 8-17。

8-17　支架、吊架保温结构

名　　称	结构形式图
活动支架保温法	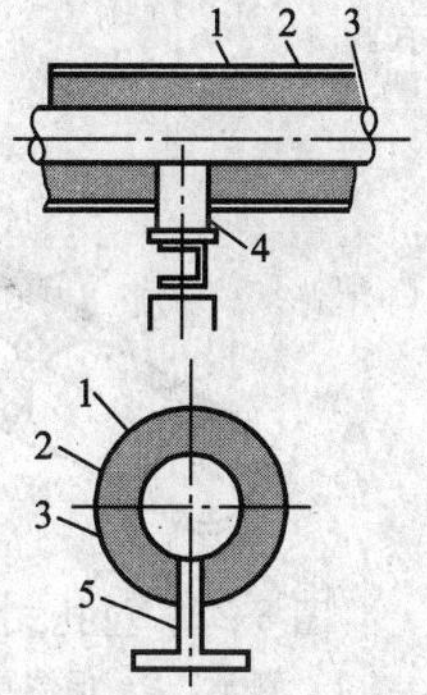 1 2 3　4 1 2 3 5 1—管道 2—保温层 3—保护壳 4—支架 5—托架
水平吊架保温法	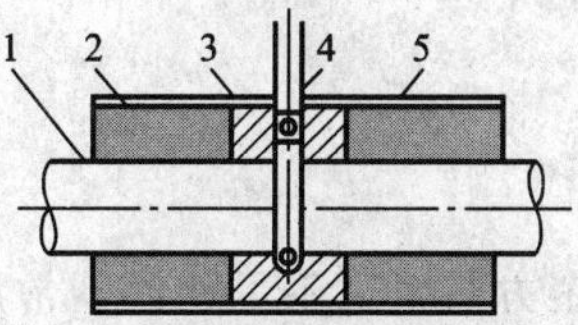 1 2　3　4　5 1—管道 2—保温层 3—吊架处填充散状保温材料 4—吊架 5—保护壳
垂直吊架保温法	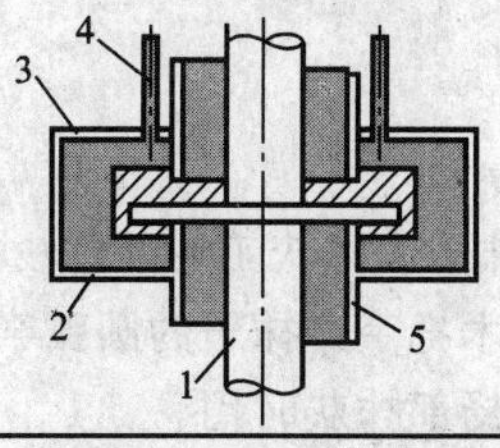 4 3 2　5 1 1—管道 2—保护层 3—吊架处填充散状保温材料 4—吊架 5—保温层

6. 膨胀缝保温结构图

膨胀缝保温结构见表 8-18。

表 8-18　膨胀缝保温结构

名　称	结构形式图
方形伸缩器保温结构	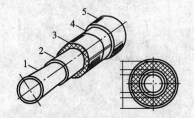 1—管道 2—保温层 3—填充保温材料 4—保护壳 5—膨胀缝
结构要求	1. 高温管道直管部分,每隔 2～3m 在保温层及保护层留出 5～10mm 的膨胀缝,填充弹性较好的保温材料 2. 管道在转弯处,要在转弯处两侧保温层各留出 20～30mm 宽的膨胀缝,填充弹性较好的保温材料 3. 管道各种胀力都应留有膨胀缝,以保证管道在运行时能自由伸缩

7. 管道保温结构图

① 预制式管道保温结构图如图 8-21 所示。

② 包扎式管道保温结构图如图 8-22 所示。

图 8-21　预制式管道保温结构形式图

1—管道；2—石棉灰底层；3—预制保温瓦；

4—绑扎铁丝；5—保护壳

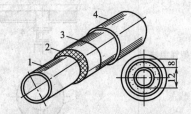

图 8-22　包扎式管道保温结构形式图

1—管子；2—保温层；3—铁丝；4—保护壳

四、管道保温施工

对于不同的保温材料,保温层的施工方法,也不尽相同,常用的方法有涂抹保温、预制瓦片保温、包扎保温等。

1. 涂抹保温

（1）施工准备

① 工具准备　图 8-23 为常用的弧形抹子和抹灰工用的铁皮抹子及木抹子。

弧形抹子系用白铁子制成,上面钉有木把手,抹子的圆弧半径随管道及保温层厚度的不同而异,有不同的规格。铁皮抹子在局部抹灰时用。

(a) 弧形抹子　　(b) 铁皮抹子　　(c) 木抹子

图 8-23　抹子

② 材料准备　准备好常用的石棉灰、硅藻土、石棉硅藻土等粉粒状的保温材料及草绳等。

（2）涂抹

① 先将粉状的保温材料和水调制成胶泥状准备涂抹。

② 在保温管上均匀地缠上草绳，草绳应紧挨着，缝隙很小。

③ 直接将胶泥往草绳表面涂抹，若第一次抹的厚度不够，可待其稍干燥后再抹第二遍，直至达到要求的厚度为止。这种施工方法速度较慢，若不注意，胶泥会成块脱落。

④ 另一种方法是把调好的保温材料摔制成团，将其直接贴在管子上，然后再用草绳缠住胶泥。用这种方法施工，胶泥不易脱落，但较费工。

2. 制瓦片保温

（1）施工准备

① 工具准备　灌缝用的抹子、调制泥浆的槽子等。

② 材料准备　预制瓦片有泡沫混凝土瓦、膨胀蛭石瓦、石棉硅藻土瓦及矿渣棉瓦等，形状有半圆形及扇形两种，还需准备好填料、硅藻土、石棉硅藻土、镀锌铁丝（直径为 1.0～2.0mm）。

（2）预制瓦片安装

① 先在预制瓦片内涂以高温管道上的填料，可采用与水调和成的硅藻土或石棉硅藻土浆。

② 将瓦片扣在管子上　半圆瓦可立着扣，即将瓦的长边放在上下方的位置上，再将另一块瓦用同样方法交错地扣在管子的另一半上，边和边用镀锌铁丝在瓦的外圆上将其扎紧，如图 8-24 所示。

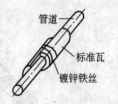

图 8-24　半圆形保温瓦片的安装

③ 绑扎　用镀锌铁丝绑扎时，两圈铁线的距离可为 150～200mm，且距瓦片的边缘为 50mm。注意使每圈铁线的接头在上面，并将接头扳倒朝向瓦片，以便在抹保护壳时可看清接头，操作时防止扎手。

④ 弯头处理　在管道弯头等处，尚需将预制瓦按弯头等形状锯割成若干节，再按上述方法安装。扇形瓦由四块组成一个圆，安装方法与半圆瓦类似。

⑤ 填缝　保温瓦片安装完毕，缝隙可用硅藻土浆填充，缝隙外面用抹子抹平。

3. 玻璃纤维制品保温

矿渣棉毡及玻璃棉等毡型保温材料或由玻璃棉、矿渣棉制成的管壳的保温材料用包扎法保温。

① 施工准备应先将毡子按照管子外壁的周长加搭接长度的总长裁好。

② 包扎顺序应由下往上包扎在管子上，将搭接缝留在上部，搭接宽度 4～5cm，保

温厚度不够时可继续加层，横向搭接缝若有间隙，可用矿渣棉或玻璃棉填塞。

③ 棉毡在包扎时，须同时用镀锌铁丝缠绑。当管外径在 500mm 以下时，可用 $\phi1.0\sim$ 1.6mm 的铁线绑扎，铁线间距为 150～200mm；当管外径大于 500mm 时，还应再包以镀锌铁丝网，铁丝直径为 0.8～1.0mm，网孔为 20mm×20mm～30mm×30mm，如图 8-25 所示。

4. 保护层

保护层敷设时，须待保温层干燥后方可进行。

（1）沥青油毡保护层　敷设时先要算出保温层的外周长加上搭接长度，一般可取 40～50mm 的总长，然后按此长度将油毡剪成条，包在保温层的外面，同时用 $\phi1.0\sim$ 1.6mm 的镀锌铁丝绑扎。

油毡条的纵向搭接缝应留在管子的侧面，缝口朝下，以防雨水流入。横向搭接缝的缝口朝向管道坡度低的方向。在包扎油毡条时，尚需将 5 号石油沥青加热熔化后，用长柄毛刷将其均匀地涂抹在油毡上，用以将搭接缝粘贴住。

（2）缠裹材料保护层。

① 材料　管道缠裹材料有玻璃布、棉布、麻布等。

② 缠裹方法　缠裹时先须将布料裁成长条状，然后按螺旋形将其从管道的低处往高处缠在保温外部。缠裹时应紧贴保温层，不要有起皱、不平及开裂等，布条的搭接宽度不应小于 5mm。

③ 在缠裹的同时每隔 3m 须用 $\phi1.0$mm 的镀锌铁丝绑扎，以防松脱。

④ 在布面上刷沥青或油漆作防潮层。

⑤ 当保温层外径大于 500mm 时，保护层由两层组成：第一层是石油沥青油毡，在石油沥青油毡的外面缠以镀锌铁丝或打包铁皮；第二层包扎以密纹玻璃布，在玻璃布外面缠以 $\phi1.0$mm 的镀锌铁丝，在保护层外面刷沥青，如图 8-26 所示。

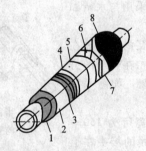

图 8-25　玻璃棉保温

1—防锈漆；2—玻璃棉毡；3—$\phi1.0\sim1.6$mm 镀锌铁丝或方格镀锌铁丝网（当保温外径大于 500mm 时用）；4—350 号石油沥青油毡；5—镀锌铁丝或打包铁皮；6—管道包扎布（密纹玻璃布）；7—$\phi1.0$mm 镀锌铁丝；8—冷底子油

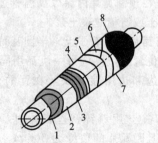

图 8-26　玻璃棉保温

1—防锈漆；2—玻璃管壳；3—$\phi1.0\sim1.6$mm 镀锌铁丝；4—350 号石油沥青油毡；5—镀锌铁丝或打包铁皮；6—管道包扎布（密纹玻璃布）；7—$\phi1.0$mm 镀锌铁丝；8—冷底子油

（3）石棉水泥岩保护层　泡沫混凝土、矿渣棉、石棉硅藻土等保温层常用石棉、水泥壳作保护层。

① 拌和　先将四级石棉与 325# 水泥按 3∶17 的重量比拌和均匀，再用水调成胶

泥状。

② 用弧形抹子将石棉水泥浆抹在保温层外面。

③ 用抹子顺着管子长度方向纵向拖拉，并应使抹子的前头稍微翘起一点，待抹子内的胶泥粘在保温层上后，再顺着拖拉方向将抹子轻轻脱离保温层。

④ 管子下部的胶泥，可以从下往上抹。

⑤ 也可以不用抹子而用手戴上胶皮手套直接涂抹，操作时先在手套上沾点水，这样可使胶泥不粘在手套上，便于操作，最后再用抹子找圆。抹灰厚度为 10～15mm。

⑥ 半个小时后，用抹子将外表压光。

⑦ 如果保温层外部包有铁丝网，则应将铁丝网绑扎牢固，不使其颤动，否则胶泥涂上后一松手就会随铁丝网颤动而脱落。

⑧ 养护。保护层做完后，应适当浇水养护以防开裂。

⑨ 石棉水泥壳保护层的施工温度不应低于 5℃，否则易起裂变得疏松而脱落。

[第9章]

燃气管道安全技术

第一节　施工中防止燃气燃烧、爆炸及中毒的技术措施

一、防止燃气燃烧、爆炸的措施

可燃气体爆炸的破坏作用在于爆炸时可燃气体的体积迅速膨胀，造成压力急剧增大。一般情况下，天然气与焦炉煤气爆炸时产生的计算爆炸压力：丙烷为 73.5×10^4 Pa，丁烷为 93.1×10^4 Pa，氢、乙炔为 161.7×10^4 Pa。当可燃性气体和空气混合物在具有足够大的直径和长度的管道内爆炸时，压力的增高可达 784×10^4 Pa 或更高些。由于爆炸时着火介质有冲击波产生，使介质的温度、压力和密度急剧增大，增强了破坏作用。防爆的技术措施是根据形成爆炸的条件来制订的，煤气形成爆炸必须同时具备以下三个条件：

a. 燃气与空气的混合物中煤气的含量在爆炸极限浓度之内；

b. 有火种和热源存在；

c. 处于封闭容器内，或相当于封闭的容器内。

故施工人员可根据现场条件和具体情况，制定安全措施避免爆炸条件的形成，达到安全施工目的。其主要的措施有以下几点。

① 在使用钢凿进行凿削带气的铸铁管时（断管、凿削取孔），为防止火星产生，对锤击部位应不停地浇水冷却，并用黏土及时涂抹已凿穿的部位。

② 在带气管道（铸铁）上钻孔攻螺纹时宜采用"封闭式的钻孔机"，以防管内煤气大量外泄。用机械割刀切削断管时不应一次将管壁割穿（指铸铁管），切削缝槽的深度应控制在剩余 1.5～2mm 管壁，待全部切削完成后用钢制扁凿将剩余管壁击穿，避免切割操作中大量煤气外泄。一旦割穿应迅速用黏土或木枕（锥形）堵塞漏点。

③ 凡在带气操作中使用的电动机具应配装防爆电机与防爆按钮。

④ 地下金属管道上可能有电流通过（杂散电流、阴极保护装置等），当管道镶接合拢时存有一定的间隙，此时管道上的电流通到间隙处会产生火花。所以在切割或连接管道时，必须将阴极保护装置断开，用导体与断开的管道两顶端连接，连接线的另一端必须接地。

⑤ 对新敷设的燃气管道在尚未换气投产前，应防止煤气渗入管道内。当在燃气管道上接管而停气时，也应采取必要措施，防止空气渗入老管道内形成混合气体。在嵌接三通管、镶接时应在待接的老管道顶端钻孔并塞入阻气袋以阻挡空气渗入管内。

当完成镶接工程后应连续进行管内混合气体置换工作，直至取样合格为止。如果镶接通气与置换（放散）相隔的时间过长，带有混合气体的封闭管段将存在爆炸的危险。通气、置换的基本顺序应为先打开放散阀门，使放散管畅通，然后再拔除镶接点的阻气

袋或开启阀门，借管内燃气的工作压力将管内混合气体有次序地在放散孔排放。如果顺序颠倒，先开启管道阀门或拔除阻气袋（低压），管内燃气与混合气产生涡流倒灌至已运行的老管道中，其危险性较大。通气置换操作的现场组织很重要，应预先编制方案，才能确保实施时按照规定的顺序有条不紊地进行。

⑥ 对已与老管道镶接连通，但又暂不通气的管段，必须在镶接点加装"盲板"隔离。应该指出，仅仅依靠管道上的阀门隔离是不安全的，因目前使用在燃气管道上的阀门，气密性较差，而且不能准确确定已安装在管道上的阀门是处于开启还是关闭严密，容易产生差错。

a. 盲板的选择　盲板选用钢板制成，需要有足够的刚度和强度。钢制盲板的几何形状见图 9-1。直径的计算式为

$$d = D - (d_{cp} + 10) \tag{9-1}$$

式中　d——盲板直径，mm；

　　　D——法兰盘螺栓孔中心线直径，mm；

　　　d_{cp}——螺栓孔直径，mm。

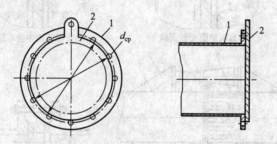

图 9-1　钢制盲板
1—管道；2—盲板

因管内煤气的压力使盲板变形，在拆除时产生困难，必须对盲板的挠度进行校核，并计算出盲板所需要的最小厚度。计算式如下：

$$y = \frac{p r^4}{64 D} \tag{9-2}$$

式中　y——盲板中心最大挠度，m；

　　　p——盲板单位面积上所受压力，Pa；

　　　r——管内径，m；

　　　D——圆形盲板的刚度，N·m。

$$D = \frac{E \delta^3}{12(1 - \mu^2)} \tag{9-3}$$

式中　E——弹性模数，Pa；

　　　δ——盲板厚度，m；

　　　μ——考虑气流的压缩所采用的系数（取 0.3）。

将式（9-3）代入式（9-2）得到下式：

$$\delta = \sqrt[3]{\frac{3 p r^4 (1 - \mu^2)}{16 E y}} \tag{9-4}$$

为便于拆除盲板并在合拢的法兰盘撑开量最小和燃气泄漏最少时抽出盲板，其挠度

y 不应超过 5mm。

盲板表面加工精度要求与法兰表面相同。安装前应用煤油渗透检查其严密性。

b. 盲板的安装和拆除方法（见图 9-2） 安装盲板的两片法兰盘间隙应均匀，法兰处于同心位置，插入的盲板也应校正至与法兰同心，然后在盲板两面垫入橡胶石棉圈或石棉线，均匀地拧紧螺栓合拢法兰盘［见图 9-2(a)］。填料安装错误将导致燃气从盲板边缘渗入空管道中而不被察觉［见图 9-2(b)］。

盲板的拆除一般在带有煤气的情况下进行，施工难度高，必须按照下列顺序进行。

第一，按图 9-2(a) 所示预先在待拆除盲板的法兰盘两边管道上焊接钢支撑架。支撑架成对，位于与管轴线平行的同一直线上，支撑平面应与管轴线相垂直。当管径小于等于 200mm 时可对称焊接两组支撑架，管径大于 200mm 时应焊接三组或多组支撑架并均布位置，每组支撑架的间距应等于千斤顶最初的长度。

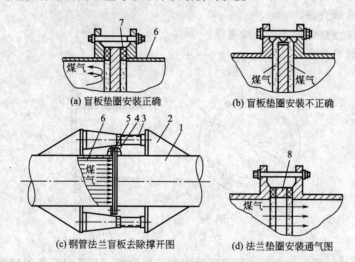

(a) 盲板垫圈安装正确　　(b) 盲板垫圈安装不正确

(c) 钢管法兰盲板去除撑开图　　(d) 法兰垫圈安装通气图

图 9-2　盲板的安装和拆除操作示意图

1—无燃气的管道；2—焊接支撑角铁；3—千斤顶；4—法兰接口；5—盲板；
6—带燃气的管道；7—橡胶石棉圈；8—垫圈

第二，拆除盲板时应先将法兰盘紧固螺栓全部拧松，将位于法兰盘水平轴线以上的螺栓拆除，轴线以下的螺栓保留。然后再用绳索将盲板渐渐地向上抽出，最后垫入橡胶石棉圈，并将拆下的螺栓复位，均匀地全部拧紧合拢法兰盘。

工程中常常遇到法兰两端连接管道处于无伸缩状态，对由于拆除盲板后所出现的空隙合拢发生困难。针对这种情况，必须事先制作成厚度与盲板相同的钢制垫圈，在抽出盲板后插入法兰盘间，并在两面加填料将法兰盘合拢，见图 9-2(c)。

⑦ 在带气钢管上焊接时，为防止管内混合气体引炸，必须保持 196～588Pa 压力，并派专人监察方可操作。需要切割（断管或割孔）时忌用气割方法，因气割时氧和乙炔的混合气流的压力达到 $49×10^4$Pa 左右，势必导致过剩氧气渗入管内与燃气混合成爆炸性气体，被气割火苗引爆，造成管内爆炸的危险。应采用机械切削的方法较为安全。对要求不高的切割面可以采用电焊条冲割的方法，因电焊条冲割时无压力气流产生，仅仅引燃从管内外泄的燃气呈扩散式燃烧，管内没有混入空气（氧气），故不会引入管内燃爆。施工中选用较小直径的焊条（ϕ3.2～4mm），较大的电流（250～300A），切割厚

度为 8～10mm 的钢管是适宜的，操作时应及时将割穿缝隙处的火苗扑灭并堵塞泄漏点后再继续切割，该方法的缺点是切割线条不够整齐。

⑧ 为了保持带气施工现场的空气流通，采用鼓风机强制通风，及时将管内泄漏燃气扩散。

⑨ 夜间带气操作时，照明灯具散发的热量使温度高于燃气着火温度时亦会引燃。施工照明常用的碘钨灯所散发热量使温度高达 1000℃ 以上，而燃气的着火温度仅为 600℃ 左右，故在带气操作时不宜采用碘钨灯，而应选用散发热量使照明处温度低于 600℃ 的聚光灯为宜。

⑩ 制止外来火种引入带气施工现场。除禁止吸烟者靠近施工点外，还有机动车辆发动时排气管出现火星，电车行驶时架空线摩擦产生火花坠落至带气沟内等因素均能引燃。所以对带气操作点应相应建立以泄漏点为中心、半径为 20m 以上的圆周为施工安全区，并指派专人监护，禁止火种入内。

当带气操作点上空有电车架空电缆线时，应设隔离棚于正上方，防止摩擦火星坠落沟内。对靠近施工点的建筑物，应事先逐一检查是否有明火，并通知居民或厂矿有关人员在带气操作的时间禁止火种接近。

二、施工现场紧急灭火的方法

当施工现场煤气着火，特别是中压燃气管道破裂后泄出燃气着火燃烧后火焰很高，一般情况下难以用灭火机及消防器材扑灭，故应采取必要措施，控制和扑灭火焰，以防事态扩大。

1. 低压地下管道着火熄灭方法

① 用压力大于 $68×10^4$ Pa 的高速水流、高速蒸气或惰性气体的气流喷射火焰，可取得良好的灭火效果。

② 用施工现场的泥土（有条件的最好为黄砂）迅速地回填覆盖已着火管道沟槽，隔绝空气达到灭火的目的。此方法适用较小沟槽。

③ 当采用上述方法均无法扑灭火焰时，可在着火点两端管段寻找最近的聚水井，往水井内灌水，当水井内充满水后水封将气源隔离。

火苗扑灭后再用木塞、湿布或黏土等封口，灭火方法参见图 9-3(b)。

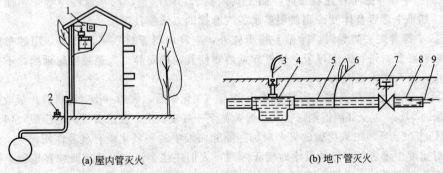

(a) 屋内管灭火　　　　　　　　　　　(b) 地下管灭火

图 9-3　现场紧急灭火方法示意图

1—关闭出气旋塞；2—阻塞屋外进气三通管；3—灌水处；4—聚水井；5—水封位；
6—着火漏点；7—关闭阀闸；8—输气管道；9—关闭气源

2. 中压地下管道着火熄灭方法

对于燃气泄漏着火点较小时，可采用低压管熄灭方法处理。但对泄漏点较大无法处理时应立即关闭着火管段的两边阀门，但是不得全部关闭，因阀门关闭后，燃烧火苗将会延伸至管内可能导致爆炸；故应将阀门逐步关闭并控制管内压力处于正压（不低于 300Pa），再采取上述方法灭火。现场处理时可观察燃烧火苗，当处于明显减小时即可。

3. 屋内管道着火的处理方法

屋内管道的压力一般不高，着火点较小时可用湿揩布扑灭。当泄漏着火点较大时可将进户立管顶部三通管的管塞拆除，用湿揩布塞入三通管下部管内，即可断绝进入屋内的气源。

三、防止施工人员燃气中毒的措施

防止施工人员在操作时燃气中毒的根本办法是杜绝施工现场的燃气渗漏。当难以做到完全杜绝渗漏时亦应采取有效的阻气措施，尽量减少燃气的外渗，同时保持施工现场的空气流通，施工操作人员必须戴上防毒面具和防护用具。防毒面具分过滤式和隔离式两种。

（1）过滤式　有毒气体通过吸附剂的吸附作用，除去有害的一氧化碳，而使人体不致中毒。

（2）隔离式　使操作人员与施工点的有毒气体完全隔离，通过其他途径供给操作人员新鲜的空气。在燃气施工维修中，一般不使用过滤式防毒面具，因为它的可靠性差，并且在被燃气污染的空气中使用过滤式会发生氧气量不够、呼吸不正常。

四、燃气中毒后的急救和护理

当发现操作人员或居民煤气中毒后，在医务人员来到之前或护送医院之前应采取下列措施。

① 迅速把中毒者从煤气污染地方救出，放在新鲜空气下或通风处。

② 解除中毒者一切有碍呼吸的障碍，敞开领子、胸衣，解下裤带，清除口中的异物等。

③ 当中毒者处于昏迷状态时，则使其闻氨水，喝浓茶、汽水或咖啡等，不能让其入睡。如果中毒者身体发冷则要用热水袋或摩擦的方法使其温暖。

④ 中毒者失去知觉时，除做上述措施外，应将中毒者放在平坦地方，用纱布擦拭口腔，在必要时进行人工呼吸，恢复知觉后要使其保持安静。人工呼吸应延续，不得中途停止，直至送入医院为止。

⑤ 一般中毒者撤离施工现场、停止吸入一氧化碳后，最初一小时约可排出吸收一氧化碳量的 50%，但全部离解则需要几小时，甚至一昼夜以上。使患者吸入高压氧 [(4～6)×10^5Pa] 或含 5% 二氧化碳的氧，对加速驱除血液中的一氧化碳有显著作用。

对重度中毒者，在抢救几小时后无效时，人们往往会认为无希望而放弃抢救。但是当仔细观察患者的心电图，会发现较长时间内还会有间断心脏跳动时，就应继续抢救，患者可能会在一个星期甚至于几个星期后慢慢地苏醒过来。因此对重度中毒患者的抢救应特别慎重。

第二节　燃气管道的停气降压与换气投产

一、燃气管道的停气降压施工

在进行干管延伸、接装用户、管道大修更新等施工时需要暂时切断气源或降低燃气压力。在此情况下，为保证用户用气安全，必须采取必要的安全措施。

1. 中压管道停气降压

中压管道因管内压力高，使用阻气袋无法阻气，故一般采用关闭阀门停气的方法进行管道施工。停气时必须注意以下几点。

① 查清中压管道阀门关闭范围内影响调压器的数量及该调压器所供应的地区，其低压干管是否与停气范围以外的低压干管连通，如果连通而停气影响范围又较大时，则应考虑安装临时中压管供气或装临时调压器使施工管段改成低压供应（此时必须保证施工管段两端阀门关闭严密）。

② 对于需停气的专用调压器，需事先与用气单位商定停气时间，以便用户安排生产。中压管道只有采取降压措施方可带气进行焊割。降压后管内的压力必须超过大气压力，以免造成回火事故。

2. 低压管道停气降压

低压管道应根据不同情况采用停气或降压措施，在决定采取何种措施前，必须先查清所施工部位管道的供气状况。一般有以下几种情况。

① 施工部位的管道为双向供气，而管内的供气压力又不高，一般情况下阻气袋能够阻住气流，则可不必停气或降压。

② 施工部位的两侧管道为双向气源，但因距调压器较近，管内供气压力较高，阻气袋不能阻住气流，则应采取降压措施，即将调压器的出口压力调低到阻气袋能阻止气流为止（980Pa 以上），以保证用户的最低燃烧压力要求。

③ 当在枝状管上施工时，则必须对施工部位以后的管道进行停气。如枝状管距离调压器较近，管内供应压力较高，则施工部位后面的管道实行停气，前面的管道采取降压措施。当被停气的管段上有重要用户，或有不能中断燃气供应的用户时，则应安装临时旁通管供气。为了保证用户用气安全，当停气影响用户范围较大时，不但要安装临时旁通管和维持管道内有一定压力的燃气（784～980Pa），同时对施工范围内所影响的用户要通知停气的时间和配合安全施工的措施。

3. 停气降压中应注意的有关事项

① 中压管和低压管在施工中，凡需要采取降压措施时均应事先会同有关部门进行商讨，确定影响用户的范围，停气降压允许的时间。对于停气的用户在施工前通知作好停气准备。

② 停气降压的时间一般应避开高峰负荷时间。如需在出厂管、出站管上停气，应由调度中心与制气厂、输配站商定停气措施。

③ 中压管上停气时，为防止阀门关闭不严密，造成施工管段内压力增加，引起阻气袋位移，使燃气大量外泄，应在阀门旁靠近停气管段的一侧钻孔两只，作为放散管及安装测压仪表用。放散管的安装如图 9-4 所示。

④ 施工结束后，在通气前应将停气管段内的空气进行置换。置换的方法一般采用

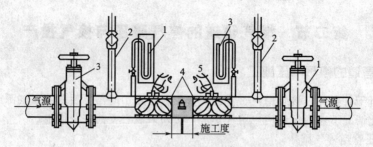

图 9-4　中压管停气降压操作示意图
1—阀门；2—放散管；3—测压仪表；4—阻气袋；5—湿泥封口

煤气直接驱赶。燃气由一端进入，空气由另一端的放散管内逸出，待管内燃气取样试烧合格后方可通气。

⑤ 恢复通气前，必须通知所有停气的用户将燃具开关关闭，通气后再逐一通知用户放尽管内混合气再行点火。

⑥ 大型工程以及出厂管、出站管的停气降压，因影响范围大，必须成立停气降压指挥部（组），统一指挥、协调停气施工及用户安全供气等工作。

⑦ 停气降压时间经各方商定后，一般情况下不得更改。要做好各项施工工作，准时完工，不准延迟。

二、燃气管道的换气投产

新建燃气管道的投产是将燃气输入管内，管道和附属设备（阀门、聚水井等）必须处于完好及指定的工作状态。因往新建管道内输入燃气时将出现混合气体，所以对新建燃气管道内混合气体的置换必须在严密的安全技术措施保证前提下方可进行。

（一）换气投产前的准备

换气投产前的准备工作是大量的、细致的，各项工作准备（特别是现场的落实）的好坏将直接关系到换气投产的成败。准备工作分技术（安全）准备和组织准备，其内容汇集成"换气投产方案"，明确分工，分别落实。

1. 了解基本情况

了解换气投产管道的口径、长度、材料、输气压力，附属设备规格和数量。按照测绘图纸至现场逐一核对，核对内容主要如下。

（1）阀门检查　核对阀门安装和窨井是否符合设计和质量要求，每只阀门的实际启闭转数和测绘卡填写的转数是否相符。根据方案规定各只阀门开启或关阀的要求，现场将阀门调整至规定的状态。

（2）聚水井检查　聚水井、抽水管和窨井安装应符合质量要求。将聚水井内积水抽清，并关闭井梗阀门。

（3）管道检查　查核敷设管道是否符合设计和质量要求，核对"质量鉴定书"、"验泵合格证"等资料，核对设计图纸，检查是否遗漏工程内容（预留三通、孔和附属设备等）。

检查管道端部必须用管塞封口，并做好支撑，以防管道输气后产生压力将管盖推离封口。特别对引入室内支管要逐一重点检查，确认管塞已封口或相连燃气表阀门处于关阀状态（新建管道气密性试验完成后的测试点往往容易疏忽而未封口）。

上述工作内容既繁多又复杂，因细小的疏忽留下隐患，管道通气后再处理将十分被动。

2. 置换方式的选择

（1）间接置换法　是用惰性气体（一般用氮气）先将管内空气置换，然后再输入燃气置换。此工艺在置换过程中安全可靠，缺点是费用高昂、顺序繁多，一般很少采用。

（2）直接置换法　是用相连接老管道的燃气输入新建管道直接置换管内空气。该工艺操作简便、迅速，在新建管道与老管道镶接连通后，即可利用燃气的工作压力直接排放管内空气，当置换到管道内燃气含量达到合格标准（取样及格）后便可正式投产使用。

由于在用燃气直接置换管道内空气的过程中，燃气与空气的混合气体随着燃气输入量的增加其浓度可达到爆炸极限，此时在常温及常压下遇到火种就会爆炸。所以从安全角度上严格来讲，新建燃气管道（特别是大口径管道）用燃气直接置换空气方法是不够安全的。但是鉴于施工现场条件限制和节约的原则，如果采取相应的安全措施，用燃气直接置换法是一种既经济又快速的换气工艺。由长期实践证明，这种方法基本上是安全的，所以目前在新建燃气管道的换气操作上被广泛采用。燃气置换现场布置见图9-5。

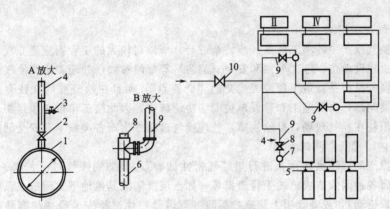

图 9-5　燃气置换现场布置图

1—置换管道；2—放散阀门；3—取样旋塞；4, 9—放散管；5—管塞；6—立管；
7—调压器；8—末端阀门；10—进气阀门

3. 换气压力的确定

换气时选用输入燃气的工作压力过低会增加换气时间，但如压力过高则燃气在管道内流速增加，管壁产生静电，同时，残留在管内的碎石等硬块会随着高速气流在管道内滚动，产生火花带来危险。

用燃气置换空气其最高压力不能超过 4.9×10^4 Pa。一般情况下，中压管道采用 $0.98 \times 10^4 \sim 1.96 \times 10^4$ Pa 的压力置换，低压燃气管可直接用原有低压管道的燃气工作压力置换。

4. 放散管的数量、口径和放散点位置的确定

（1）放散管的数量　是根据置换管道长度和现场条件而确定，但是对管道的末端均需设放散点，忌防"盲肠"管道内空气无法排放。

（2）放散管的安装　放散管安装于远离居民住宅及明火的位置，放散管必须从地下管上接至离地坪 2.5m 以上的高度，放散管下端接装三通安装取样阀门。

如果放散点无法避开居民住宅，则在放散管顶端装 90°活络弯管，根据放散时的风向旋转至安全方向放散。并在放散前通知邻近住宅的居民将门窗关闭和杜绝火种。

（3）放散孔口径的确定　放散孔的口径太小会增加换气时间，口径太大给安装放散管带来困难。一般在 $\phi500mm$ 以上管道采用 $\phi75\sim100mm$ 的放散孔，管径在 $\phi300mm$ 以下则根据其最大允许孔径钻孔（孔径应小于三分之一管径）。

5. 现场通信器材准备

新建管道换气操作现场分散，而阀门开启、放散点的控制及现场安全措施落实均需协调进行，各岗位操作有先后顺序和时间要求，仅仅依靠车辆或有线通信效果差。因此在换气管道超过一公里长度时应配备无线电通信设备，配若干只"对讲机"或其他无线通信设备，事先调试，确定现场指挥和工作人员编号。

6. 现场安全措施落实

对邻近放散点居民、工厂单位逐一宣传并现场检查，清除火种隐患，并张贴安民告示，在换气时间内杜绝火种，关闭门窗，建立放散点周围 20m 以上的安全区。放散点上空有架空电缆线部位，应预先将放散管延伸避让。组织消防队伍，确定消防器材现场设置点。

7. 换气现场组织

由于换气投产中各项工作需同步协调进行，所以对较大的工程则应建立现场换气指挥班子，由建设单位、施工单位和安全（消防）等部门参加，处理和协调换气过程中各类问题。换气投产是管道工程竣工拨交的"交换点"，而且在换气前后往往会暴露工程扫尾的各类问题，需要施工和建设单位现场协调解决。因此施工单位必须组织一支精悍的技工队伍驻在换气现场，排除故障，处理换气过程中出现各类技术和安全问题。

8. 管内"稳压"测试

换气投产的管道虽然预先进行过"气密性试验"，但是到换气时已相隔一个阶段。在此期间因各种因素造成已竣工管道损坏（如土层沉陷或其他地下工程造成已敷设管道断裂或接口松动），或者管道上管塞被拆除（管道气密性试验完成后往往容易遗忘安装管塞）。由于管道分散，上述情况在管道通气之前是无法了解的，而在通气投产时再发现则相当被动。所以在换气投产前必须完成以下两项技术措施。

（1）系统试压　往管道内输入压缩空气，压力一般为 3×10^3 Pa，作短时间稳压试验（一般为 30min 左右），如压力表指针下跌，则说明管道已存在泄漏点，必须找到并修复，直至压力稳定为止。

气密性试验合格，但至通气时间超过半年的管道必须重新按照规定进行气密性试验，合格后方可换气投产。

（2）管内压力"监察"　为防止换气准备过程中管道被损坏或发生意外，在管道上安装"低压自动记录仪"监察管内压力。如管道被损坏，记录仪上立即得到显示。监察时间一般为换气前 24h，并由专人值班。

（二）换气投产的实施

① 根据方案规定的时间，换气工作人员和指挥人员提前进入施工现场，逐一检查放散管接装、放散区的安全措施、阀门和聚水井井梗阀门的启闭以及通信、消防器材的

配备等，它们必须符合"方案"规定，各岗位人员就位。

② 由现场指挥部下达通气指令，开启气源阀门，同时开启放散管阀门，即进入置换放散阶段（管内压缩空气同时放散）。

③ 逐一开启聚水井井管阀门（低压则拆除井管管盖），待排清井内积水、燃气溢出后即关闭井管阀门（安装管塞）。

④ 各放散点进入放散阶段，各放散点人员及时与指挥部联系，注意现场安全，当嗅到燃气臭味即可用橡皮袋取样。

⑤ "试样"及判断方法。"试样"即判断换气管道内经过燃气置换后是否达到合格标准，合格标准指管内混合气体中燃气含量（容积）已大于爆炸上限。"试样"方法常采用以下两种。

a. 点火试样。将放散管上取到的燃气袋移至远离现场安全距离外，点火燃烧袋内的燃气，如火焰呈扩散式燃烧（呈橘黄色），则说明管道内空气已基本置换干净，达到合格标准。该方法简便，得到广泛应用。

b. 测定气体含氧量要预先计算输入燃气爆炸极限，根据计算所得输入燃气的爆炸上限计算出此时最小含氧量。计算式为

$$Z = Z_1 Q_1 + Z_2 Q_2 \tag{9-5}$$

式中　Z——表示混合气体中含氧量极限（体积分数）；

　　　Z_1——表示燃气爆炸上限（即混合气体中燃气的含量）（体积分数）；

　　　Z_2——表示混合气体中空气的含量（体积分数）；

　　　Q_1——燃气中氧的含量（体积分数）；

　　　Q_2——空气中氧的含量（体积分数）。

当对取得样袋的燃气用测氧仪（快速）测定得到的读数小于规定含氧量，则说明取样合格，反之将继续放散，直至合格。该方法适应于较大的管道工程换气投产。

⑥ 换气的结尾工作

a. 当各放散管"取样"全部合格后，即拆除放散管，放散孔用管塞旋紧，并检查不得泄漏。

b. 检查每只聚水井，井管阀门应均处于关阀状态。

c. 对通气管道全线仔细检查，是否有煤气泄漏的迹象，特别要重点检查距离居民住宅较近的管道。

（三）管道换气时间的估算

$$t = \frac{KV}{3600Av} \tag{9-6}$$

式中　t——达到合格标准所需换气时间，h；

　　　V——需要换气的管道容积，m³；

　　　A——放散孔的截面积，m²；

　　　K——置换系数（取 2～3）；

　　　v——通过放散孔的气体流速，m/s。

$$v = n\sqrt{\frac{2p}{\rho}}$$

式中　p——管内气体压力，Pa；

ρ——管内气体密度，kg/m^3；

n——孔口系数（取 $0.5 \sim 0.7$）。

（四）换气投产有关注意事项

① 换气投产之前施工部门应提供完整的管线测绘图，阀门、聚水井和特殊施工的设备保养单及有关技术资料。换气投产后应及时办理拨交手续。

② 换气工作不宜选择在晚间和阴天进行。因阴雨天气压较低，置换过程中放散的燃气不易扩散，故一般选择在天气晴朗的上午为好。风量大的天气虽然能加速气体扩散，但应注意下风向处的安全措施。

③ 在换气开始时，燃气的压力不能快速升高。特别对于大口径的中压管道，在开启阀门时应逐渐进行，边开启边观察压力变化情况。因为阀门快速开启容易在置换管道内产生涡流，出现燃气抢先至放散（取样）孔排出，会产生取样"合格"的假象。施工现场阀门启闭应由专人控制并听从指挥的命令。

第三节　管道施工安全操作要点

燃气管道的施工是吊装、土建、安装、焊接等多工种的组合，施工环境又处于深沟或高空作业，涉及老管道又必须在带有燃气的情况下操作。因此施工人员应严格遵守和执行施工安全操作规程（包括各种施工机具的安全操作规程），才能确保施工有条不紊地进行。

一、土方工程安全操作要点

地下燃气管道敷设中各项操作均在沟槽中完成，因此防止坍方成为地下管道工程的安全工作重点。

1. 坍方主要原因

① 沟槽两侧有回填土存在，使沟槽的土壤失去原始状态而无黏着力造成坍方。与此同时，邻近管线失去土层而沉陷折断，有时会出现坍方和管线断裂同时发生的情况。

② 地下水位较高或雨雪季节，沟槽受水分长时间浸泡，使土壤的黏着力降低，其中黄土层更明显，会引起大面积坍方。而细砂土遇水呈流砂状态，坍方面会不断扩大。

③ 距离沟槽较近的房屋、电杆、堆物荷重或倾斜力矩导致坍方。此类情况出现将造成建筑物、电杆的倒塌而出现险情，故对毗邻沟边电杆、建筑物应采取支撑措施。

④ 沟槽超深、沟壁土层荷重大于土壤黏着力时出现坍方最为常见。

2. 土方工程的安全措施

① 施工前应了解现场情况（土质、沟边建筑物），配备充足的支撑工具、板桩。对距离沟边 1.5m 内的电杆、无基础的建筑物，必须采用支撑措施后方可开掘沟槽，沟槽开掘后随即用板桩支撑。

② 大于或等于 800mm 管径的沟槽应采取先打桩后开挖再支撑的施工方法。施工时将沟槽面层开挖后，沿沟槽两边将槽钢（20# 以上）打入土层，然后再进行开挖，并逐道进行支撑。排管沟槽现场布置见图 9-6。

③ 为减轻沟边荷载，开掘沟槽的土方应尽量外运，少量堆放于沟边的余土应远离沟槽边 300mm 以上，防止堆土中硬块坠落沟内损伤施工人员。安全监护人员应巡回检

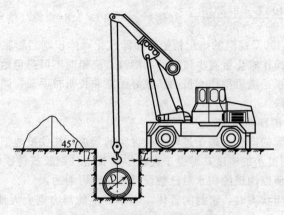

图 9-6　排管沟槽现场布置图

查沟边是否存在坍方裂缝痕迹，及时采取必要措施。

④ 当管道吊装下沟完成坡度检查后，应及时在管身部分回填土形成"腰箍"。这不仅压实了管基，而且增加了沟槽的支承力，以阻止坍方的发生。

⑤ 采用挖掘机开挖沟槽，必须事先摸清地下资料，并由专人指挥和监护，防止损坏地下管线事故产生。

二、吊装及管件就位安全操作要点

① 吊装时应对吊件质量、吊机能力和钢丝绳强度进行验算，禁止超负荷吊装。

② 吊装管道下沟时，吊机的停放位置应选择平整安全部位，吊机与沟边应保持1.50m 以上净距（指支脚与沟边净距）。

③ 吊装操作应由专人指挥，起吊时吊件下不准站人。吊装下沟时应由 1～2 人扶稳，防止吊件晃动碰撞。

④ 在有架空电缆的地区吊装，吊机最高起吊位置的吊臂顶端与架空电缆线应保持足够的安全距离（表 9-1）。

表 9-1　吊机与架空电缆线的安全距离

电压等级/V	100 以下	600～10000	35000	110000	220000
垂直距离/m	2.5	3	4	5	7
水平距离/m	1.5	3	4	5	7

三、接管安全操作要点

1. 铸铁管道钻孔，特别是凿管操作是依靠锤击各类凿子来完成。为防止铁锤的冲击力引起铁屑飞溅而伤害人体，特别是眼睛，因此操作人员操作时必须戴好防护眼镜，操作现场周围应加防护栏架阻止他人进入以免受伤。

2. 承插式精铅接口的浇铅操作，容易发生爆铅伤人。发生爆铅的主要原因是已熔化的高温精铅遇到水分而引起的水分汽化。

以精铅熔点为 400℃计算，则水汽化后在 400℃时的体积变为

$$\frac{400℃+273℃}{100℃+273℃}=1.8(倍) \qquad 1240×1.8=2237(倍)$$

当液态水接触 400℃ 高温的熔化精铅时随即汽化，体积剧烈膨胀而引起爆铅。在沟下进行接口填料的操作难免带有少量水分和潮气，浇铅时不可避免地形成不同程度的爆铅现象，应引起重视。浇铅操作人员必须戴好面罩和长帆布手套，同时注意尽量保持承插式接口间隙的干燥。

3. 施工中浮管的预防措施

（1）施工中浮管的产生　施工过程中敷设完的管道，往往被地下水所浸没。由于铁（钢）的密度远远超过水的密度，埋设于沟槽中的管道（钢管或铸铁管）的荷重总是大于水的相对浮力，所以沟槽的积水对已敷设管道是无影响的。

当管道处于封闭状态时，密封的管体在水中产生的浮力则大大地超过管道的荷重，此时即产生浮管。

施工中浮管常发生于大口径钢管封口后，排除管内积水，往管内充气进行气密性试验时。另外，在施工敷设管道过程中，已敷设管道存在坡度，当处于低坡的管段内积水达到封闭管端面时，高坡的管段形成密封状态，出现浮力，导致该管段浮管产生（图 9-7）。

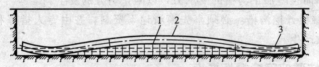

图 9-7　高坡管段浮管示意图
1—浮力；2—浮起管段；3—管段

浮管产生使管道失去坡度，接口松动、损坏，沟槽淤泥渗入浮起管段底部，更严重的是浮起的钢管产生永久弯曲变形。所以一旦产生浮管，必须拆除起浮管道（一般涉及管段较长），重新开挖沟槽，返工的损失较大，并拖延工程进展。所以浮管的危害性极大，在施工过程中必须采取有效的技术措施，避免"浮管"的产生。

（2）浮管的预防措施

① 施工前对较大口径的管道的荷重及管段封口时在水中的浮力仔细验算，以确定覆土深度和外加荷重。埋设管道稳定条件为

$$KF_浮<P_管+P_土 \tag{9-7}$$

式中　$F_浮$——水对封闭管段的浮力，N；

　　　$P_管$——管材质量引起的重力，N；

　　　$P_土$——外加土壤荷重引起的重力，N；

　　　K——安全系数（一般取 1.2～1.5）。

$$F_浮=\rho_1 V_1 g=\rho_1 \frac{\pi}{4}D^2 Lg$$

$$P_管=\rho_2×2\pi R\delta Lg$$

$$P_土=\rho_3 V_2 g=\rho_3×2\pi RhLg$$

式中　ρ_1——水的密度（取 $10^3 kg/m^3$）；

　　　ρ_2——铁的密度（取 $7.8×10^3 kg/m^3$）；

　　　ρ_3——土壤的密度〔一般取 $(1.5～2)×10^3 kg/m^3$，视土质及含水量而定〕；

　　　R——管道外半径，m；

δ——管道壁厚，m；

L——管道计算长度，m；

h——管道回填土层的高度，m。

② 控制回填土层，是管道防浮的有效措施。从式（9-7）可知回填土层荷重对埋设的管道所产生的重力是该平衡式中的可变因素，施工中不可忽视。

实践证明，当口径大于 $\phi300mm$ 管道敷设之前必须按照式（9-7）计算出 $P_{土}$，然后可确定拟埋设管道的最小深度。在管道吊装敷设后应紧接着回填土方，并夯实使之密实（疏松土壤将减少其对管道的荷重），稳定已敷设的管道。

③ 外加防浮措施。在越野排管时，由于管道敷设中受坡度局限，当遇到地面起伏不平时，局部管段的填土层减少，特别是穿越小河流或池塘时管段暴露于土层外。对上述情况可采用特制框架或附加重块等方式稳定管道。

框架法是用 20 号以上规格的槽钢焊接成框架，压入防浮管道两侧，依靠入土槽钢的摩阻力稳固管道。框架数量根据入土槽钢的摩阻力计算决定（见图 9-8）。

附加重块，是在防浮管道下部设置大型混凝土块，用钢制抱箍与管道相连来增加荷重。使用时应对混凝土重块荷重和抱箍的强度进行验算（见图 9-9）。

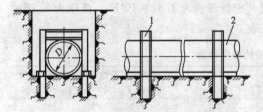 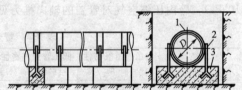

图 9-8　框架式管道防浮装置示意图　　　　图 9-9　抱箍式管道防浮示意图
1—槽钢框架（一般取 20 号槽钢）；2—被保护管道　　1—钢制抱箍；2—预埋螺杆；3—钢筋混凝土

四、带气施工安全操作要点

在管网大修、老管道中镶三通管和镶接、表具和附属设备调换更新中，为不影响正常的供气，往往是在带有煤气情况下操作。确保施工安全的基本要点是防止中毒、燃烧和爆炸事故的出现。除在本章第一节中所介绍的内容以外，还应注意以下几个问题。

① 在室内带气操作，应先将窗门全部打开，以保持施工场所的空气流通。又因燃气一般比空气轻，外泄的燃气向上流动，故操作人员（特别是头部）应位于管道燃气泄漏点的下侧方向。

② 地下管道带气操作坑应选用梯形沟或斜沟槽，并应大于一般操作工作坑的尺寸，使泄漏的燃气能及时得到扩散。

③ 凡带气操作，必须配备两个以上施工人员。大、中型的带气操作工程应配备比正常施工增加一倍的人员，保证带气操作人员能轮流调换。在大量燃气外泄或在封闭场所带气操作，施工人员必须戴防毒面具，现场配消防器材，并由专人指挥现场。

五、气密性试验安全操作要点

① 管道进行气密性试验时，管内压缩空气对管端和三通管口的管盖产生较大的轴向推力，使管盖离体发生击伤事故。在管内压力相同的条件下，随着管径的增大，轴向

推力成倍递增，仅仅依靠承插口填料的摩阻力难以阻挡管盖的飞离，气密性试验前在管盖处均应根据管内压力设立支撑。支撑力应按下式进行验算：

$$F_支 > F_推 - N \tag{9-8}$$

式中　$F_支$——管盖顶端外加支撑力，N；

$F_推$——管内压缩空气对管盖产生的轴向推力，N；

N——承插口填料摩阻力，N。

$$F_推 = p \frac{\pi}{4} d^2$$

式中　p——管盖所受压强，Pa；

d——管道内直径，m。

$$N = t\pi b (D_1 + D_2)$$

式中　t——垫料与管壁的单位面积摩阻力，Pa；

b——承插口深度，m；

D_1——插口外径，m；

D_2——承口内径，m。

常见各种管在气密性试验时（中压管道气密性压强为 1.37×10^4 Pa，低压为 1.96×10^4 Pa），管内压缩空气对管盖的轴向推力见表 9-2。

表 9-2　管盖的轴向推力

口径/mm	中压管道气密性试验时 $F_推$/N	低压管道气密性试验时 $F_推$/N	口径/mm	中压管道气密性试验时 $F_推$/N	低压管道气密性试验时 $F_推$/N
75	606	87	300	9700	1386
100	1078	154	500	26944	3849
150	2425	346	700	52809	7544
200	4311	616	1000	107775	15397

② 向管内输入压缩空气时，必须由专人观察进气压力表读数，严防管内压力过高，使轴向推力超过支撑力，造成管盖离体事故。

③当气密性试验合格后，应随即开启检查阀门，将管内压缩空气排放，防止拆除支撑时，管盖突然离体发生击伤事故。

④ 运用燃气工作压力检查管道气密性的方式，应采用燃气检漏仪或肥皂水涂于管外壁，观察是否出现气泡。禁止用明火查漏，特别是在暗室、地下室等的管道，因泄漏燃气无法扩散，如用明火查漏引起燃烧和爆炸的可能性极大。

六、高空作业安全操作要点

① 高空施工应选用适当高度的扶梯，预先检查其牢固性。扶梯脚应包扎橡胶布，以增加摩擦力，防止高空操作用力时扶梯移动。高空操作时不得在空中移动扶梯，操作者应戴安全带。

② 高空安装管道时应根据管道质量，用长扁凿设临时支点。安装完毕应及时设置铁搁架、钩钉等，使之固定，防止管道坠落（图 9-10）。

③ 当安装管道需要穿越墙壁或楼板进行凿洞操作时，隔墙处应设专人监护，防止穿孔时砖块碎片飞溅伤人。

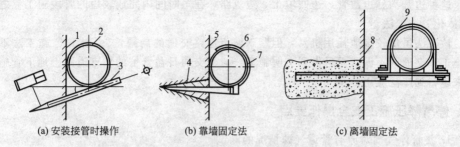

(a) 安装接管时操作　　(b) 靠墙固定法　　(c) 离墙固定法

图 9-10　架空管道固定法示意图

1—墙；2—架空管；3—长扁凿；4—木楔；5—墙；

6—钢制钩钉；7—架空管道；8—墙；9—扁钢箍

七、市区施工安全操作要点

市区内地下管道施工给城市交通带来一定影响，沟槽处理不当会产生交通事故，施工中应采取必要的安全措施。

① 施工区域必须设明显的安全标志，夜间设红色信号灯，使车辆驾驶员和行人在较远的距离即能发现而避让，防止坠入沟内，造成伤亡事故。

② 施工中开掘沟槽的部位，余土、材料、机具的放置位置和施工的进度应根据经交通主管部门批准的规定实施，不得随意更改。穿越交叉路口和道路必须加盖临时"过道板"。过道板一般用钢板制成。根据沟槽宽度和行驶车辆的荷载选定规格。实际使用中 $\phi300mm$ 以下管道沟槽采用厚度为 25～30mm 的整块钢板（见图 9-11）。铺设时沟槽两侧有一定余量，并设固定点，防止移动。当管径 $\phi>300mm$ 时，管道沟槽采用双层钢板加强或用槽钢和特制的过道板（见图 9-12）。

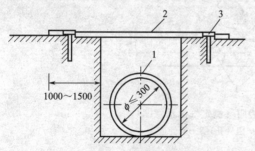

图 9-11　小口径（$\phi\leqslant300mm$）埋管沟槽
过道示意图

1—管道；2—过道钢板；3—稳固销钉

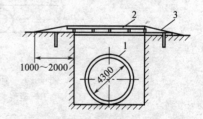

图 9-12　大口径埋管（$\phi>300mm$）
过道示意图

1—管道；2—过道钢板；3—稳固销钉

③ 运用"一体化"施工，缩小施工作业区，确保交通安全。一般情况下，地下管道施工从开挖沟槽、敷设管道到回填的操作顺序是分阶段进行。但城市交通繁忙，在市区道路施工将限制在夜间进行，而白天道路仍恢复交通。因此施工作业区将缩小到一个夜间（仅几个小时）为一个单元（工期），即在一个夜间同时完成破路、开沟、敷管、回填土、筑路等各道工序，并做到工完料净场地清。白天恢复道路原来面貌，如此循环进行。

这种边开沟、边敷管、边回填土、边筑路，在短时间内完成较短的管段施工称之为"一体化"施工法。

该方法虽然较多地耗用机具，但鉴于城市道路交通的局限，"一体化"施工法不仅使施工和交通两不误，而且做到文明施工，对于交通日益繁忙的城市道路上地下管施工越来越得到广泛应用。

八、停气降压施工安全操作要点

1. 接管停气前对原有管道气源情况的测试

在双气源的老管道上嵌接三通管会遇到因管道阻塞而实际上为单气源的情况，如果预先没有摸清，施工中仍按照"双气源"管道嵌接三通管顺序进行施工，不办理停气申请手续，那么一旦在操作时将老管道切断将使管道阻塞的一方连接的大批用户中断供气。因此，施工前对嵌三通管部位的气源测试是必不可少的步骤。

（1）阻气袋阻气测试法（见图9-13）　在嵌接三通管的阻气孔内塞入阻气袋于B方向时，阻气孔有煤气外溢，表明A向气源正常，如果阻气孔外溢的燃气压力明显降低或无气，说明A向的气源不正常或管道有阻塞。然后用同样方法塞入阻气袋于A方向检查B向的气源是否正常。

（2）U形压力计测试法（见图9-14）　在嵌接三通管用的两只阻气孔中分别插入两只U形压力计皮管，并在两只阻气孔中放入阻气袋，阻气孔临时封闭，两只U形压力计分别显示出相同的管内压力读数。然后往阻气袋内充气，在逐步充气过程中，分别观察两只U形压力计的读数是否有明显变化。如果发现某一只U形压力计上读数明显下降，则表明该U形压力计测定的一侧管内阻塞，如果两只U形压力计均未明显变化，则说明双方管道畅通，气源正常。

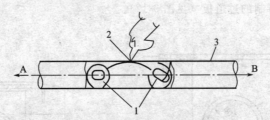

图9-13　阻气袋阻气测定气源示意图
1—阻气袋；2—阻气孔；3—老管道

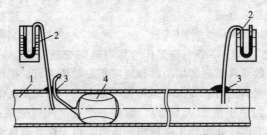

图9-14　运用U形压力计测定气源示意图
1—燃气管道；2—U形压力计；3—阻泄泥土；4—阻气袋

嵌接三通管镶接使用的阻气袋，必须预先充分浸没在水中检查，确认无泄漏方可使用。阻气袋应并列两只塞于管内，防止因阻气袋游动或突然破裂，大量燃气外溢，造成管内压力突然下降而使邻近用户中断供气。

2. 恢复用户供气的安全措施

需要停气施工的工程，在竣工后恢复供气时，如灶具的开关处于开启状态，则燃气将从灶具中泄出并扩散至室内引起中毒、爆炸事故。所以，在恢复供气前检查所涉及用户的灶具，使之处于关闭状态。

恢复供气的步骤是：先地下、后地上，先屋外、后屋内。即先在地下管道末端放散点取样合格，然后在引入屋内的室外立管上放散取样，合格后开启室内灶具开关放散空气（预先将门窗全部打开）。当嗅到煤气时点火试样，在管内混合气尚未全部放清的情况下，急于点火会引起管内爆炸，使燃气表和管道爆裂。

处于封闭的灶具（工业炉窑、大锅灶等），应先在炉窑外的放散点进行排放混合气，在取样合格后再用引火棒点火试样，合格后方可将灶具点火。如果预先不在炉窑外放散而直接在炉膛内点火，将使处于封闭状态的炉膛中的混合气遇火而爆炸，造成破坏性事故，其危害极大。

总之，恢复供气的安全要点是必须排除管内混合气体，并确认管内（炉内）为燃气的单一介质时方可点火试样。

九、钢管绝缘层施工安全操作要点

地下钢管绝缘层施工需要将熔化的沥青浇涂于管壁，用包布缠扎。操作中应注意以下要点。

① 沥青的熔化操作应选择在露天安全地点进行。熔化的沥青避免与明火直接接触而着火，发生沥青着火应立即采取措施使之隔绝空气而熄灭，不得浇水，否则将导致燃烧范围扩大。

② 钢管绝缘层缠扎时，操作人员必须戴长帆布手套和穿帆布工作服，防止熔化沥青外溅灼伤皮肤。

③ 遇风雪天气，应停止野外操作，因灼热的沥青遇水后会发生爆溅。

[第10章]

燃气工程的施工组织设计及验收交接

第一节　施工组织设计

施工组织设计是安装施工的组织方案，是指导施工的重要技术经济文件，是施工企业实行科学管理的重要环节。施工组织设计是在充分研究工程的客观情况和施工特点的基础上制定的。施工组织设计是规划部署全部生产活动，编制先进合理的施工方案和技术组织措施及质量保证措施，建立正常的施工秩序的必要保证。了解施工组织设计，能使领导和职工对施工活动心中有数，主动调整施工中的薄弱环节，及时处理预计可能出现的问题，保证施工顺利进行，按最优的施工方案组织施工，以实现质量好、工期短、投资少的技术经济效果。

1. 施工组织的任务和要求

(1) 施工组织的任务　施工组织的任务就是要贯彻各项计划，利用技术先进、经济合理的施工方法，将投入施工过程中的人力、资金、材料、机械和时间等因素，在整个施工过程中，按照客观的经济、技术规律，作出合理的科学安排，确保在合同工期内将工程建成投产，并使整个工程在施工中取得相对的最优效果。

(2) 施工组织的具体要求

① 签订承包合同后，应充分做好施工前的准备工作。

② 根据工程的性质特点，合理确定施工顺序，突出重点。

③ 周密地计算和考虑人力、物力，落实季节施工措施，保证施工的均衡性和连续性。

④ 采用先进施工技术和用统筹方法平行流水作业和立体交叉作业，确定最合理的施工方法。

⑤ 尽量提高预制装配程度。

⑥ 尽量提高施工的机械化水平，合理组织物资供应及运输。

⑦ 周密地进行施工总平面规划，做到文明施工、安全施工。

2. 施工组织设计的内容

(1) 工程概况　包括工程地点、工程内容、工程特点、施工期限、特殊要求、主要工程量及工作量。

(2) 施工方案　包括施工顺序和施工方法、施工工艺、劳动组织、质量保证体系以及技术、质量和安全措施。

(3) 施工进度计划　包括按工程项目计算工程量、劳动量及机械台班数，确定各分项工程的工作日，并要考虑工序的搭接，编排施工进度。

(4) 劳动力、材料、机具等需用计划。

（5）施工平面布置图　包括材料堆放位置、临时道路、水电管线布置及临时设施等。

（6）如果在冬季或雨季施工，应编制相应的技术安全措施。

3. 施工组织设计的分类

燃气工程的施工组织设计根据工程规模、范围、复杂程度及所起的作用不同，可分为施工组织总设计、施工组织设计、施工方案及专项技术措施几种，其主要内容和范围见表 10-1。

表 10-1　燃气工程的施工组织设计

分　类	施工组织总设计	施工组织设计	施工方案	专项技术措施
适用范围	制气厂、储配站和灌瓶厂等大中型项目，有两个以上单位同时施工	小型安装项目，如球罐安装、湿式气柜施工、长输管道施工等	单位工程或经常施工项目，如顶管河底穿越、小区燃气用户安装	新工艺、新材料、地上及地下特殊处理，有特殊要求的分项工程
编制与审批	以公司为主编制，上级主管部门组织协调，报上级领导单位审批	公司或工程处组织编制、报主管领导审批	施工队负责编制，报公司或工程处审批、备案	工程负责人编制、施工队审批报工程处备案
主要内容	1. 工程总进度计划和单位工程进度计划； 2. 主要专业工程施工方法； 3. 分年度的构件、半成品、主要材料、施工机械、劳动计划； 4. 所属企业项目及产品方案； 5. 交通、防洪、排水措施； 6. 水、电、热等动力供应方法； 7. 施工总平面图； 8. 各专业工种的分工与配合； 9. 各种暂设工程数量； 10. 技术安全、冬雨期施工措施	1. 工程概况； 2. 主要分项工程综合进度计划； 3. 施工部署和配合协作关系； 4. 主要施工方法和技术措施； 5. 主要材料、半成品、设备施工机具计划； 6. 各种劳动力计划； 7. 施工平面布置图； 8. 施工准备工作； 9. 技术安全、冬雨期施工措施	1. 工程特点； 2. 施工进度计划； 3. 主要施工方法和技术措施； 4. 施工平面布置图； 5. 材料、机具需用计划； 6. 各工种劳动力计划	1. 工程特点； 2. 施工方法、技术措施及操作要求； 3. 工序措施及工种协作配合； 4. 工期要求； 5. 特殊材料和机具需要量计划

4. 施工组织设计的编制

施工组织设计按照施工组织的具体要求进行编制。编制之前必须具备设计文件，建设计划文件，有关技术规范、定额和预（概）算，以及实地调查资料等各项基本依据。

（1）编制程序　燃气工程施工组织设计的编制流程如图 10-1 所示。

（2）编制的主要内容

① 工程概况。

② 工程特点。

③ 工程实物量和工作量。

④ 施工进度。

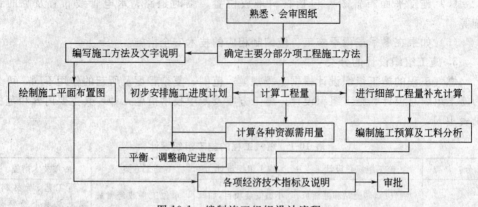

图 10-1　编制施工组织设计流程

⑤ 主要施工方法和技术经济措施。

⑥ 劳动力计划。

⑦ 材料、成品和半成品及设备需要及进场计划。

⑧ 施工机具需要和进场计划。

⑨ 工程质量和安全措施。

⑩ 临时设施的搭设计划。

⑪ 施工总平面布置。

（3）编制依据

① 施工图　包括本工程的全部施工图纸及所需的标准图。

② 工程预算　详细的分部、分项工程量、工料汇总表。

③ 企业的年度计划　本工程开竣工时间规定、工期要求及其他施工要求。

④ 施工组织总设计　其中对本单项工程规定的有关内容。

⑤ 工程地质勘探报告及地形图、测量控制图。

⑥ 有关国家规范、规定、规程等，有关技术革新成果和类似工程的经验资料等。

（4）编制方法　应根据本企业的施工技术条件及设备情况进行技术、经济比较，选用技术先进、方法上科学的、经济上合理的、施工中可行的施工方法和施工机具，以制定最优的施工方案。

对工程量大、技术复杂的重点应放在关键项目上，如何分段、分片、分层，如何统筹交叉作业，主导工序的施工和衔接，这样可大大提高工程施工速度，从而为其他施工创造有利条件。

（5）编制的具体步骤

① 确定施工顺序。

② 划分施工项目。

③ 划分流水施工段。

④ 计算工程量。

⑤ 计算劳动量和机械台班量。

⑥ 确定各项施工项目（或工序）的作业时间。

⑦ 编制及调整施工项目（或工序）间不同专业或工种的搭接关系，编制进度表。

⑧ 人力、物力的计划与组织。

⑨ 规划施工现场总平面图。

第二节　施工现场管理

施工组织设计在实施过程中，因客观条件的变化及主观原因的影响会碰到各种困难，如地下资料与设计图纸不符、材料供应脱节、设备故障、气候异常以及其他因素等，这就需要施工组织者掌握这方面的客观规律，协调平衡，完成施工组织设计预定的各项要求，这一过程即称作施工现场管理。施工现场管理根据施工组织设计所编制施工方案的各项内容去组织安排人力、物力。主要包括施工进度管理、劳动力管理、物资工具管理、质量管理、安全管理、设备管理和成本管理六项管理内容。

一、施工进度管理

加快进度、缩短工期是施工管理基本指导思想，是节约投资的根本措施。施工现场进度管理的主要工作内容如下。

（1）合理调度现场施工人员　应掌握施工方案的设计进度要求，熟悉施工现场机械设备能力、材料供应情况及施工人员素质，并具体布置每天（周、月）计划任务。深入生产岗位了解工程进度、劳动力的余缺和设备利用情况，随时协调处理解决各类供需矛盾，并根据要求下达和落实各项行政指令。

（2）认真统计　施工现场统计工作是检查计划执行情况必不可少的内容。通过统计资料发现矛盾，并将施工现场的信息及时反映到有关管理部门和领导机关，为协调施工组织提供根据。统计方法主要通过表式将原计划各种指标（工期、人工、设备、材料等）与统计的资料加以对比。

二、劳动力管理

通过合理的劳动组织，以较少的劳动消耗，达到提高劳动生产率的目的。

1. 劳动生产率的表示方法

$$劳动生产率 = \frac{总产量（合格）}{总劳动时间}$$

劳动管理的效果好坏是用计划劳动生产率和实际生产率两者相比较来鉴定的。

$$\frac{实际劳动生产率}{计划劳动生产率} \times 100\% = 完成劳动生产率百分比$$

2. 提高劳动生产率的途径

① 合理安排和使用人力。针对工程特点和施工人员素质和特长，将人员分配到各个生产岗位，建立严格的岗位责任制，并下达各项指标。

② 提高职工的技术水平和管理能力。

③ 应用新技术、新工艺，提高施工机械化水平。

④ 贯彻社会主义按劳分配原则，赏罚分明。

3. 劳动定额的管理

① 劳动定额是完成某一个工序所规定的劳动时间。它不是固定不变的，是不同时期内根据操作者劳动能力和机械化、自动化的程度进行测定的较为先进的水平，它是施

工预算编制和劳动组织的依据。

② 劳动工时的消耗并非都是定额时间，全部工时消耗组成如下。

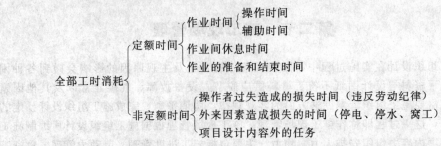

因此劳动定额（也称工时定额）对组织生产、提高劳动生产率起着重要的作用，减少非定额时间、缩短定额时间的耗用是提高劳动生产率的主要途径之一。

三、物资工具管理

物资工具的管理是工程管理中一项重要内容，特别是地下管敷设因所需要的物资数量相当大、品种多，加上流动性大，故对管理工作提出较高的要求。

① 动工前，按组织设计要求完成现场临时仓库的建造和确定堆料位置，按施工预算提出材料清单，编制运输计划（时间、地点、接收人）。

② 建立现场验收和保管制度。物资运至现场必须对物资数量、品种规格和质量进行现场验收（大件应逐件检查、小件可抽样检查），并向物资供应部门索取合格证。物资现场保管要注意防火、防潮，要按类别、规格、型号分别堆放在使用地点的附近，以防二次驳运。对于非定型的特殊配件特别要注意质量（包括材质）检查和加强现场保管，以防工程需要时发生遗失、损坏而影响进度。

四、质量管理

质量是工程建设的主要指标之一。地下管施工属于隐蔽工程，质量低劣将会造成漏气、积水、阻塞、断裂等而导致中毒、爆炸、中断供应等质量事故，因此质量管理更显得重要。

1. 全面质量管理的意义

工程质量提高仅仅局限于施工现场是不够的，必须从工程设计—施工组织设计—施工准备—施工实施中各个环节和各道工序，包括材料质量、施工人员的素质等都加以把关和预防，排除各种影响质量的因素，将质量管理贯穿到工程建设的全过程才能达到提高工程质量的目的。

2. 质量管理的主要内容

（1）施工准备工作的质量管理　首先要对施工设计中的质量要求、施工规范、操作规程逐条验证，结合施工现场条件，提出相应的技术措施。对于无法达到设计质量要求的部分应及早提出，要求更改设计或采取其他措施。不合格的管件埋设到沟内后要到管道全部敷设结束进入验泵时才能发现，而由此造成返工的损失极大。因此对管件的检查非常重要，对于易碎（如铸铁管子零件）、易潮（如水泥）、易老化（如橡胶圈）的物品，必须按照技术要求检验。

（2）施工过程中的质量管理

① 必须严格地执行各项操作工艺规程。

② 将质量检验（包括施工人员自验）贯穿于整个操作过程，通过测试和施工交叉进行，以便及早发现、及时纠正。

③ 质量检验方法分为固定检查、巡回检查、抽样检查。

a. 固定检查　生产人员按照工程主要质量指标对工程主要部位作固定检查，如管基、坡度、接口操作等。

b. 巡回检查　对工程每个操作工序都进行检查，这种方式主要是针对刚上岗操作的新工人或外包工程。

c. 抽样检查　抽工程中某一段已完成的项目，进行各种指标的综合检查。

五、安全管理

生产必须安全，这不仅是为确保工程有秩序地正常进行，更重要的是保护劳动者的安全。施工现场安全管理主要内容如下。

① 检查施工方案中的安全技术措施是否符合安全操作规程，并根据现场实际情况加以完善和充实，对带气操作应有专门的安全措施。

② 检查落实各种劳动保护用品和设备工具，并督促施工人员按要求使用。

③ 施工过程中进行工地巡回检查，严格制止各种违章冒险操作，切实做到以防为主，对事故及时进行分析和处理。

④ 规定易燃易爆物资的堆放地点和管理制度，对施工中带气带电操作，必须落实防范措施才能动工。

六、设备管理

设备管理主要内容是设备的正确选用、合理的调度和做好维修保养确保施工需要，做到以最少的台班数来完成计划任务，达到降低成本的目的，因为设备费用在现代化施工中所占比重越来越高。

① 根据各工序的需要（主要是吊、挖、铲）合理选择设备，做到既经济合理又安全可靠，同时又要按施工工序对设备及时配套。

② 合理调度。在工程各个分项目的施工中，由于客观条件不一致，总会造成设备忙闲不均的情况，必须及时予以调整以提高设备的利用率。

③ 要十分强调例行保养制度的贯彻，把意外机械故障减少到最小限度，对主要设备应配备备用设备及主要易损部件。

七、成本管理

工程成本管理的主要任务是用经济观点检查各工序、各生产环节中计划、质量、安全、材料设备等管理所反映出的经济效果，找出薄弱环节，从而达到降低工程总成本的目的。

1. 降低工程成本的主要措施

① 提高劳动生产率，提高设备利用率。

② 节约原材料、工具物资等消耗。

③ 提高工程合格率，避免和减少返工的损失。

④ 节约行政管理费用以及其他各项费用的开支。

2. 经济核算

① 开展经济核算是搞好成本管理、降低工程成本的良好途径。所谓经济核算是通过记账、算账，并利用各种表式记录对施工队伍经济活动进行分析，计算工程成本的盈亏，通过分析，采取各种相应的措施，用最少的消耗来取得最大的经济效果。

② 经济核算的主要内容是产量、品种、质量、劳动生产率、占用流动资金、成本、利润等技术经济指标。其中以质量为中心，成本为重点，抓住成本核算能促进企业各方面效益的提高。

③ 经济核算的形式，一般分为厂部、车间、班组三级经济核算。班组是企业的细胞，是直接出产品的第一线，也是耗用材料、人工、设备的地方。因此班组核算是基础，因为它同生产紧密联系，具备直接、具体、及时、可比的特点。搞好班组核算的前提是抓好定额管理，做好原始记录。定额管理主要有材料、工具、物资等消耗定额和劳动工时定额，是考核、分析和检查的依据。原始记录分个人和班组两个内容，应对个人和班组产量、工时耗用、机械台班、用料等经济活动，作仔细记录。

第三节 竣工图的测绘

城市燃气管道及其附属设备系隐蔽工程。施工过程中，必须将实况用图样准确地记录下来，分类归档。在不断扩大供气范围时，新埋管线需与运行管线连接。为了维护、检修需要或地下燃气管道发生故障、需立即抢修等，必须迅速、准确地找出地下燃气管道及其附属设备时，都要求必须有一套完整、准确的地下管线图资料。

一、竣工图的测量

对于地下燃气管道（设备）的竣工测量，一般是在设计施工图上绘制的，如果变更过大应该重新测绘。

所有管道及其附属设备均应定为测点。如果直管接头与相邻测点的距离超过 30m，也应定为测点。各种管道配件，如弯头、三通等，应有统一符号。管道、设备的平面测量误差应小于 ±10cm；垂直位置测量误差应小于 ±5cm。

1. 平面测量

（1）三角定点法 两个据点以上的地形位置定点法实例（以房屋的两端点 A、B 为据点）和单独据点的地形位置定点法实例，详见图 10-2。

（2）平等移动法 也称作二进出测量法，一般用于工房区排管。如图 10-3 所示。

以上两种方法也常综合使用。

2. 断面尺寸测量

除了测量管道的平面位置外，对于路口或燃气与其他管线相交、平行或遇其他障碍等较复杂部位，必须增加断面尺寸测量。测量时，以相邻的其他管线为据点，运用平行移动法确定所埋燃气管道的断面位置。如燃气管道的实际标高与设计标高不符时，应测量出实际标高，标注在竣工图中。

二、竣工图绘制

为了简便，施工单位通常在设计施工图上标注出实际施工与设计不符之处，作为竣

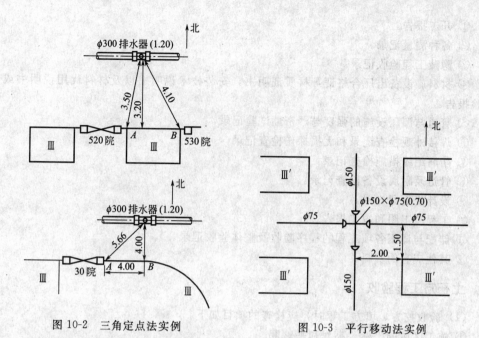

<table>
图 10-2　三角定点法实例　　　　　　图 10-3　平行移动法实例
</table>

工图。当变更过大时，才重新测绘竣工图。

现场测量记录是测绘工作的原始资料，须注明测量日期、地点、测量人员姓名等，并应尽快绘制在竣工图上。

① 绘制管道平面图　凡是与设计施工图样不符之处，都必须按实际绘制。如管道坐标，遇障碍管道绕行（应注明起止位置、弯头角度、各部尺寸），阀门、配件的变更（如弯头改用三通等），认真核对设计变更通知单、施工日志与测量记录，以实际尺寸为准，不可遗漏。

② 绘制管道断面图　设计施工图中通常都有管道断面图，包括管底埋深、桩号、距离、坡向、坡度、阀门、三通、弯头的位置与地下障碍等。绘竣工图时，应将所有与施工图不符之处准确绘制出来，如管道各点的实际标高、管道绕过障碍的起止部位、各部尺寸、阀门配件的位置、标高等。绘制时，断面图与平面图应对应。应认真核对设计变更通知单、施工日志与测量记录，以实际尺寸为准。

③ 局部复杂密集的地下管线，应绘大样图　穿过河流、道路等特殊施工的管线，应注明增加的管沟、套管与隔断等，并增加局部放大图。

④ 施工图中未绘出的地下管线与其他构筑物，竣工图中应注明。施工图中绘出的地下管线与燃气管道的间距与实际不符时，按实际尺寸改正。

竣工图由施工单位绘制，但监理单位、业主和设计单位必须认真审核并签字、盖章，以保证竣工图完整、准确无误。

第四节　工程验收和交接

按照城镇燃气输配工程施工及验收规范，在工程验收时，施工单位应提交以下资料。

① 开工报告。

② 各种测量记录。

③ 隐蔽工程验收记录。

④ 材料、设备出厂合格证，材质证明书，安装技术说明书以及材料代用说明书或检验报告。

⑤ 管道与调压设施的强度与严密性试验记录。

⑥ 焊接外观检查记录和无损探伤检查记录。

⑦ 防腐绝缘措施检查记录。

⑧ 管道及附属设备检查记录。

⑨ 设计变更通知单。

⑩ 工程竣工图和竣工报告。

⑪ 储配与调压各项工程的程序验收及整体验收记录。

⑫ 其他应有的资料。

一、土石方工程验收

(1) 验收挖方、填方工程时，应检查的项目如下。

① 施工区域的坐标、高程和平整度。

② 挖方、填方和中线位置，断面尺寸和标高。

③ 边坡坡度和边坡的加固。

④ 水沟和排水设置的中线位置、断面尺寸和标高。

⑤ 填方压实情况和压实系数（或干重力密度）。

⑥ 隐蔽工程记录。

验收石方爆破的挖方尺寸，应在爆松的土石清除以后进行。

(2) 基坑（槽）的检验　验收基坑（槽）或管沟时，应检查平面位置、底面尺寸、边坡坡度、标高和基土等。

(3) 基坑（槽）或管沟土方工程的允许偏差

① 水平标高 0～200mm。

② 底面长度、宽度（由设计中心向两边量）不应偏小。

③ 边坡坡高不应偏陡。

(4) 回填夯压实检验　填土压实后的干密度，应有 90% 以上符合设计要求，其余 10% 的最低值与设计值的差，不得大于 0.08g/cm³，且应分散不得集中。

采用环刀法取样时，基坑或沟槽回填每层按长度 20～50m 取样一组；室内填土每层按 100～500m² 取一组，取样部位应在每层压实的下半部。

(5) 基坑（槽）或管沟爆破工程的允许偏差

① 水平标高 0～2mm。

② 底面长度、宽度（由设计中心向两边量）0～200mm。

③ 边坡坡度不应偏陡。

(6) 土方隐蔽工程验收　下列隐蔽工程必须经过中间验收并作好记录。

① 基坑（槽）或管沟开挖竣工图和基土情况。

② 对不良基土采取的处理措施（如换土、泉眼或洞穴的处理，地下水的排除等）。

③ 排水盲沟的设置情况。

④ 填方土料、冻土块含量及填土压实试验等记录。

（7）土方与爆破工程竣工后，应提出以下资料。

① 土石方竣工图。

② 有关设计变更和补充设计图纸或文件。

③ 施工记录。

④ 隐蔽工程验收记录。

⑤ 永久性控制桩和水准点的测量结果。

⑥ 质量检查和验收记录。

二、基础工程验收

1. 设备基础验收要求

① 基础表面平整、光滑。

② 基础外形尺寸及位置均应符合设计文件规定。

③ 混凝土强度等级必须达到设计规定的要求。

④ 混凝土设备基础的允许偏差应符合表 10-2 的要求。

表 10-2　混凝土设备基础的允许偏差

项　　目		允许偏差/mm	项　　目		允许偏差/mm
坐标位移		±20	预埋地脚螺栓孔	中心线位置偏移	±10
不同平面标高		−20		深度	20
平面外形尺寸		±20		垂直度	10
平面水平度	每 1m	5	预埋活动地脚螺栓锚板	标高	±20.0
	全长	10		中心位置	5
垂直度	每 1m	5		水平度（带槽锚板）	5
	全高	20		水平度（带螺纹孔的锚板）	2
预埋地脚螺栓	顶部标高	20			
	中心距	±2			

2. 混凝土结构工程验收

（1）混凝土结构工程验收时应提供下列文件和记录。

① 设计变更和钢材代用证件。

② 原材料质量合格证件。

③ 钢筋及焊接接头的试验报告。

④ 混凝土工程施工记录。

⑤ 混凝土试件的试验报告。

⑥ 装配式结构构件的制作及安装验收记录。

⑦ 预应力锚具、夹具和连接器的合格证及检验记录。

⑧ 冬期施工记录。

⑨ 隐蔽工程验收记录。

⑩ 分项工程质量评定记录。

⑪ 工程重大问题处理记录。

（2）混凝土结构工程的验收，除检查有关文件和记录外，还应进行外观检查，基础

偏差如设计未明确要求时应符合表 10-2 的规定。

（3）混凝土结构工程验收应符合 GB 50204—2002 验收规范要求。

三、室内燃气工程验收

（1）管道施工安装完工后，应进行复查，其内容如下。

① 管道安装是否与设计图纸相符。

② 工程质量是否符合本规定及有关规定要求，必要时还应对工程施工质量进行抽查；抽查检验结果应与交工文件相符，方可进行签证验收。

（2）施工单位与建设单位或监理单位应共同检查管道试验和封闭工作，确认合格后，方可验收。

（3）工程竣工验收时施工单位应提交下列文件。

① 经批准的开工申请报告。

② 施工组织设计或施工方案。

③ 施工技术签证，隐蔽工程记录。

④ 检查试验报告。

⑤ 施工图、设计修改文件和材料代用记录。

⑥ 材料、设备合格证明书等。

（4）设计变更　设计变更不大时，竣工图由施工单位在原设计图纸上加以注明即可。变更较大时，由建设单位会同施工、设计单位绘制，并加盖竣工图章。

四、防腐及绝缘工程验收

1. 一般规定和要求

① 防腐和绝缘材料均应有制造厂的合格证书、化学成分和技术性能指标、批号、制造日期等。

② 过期的涂装材料必须重新检验，确认合格方可使用。

③ 所用材料的品种、规格、颜色及性能必须符合设计要求。

④ 工程交工验收时，施工单位应提交施工记录。

2. 防腐工程验收

① 钢材表面除锈如设计无明确规定，应按 SYJ 4007—86 规定的金属除锈等级，不低于 St3 级。

② 防腐涂层应均匀、完整、无漏涂，并保持颜色一致，漆膜附着牢固，无剥落、皱纹、气孔、针孔等缺陷。

③ 埋地燃气管道外防腐绝缘涂层电阻不小于 $100000\Omega \cdot m^2$。

④ 防腐绝缘层应符合《城镇燃气输配工程施工及验收规范》（CJJ 33—2005）的规定。

⑤ 防腐绝缘层耐击穿电压不得低于电火花检测仪检测的电压标准。

⑥ 牺牲阳极安装、测量应符合本章第四节的有关规定。

⑦ 埋地管道防腐层应作隐蔽工程记录。

3. 热绝缘工程验收

（1）热绝缘工程施工应符合以下要求。

①《工业设备及管道绝热工程施工及验收规范》（GB J126—89）。

②《设备及管道保温技术通则》（GB 4272—92）。

（2）热绝缘工程其他质量要求应符合以下规定。

① 表面平面度允许偏差　涂抹层不大于 10mm；金属保护层不大于 5mm；防潮层不大于 10mm。

② 厚度允许偏差　预制块 +5％；毡、席材料 +8％；填充品 +10％。

③ 膨胀缝宽度允许偏差不大于 5mm。

五、场站工程验收

1. 场站内设备安装要求与试运行

① 各种运转设备在安装前应进行润滑保养及检验。

② 各种运转设备在安装后投入试运行前要认真检查连接管道、安全附件是否安装正确，各连接结合部位是否牢靠。

③ 各种设备及仪器仪表，应经单独检验合格再安装。

④ 所有的非标准设备应按设计要求制造和检验，除设计另有规定，应按制造厂说明书进行安装与调试。

⑤ 管道安装应符合下列要求。

a. 焊缝、法兰和螺纹等接口，均不得嵌入墙壁和基础中，管道穿墙或穿基础时应设在套管内，焊缝与套管一端的间距不应小于 100mm。

b. 干燃气的站内管道应横平竖直，湿燃气的进出口管应分别坡向室外，仪器仪表接管应坡向干管，坡度及方向应符合设计要求。

c. 调压器的进出口箭头指示方向应与燃气流动方向一致。调压器前后的直管长度应按设计或制造厂技术要求施工。

⑥ 调压器、安全阀、过滤器及各种仪表等设备的安装应在进出口管道吹扫、试压合格后进行，并应牢固平正，严禁强力连接。

⑦ 储罐和气化器等大型设备安装前，应对其混凝土基础的质量进行验收，合格后方可进行。

⑧ 与储罐连接的第一道法兰、垫片和紧固件应符合有关规定，其余法兰垫片可采用高压耐油橡胶石棉垫密封。

⑨ 管道及管道与设备之间的连接应采用焊接或法兰连接，焊接应采用氩弧焊打底，分层施焊；焊接、法兰连接应符合《城镇燃气输配工程施工及验收规范》（CJJ 33—2005）第 5 节的规定。

⑩ 管道及设备的焊接质量应符合下列要求。

a. 所有焊缝应进行外观检查，管道对接焊缝内部质量应采用射线照相探伤，抽检个数为对接焊缝总数的 25％，并应符合国家现行标准《压力容器无损检测》（JB 4730）中的 Ⅱ 级质量要求。

b. 管道与设备、阀门、仪表等连接的角焊缝应进行磁粉或液体渗透检验，抽检个数为角焊缝的 50％，并应符合国家现行标准 JB 4730 中的 Ⅱ 级质量标准。

⑪ 场站内的设备试运行应先进行单机无负荷试车，再进行带负荷试车。在单机试车全部合格的前提下，最后进行站场内设备联动试车。联动试车宜按工艺系统设计的介

质流动方向按顺序进行，直至联动试车合格为止。

　　2. 场站设备交工及验收

　　① 场站设备应在联动试运行合格并办理完竣工验收后方可交工。

　　② 场站工程建设整体验收应在各分项工程验收合格的基础上进行。

　　③ 场站设备验收应由建设单位、设计单位、施工单位、工程监理单位、建设行政主管部门及质量技术监督管理部门共同组织进行验收。

　　④ 在办理工程交工验收时应提交以下文件资料。

　　a. 项目投资立项审批报告及可行性研究报告。

　　b. 项目建设规划许可证。

　　c. 项目建设招投标文件。

　　d. 项目建设开工许可证。

　　e. 项目建设设计、施工、监理等合同文件。

　　f. 工程勘探、测量资料、设计图纸及设计评审文件等。

　　g. 设备、材料合格证书、质检报告及施工过程中的全部原始记录。

　　h. 设备监理及政府监检评定报告。

　　i. 各分项分部工程验收合格证书。

　　j. 竣工图。

　　k. 系统总体试车记录及项目总验收报告等。

参 考 文 献

[1] 席德粹，刘松林，五可仁. 城市燃气管网设计与施工. 上海：上海科学技术出版社，1999.

[2] 黄国洪. 燃气工程施工. 北京：中国建筑工业出版社，1999.

[3] 戴路. 燃气输配工程施工技术. 北京：中国建筑工业出版社，2006.

[4] 李公藩. 燃气工程便携手册. 北京：机械工业出版社，2005.

[5] 颜纯文，蒋国盛，叶建良. 非开挖铺设地下管线工程技术. 上海：上海科学技术出版社，2005.

[6] 段常贵. 燃气输配. 第3版. 北京：中国建筑工业出版社，2004.

[7] 同济大学，重庆建筑大学，哈尔滨建筑大学，北京建筑工程学院. 燃气燃烧与应用. 第3版. 北京：中国建筑工业出版社，2005.

[8] 姜正侯. 燃气工程技术手册. 上海：同济大学出版社，1997.

[9] 袁国汀. 建筑燃气技术手册. 北京：中国建筑工业出版社，2001.

[10] 李公藩. 燃气管道工程施工. 北京：中国计划出版社，2001.

[11] 秦国治，丁良棉，田志明. 管道防腐蚀技术. 北京：化学工业出版社，2004.

[12] 徐至钧. 管道工程设计与施工手册. 北京：中国石化出版社，2005.

[13] ［美］内亚（Nayyar，M. L.），李国成. 管道手册. 第7版. 北京：中国石化出版社，2006.

[14] 中国城市燃气协会，马长城，李长缨. 城镇燃气聚乙烯（PE）输配系统. 北京：中国建筑工业出版社，2006.

[15] 江孝褆，修长征，李建勋. 城镇燃气与热能供应. 北京：中国石化出版社，2006.

[16] 项友谦. 燃气热力工程常用数据手册. 北京：中国建筑工业出版社，2000.

[17] 詹淑慧，王民生. 燃气供应. 北京：中国建筑工业出版社，2006.

[18] 《煤气设计手册》编写组. 煤气设计手册（上、下册）. 北京：中国建筑工业出版社，1986.

[19] 邢同春. 市政工程施工图集. 北京：中国建筑工业出版社，2007.

[20] 《动力管道设计手册》编写组. 动力管道设计手册. 北京：机械工业出版社，2007.

[21] 李士轩，周本初. 市政工程施工技术资料手册. 北京：中国建筑工业出版社，2002.

[22] 游德文. 管道安装工程（上、下）. 北京：化学工业出版社，2005.

[23] 王旭. 管道施工简明手册. 第2版. 上海：上海科学技术出版社，1998.

[24] 顾顺符，潘秉勤. 管道工程安装手册. 北京：中国建筑工业出版社，1987.

[25] 朱元庆，屠筱獣. 聚氯乙烯管材制造和应用. 北京：化学工业出版社，2002.

[26] 孙逊. 聚烯烃管道. 北京：化学工业出版社，2003.

[27] 中国建筑工业出版社. 城镇燃气热力工程规范. 北京：中国建筑工业出版社，2002.

[28] 王树立，赵会军. 输气管道设计与管理. 北京：化学工业出版社，2006.

[29] 严铭卿，廉乐明. 天然气输配工程. 北京：中国建筑工业出版社，2006.

[30] 严铭卿，宓亢琪，黎光华. 天燃气输配技术. 北京：化学工业出版社，2006.